Balkonkraftwerke kompakt für Dummies

AF091673

Balkonkraftwerke kompakt für Dummies

Schummelseite

BALKONKRAFTWERK VS. STECKERSOLARGERÄT

✔ Auch wenn der Begriff »Balkonkraftwerk« bekannter ist, geht es eigentlich um alle Solaranlagen, die von Laien per Stecker am Stromnetz angeschlossen werden können. Folgerichtig können sie nicht nur am Balkon, sondern an allen möglichen Orten verwendet werden, an denen die Sonne scheint. In aktuellen Gesetzen und Normen wird heutzutage daher der Begriff »Steckersolargerät« verwendet.

✔ Damit die Einspeisung von zusätzlicher Energie in den Haushalt verträglich bleibt, gelten Leistungsbeschränkungen für Balkonkraftwerke. Laut EEG, wo diese als Steckersolargerät bezeichnet werden, sind das aktuell 800 VA Wechselrichterleistung und 2.000 W_p Modulleistung. Nach den elektrotechnischen VDE-Normen, die die technische Sicherheit in der Elektrotechnik regeln, darf allerdings die Modulleistung nicht höher als 960 W sein, wenn das Gerät an eine normale Haushaltssteckdose angeschlossen wird. Weitere Möglichkeiten bei höheren Leistungen (Energiesteckdose, Stromwächter ...) werden im Buch beschrieben.

✔ Grundsätzlich ist es möglich, auch Solaranlagen mit größerer Leistung direkt an den Haushalt anzuschließen. Selbst wenn diese am Balkon angebracht wären, spricht man dann jedoch nicht mehr vom klassischen Balkonkraftwerk. Zudem müssen sie von einer entsprechenden Fachkraft angeschlossen werden – dies geschieht dann oft nicht per Stecker, insbesondere nicht per Schutzkontakt-Stecker. Daher kann man dann auch nicht von einem Steckersolargerät sprechen.

RENTABILITÄTSFORMELN

1. Jährliche Ersparnis = Leistung in W_p × spezifischer Ertrag (in kWh je W_p abhängig von Breitengrad, Ausrichtung, Verschattung etc.) × Eigenverbrauchsanteil × Strompreis
2. Amortisationsdauer in Jahren = Anschaffungskosten / jährliche Ersparnis
3. »Jahresrendite« = jährliche Ersparnis / Anschaffungskosten

Balkonkraftwerke kompakt für Dummies
Schummelseite

FÜNF WICHTIGE FRAGEN VOR DEM KAUF

1. Balkonkraftwerk oder PV-Anlage? – Wenn der Platz für eine größere PV-Anlage auf dem Dach oder anderswo verfügbar ist, dann ist diese oft wirtschaftlicher. Online-Rechner helfen bei der Entscheidung.
2. Wo soll das Balkonkraftwerk hin? – Der Anbringungsort beeinflusst die Auswahl.
3. Wie viel Leistung brauche ich? – Zu groß kann unsinnig sein, zu klein kann unwirtschaftlich sein.
4. »Was kann ich selbst?« beziehungsweise »Möchte ich Hilfe in Anspruch nehmen?« – Oft gibt es Hilfestellungen.
5. Welcher Nutzertyp bin ich? – Geht es eher um Nachhaltigkeit oder ums Geld? Geht es um Autarkie oder um Technikbegeisterung?

FÜNF SCHNELLE TIPPS, WIE SIE EIN GUTES BALKONKRAFTWERK ERKENNEN

1. Fachhändlerangebot – Keine Discounter-Lockangebote ohne gültige Zertifizierung! Wer zu billig kauft, kauft zweimal.
2. Vollständige Dokumente – Datenblätter für Module und Wechselrichter, Montageanleitung sowie Zertifikate für die Module (IEC 61215) und für den Wechselrichter (IEC 62109) und den NA-Schutz des Wechselrichters (VDE-AR-N 4105)
3. Garantien: Neben der gesetzlich vorgeschriebenen Gewährleistung (automatisch zwei Jahre) gibt es noch freiwillige Herstellergarantien. Meist ist dies eine Leistungsgarantie: Beispielsweise, dass das Solarmodul nach 25 Jahren noch 80 Prozent der Leistung liefern muss, die auf dem Typenschild angegeben ist. Hierbei ist auch der Erfüllungsort wichtig: Wenn Equipment wegen eines Garantietauschs nach China geschickt werden muss, hilft das wenig.
4. Sichere Montagelösung – klare Angaben zu zulässigen Windlasten beziehungsweise bei Aufständerungen zur notwendigen Ballastierung, bestenfalls Nachweis einer statischen Berechnung, zusätzliche Fallsicherung

Balkonkraftwerke kompakt für Dummies

Schummelseite

5. Sinnvolle Anschlussart – Wieland-Stecker oder andere spezielle Einspeisesteckverbindungen erfordern den Anschluss durch eine Fachkraft. Der Anschluss per Schutzkontaktstecker an eine übliche Außensteckdose hingegen geht auch alleine. Allerdings muss der im Steckersolargerät eingesetzte Wechselrichter dann die Sicherheitsanforderungen der Norm VDE 0126-95 erfüllen.

SO NÜTZT DAS BALKONKRAFTWERK ALLEN

1. Die Belastung des Stromnetzes wird insgesamt reduziert. Je mehr Energie vor Ort erzeugt wird, desto weniger muss transportiert werden. Das schont die von allen Verbrauchern bezahlte Infrastruktur (Stromnetz).
2. Die im Vergleich zu Aufdach-PV meist steilere Montage sorgt für etwas weniger Ertrag im Sommer, dafür etwas mehr Ertrag im Winter. In der Masse sorgt das für eine etwas ausgeglichenere Energieverfügbarkeit, was einen Vorteil für alle bedeutet.
3. Große PV-Kraftwerke sind zur Ertragsmaximierung meist nach Süden ausgerichtet. Das sorgt für Mittagsspitzen im Stromnetz. Bei Balkonkraftwerken ist das oft anders, wodurch auch morgens und abends Strom erzeugt wird. Das sorgt für eine etwas gleichmäßigere Erzeugung und weniger Ausgleichsbedarf im Stromnetz, was den Strom mittelfristig ebenfalls günstiger macht.

MONTAGEARTEN

- ✔ Balkonbrüstung (Gitter, gemauert/Beton, Glas-/Kunststoffplatten)
- ✔ Fassade (darauf oder integriert)
- ✔ aufgeständert auf Garagen-/Flachdach, Dachterrasse, Balkonfläche oder im Garten
- ✔ auf dem Hausdach

Stefan Krauter, Christian Ofenheusle und Ralf Haselhuhn

Balkonkraftwerke kompakt

Fachkorrektur von Torsten Brammer und Thomas Seltmann

WILEY
WILEY-VCH GmbH

Balkonkraftwerke kompakt für Dummies

Bibliografische Information der Deutschen Nationalbibliothek
Die Deutsche Nationalbibliothek verzeichnet diese Publikation in der Deutschen Nationalbibliografie; detaillierte bibliografische Daten sind im Internet über http://dnb.d-nb.de abrufbar.

©2026 Wiley-VCH GmbH, Boschstraße 12, 69469 Weinheim, Germany

All rights reserved including the right of reproduction in whole or in part in any form. This book published by arrangement with John Wiley and Sons, Inc.

Wiley, the Wiley logo, Für Dummies, the Dummies Man logo, and related trademarks and trade dress are trademarks or registered trademarks of John Wiley & Sons, Inc. and/or its affiliates, in the United States and other countries. Used by permission.

Das vorliegende Werk wurde sorgfältig erarbeitet. Dennoch übernehmen Autoren und Verlag für die Richtigkeit von Angaben, Hinweisen und Ratschlägen sowie eventuelle Druckfehler keine Haftung.

Bevollmächtigte des Herstellers gemäß EU-Produktsicherheitsverordnung ist die Wiley-VCH GmbH, Boschstr. 12, 69469 Weinheim, Deutschland, E-Mail: Product_Safety@wiley.com.

KI-Haftungsausschluss: Der Verlag und die Autoren dieses Werks haben nach bestem Wissen und Gewissen gearbeitet, einschließlich einer gründlichen Überprüfung des Inhalts. Jedoch übernehmen weder der Verlag noch die Autoren Garantien oder Gewährleistungen hinsichtlich der Genauigkeit oder Vollständigkeit des Inhalts dieses Werks. Insbesondere schließen sie jegliche ausdrücklichen oder stillschweigenden Gewährleistungen aus, einschließlich Gewährleistungen der Handelsüblichkeit oder Eignung für einen bestimmten Zweck. Bei der Erstellung dieses Werks wurden bestimmte KI-Systeme eingesetzt. Es kann keine Garantie durch Vertriebsmitarbeiter, schriftliche Verkaufsunterlagen oder Werbeaussagen übernommen oder erweitert werden. Der Verweis auf eine Organisation, Website oder ein Produkt als Quelle für weitere Informationen impliziert keine Unterstützung oder Empfehlungen durch den Verlag und die Autoren. Der Verkauf dieses Werks erfolgt unter der Voraussetzung, dass der Verlag keine professionellen Dienstleistungen erbringt. Die enthaltenen Ratschläge und Strategien sind möglicherweise nicht für Ihre Situation geeignet. Konsultieren Sie gegebenenfalls einen Spezialisten. Leser sollten sich darüber im Klaren sein, dass die in diesem Werk aufgeführten Websites zwischen dem Zeitpunkt der Erstellung und dem Zeitpunkt des Lesens geändert sein können oder nicht mehr existieren. Weder der Verlag noch die Autoren haften für entgangene Gewinne oder sonstige wirtschaftliche Schäden, einschließlich besonderer, zufälliger, Folgeschäden oder sonstiger Schäden.

Print ISBN: 978-3-527-72181-8
ePub ISBN: 978-3-527-84723-5

Coverfoto: Astrid Gast – stock.adobe.com
Korrektur: Petra Heubach-Erdmann
Satz: Straive, Chennai, India
Druck und Bindung:

Über die Autoren

Prof. Dr.-Ing. Stefan Krauter schloss sein Studium der Elektro- und Informationstechnik an der Technischen Universität München 1988 als Dipl.-Ing. ab. Seine Diplomarbeit wollte er schon damals über Erneuerbare Energien schreiben, was aber zu der Zeit als zu exotisch abgelehnt wurde. Im Rahmen seiner Promotion von 1989 bis 1993 entwickelte er ein Betriebsmodell für Photovoltaik-Kraftwerke zur genaueren Ertragsvorhersage und gründete 1994/95 mit Freunden die Solon AG, das erste börsennotierte Unternehmen auf diesem Gebiet in Deutschland. Von 1996 bis 2006 hatte er Gastprofessuren in Rio de Janeiro und Fortaleza (Brasilien) inne. 1999 schloss er seine Habilitation zum Thema PV & Klimaschutz an der TU Berlin ab, co-gründete 2006 das Photovoltaik-Institut Berlin und übernahm 2010 eine Professur sowie den Lehrstuhl für Elektrische Energietechnik – Nachhaltige Energiekonzepte an der Universität Paderborn. Seine Vorlesungen und Faktenchecks sind online auf seinem YouTube-Kanal @Stefan_Krauter frei verfügbar. Weit darüber hinaus ist er allerdings als @solarpapst auf X und anderen Medien (BlueSky, Instagram, LinkedIn, Mastadon, Threads, TikTok) bekannt, wo er regelmäßig zum Fortschritt der Energiewende schreibt.

Christian Ofenheusle blickt auf umfangreiche Vorerfahrung in marktführenden Unternehmen verschiedener Branchen zurück. Das enorme Potenzial von Balkonkraftwerken erkannte er Ende 2017 mehr oder weniger zufällig. Bereits im Folgejahr gründete er mit »EmpowerSource« eine Beratungs- und Kommunikationsagentur, die die damals noch wenigen Unternehmen der Branche sowie deren neu gewonnenen Kunden umfassend unterstütze. Als Mitarbeiter im VDE-Normungsgremium, Mitinitiator der erfolgreichen Balkonsolar-Petition von 2023 und Vorsitzender des Bundesverband Steckersolar e.V. trägt er nachhaltig zur Entbürokratisierung und Sicherheit von Balkonkraftwerken bei. Aktuell unterstützt EmpowerSource Wohnungsunternehmen bei der Ausstattung von Mehrfamilienhäusern mit Steckersolargeräten, um das Balkonkraftwerk auch verstärkt in den urbanen Raum zu holen.

Ralf Haselhuhn ist der Vorsitzende des Fachausschusses Photovoltaik der Deutschen Gesellschaft für Sonnenenergie e.V. (DGS) und bei www.dgs-berlin.de seit 1995 mit den Schwerpunkten Photovoltaik, Energieplanung, Projektentwicklung, Consulting als Sachverständiger, Dozent, Gutachter, Fachautor und Projektleiter tätig. Zunehmend betreut er dort das PV-Gutachtenteam und auch Forschungsprojekte zur Photovoltaik und Batteriespeicher. Vorher arbeitete er im Gebiet Energieberatung und Energieplanung im Gewerbe- und Wohnungswirtschaftsbereich.

Er hat an der TU Dresden in Elektrotechnik/Energietechnik und an der TU Berlin Umwelt- und Energiemanagement studiert. Er veröffentlichte mehrere Bücher zur Photovoltaik, unter anderem den DGS-Leitfaden Photovoltaische Anlagen, Photovoltaik – Gebäude liefern Strom, Fraunhofer Verlag, Gebäudeintegrierte Solartechnik, DETAIL-Verlag. Er ist Mitarbeiter in vielen Arbeitskreisen und Normen- und Richtliniengremien zur Photovoltaik, EEG und Batteriespeicher insbesondere im VDE/DKE im Komitee Photovoltaik K373, Clearingstelle EEG, verschiedenen PV-Arbeitskreisen zu Netzanschluss, Brandsicherheit, Blitzschutz, Bau, Energieertrag, Solarenergiefonds und war lange Jahre Lehrbeauftragter für Photovoltaik an der HTW Berlin.

Auf einen Blick

Einführung	21
Teil I: Einführung in die Welt des Balkonkraftwerks	**27**
Kapitel 1: FAQ	29
Kapitel 2: Häufigste Missverständnisse	35
Kapitel 3: Erinnerung aus der Schulzeit: Elektrische Größen und Einheiten	41
Teil II: Technische Grundlagen	**47**
Kapitel 4: Sonnenlicht	49
Kapitel 5: Wie wird aus Sonnenlicht Strom?	55
Kapitel 6: Wie unterscheiden sich Solarmodule?	63
Kapitel 7: Begriffe beim Kauf von Solarmodulen	75
Kapitel 8: Wechselrichter	91
Teil III: Installation	**105**
Kapitel 9: Kurzanleitung	107
Kapitel 10: Kann der Stromkreis überlastet werden?	113
Kapitel 11: Steckverbindungen	125
Kapitel 12: Auslegung des Wechselrichters	135
Kapitel 13: Befestigung	143
Teil IV: Betrieb	**163**
Kapitel 14: Rentabilität	165
Kapitel 15: Speichersysteme	175
Kapitel 16: Pflichten eines Balkonkraftwerk-Nutzers	191
Teil V: Balkonkraftwerke aus Vermieter- und WEG-Sicht	**209**
Kapitel 17: Was muss ich? Was darf ich?	211
Kapitel 18: Das Balkonkraftwerk als Investitionsobjekt	219

Teil VI: Vergangenheit & Zukunft **223**
Kapitel 19: Geschichte der Balkonkraftwerke 225
Kapitel 20: Die Energiewelt von morgen. 233

Teil VII: Einkaufsguide **243**
Kapitel 21: Vier Grundfragen 245

Teil VIII: Der Top-Ten-Teil **251**
Kapitel 22: Top-10-Webseiten 253
Kapitel 23: Top-10-Antworten für neugierige Bekannte. 257

Abbildungsverzeichnis **259**
Stichwortverzeichnis **267**

Inhaltsverzeichnis

Einführung 21
Über dieses Buch 22
Konventionen in diesem Buch 22
Was Sie nicht lesen müssen 23
Törichte Annahmen über die Lesenden 23
Wie dieses Buch aufgebaut ist 23
    Teil I: Einführung in die Welt des Balkonkraftwerks 23
    Teil II: Technische Grundlagen 24
    Teil III: Installation 24
    Teil IV: Betrieb 24
    Teil V: Vergangenheit & Zukunft 24
    Teil VI: Einkaufsguide 25
    Teil VII: Der Top-Ten-Teil 25
Symbole, die in diesem Buch verwendet werden 25
Wie es weitergeht 26

TEIL I
EINFÜHRUNG IN DIE WELT DES BALKONKRAFTWERKS 27

Kapitel 1
FAQ 29
Was sind Balkonkraftwerke? 30
Wozu dienen Balkonkraftwerke? 30
Welche Leistungsgrenzen gelten für das Balkonkraftwerk? . 31
Was bedeuten die Leistungsangaben bei einem PV-Modul? .. 32
Welches Potenzial haben Balkonkraftwerke in Deutschland? 32
Nützen Balkonkraftwerke auch der Allgemeinheit? 33
Warum gibt es Balkonkraftwerke erst jetzt? 34

Kapitel 2
Häufigste Missverständnisse 35
Das kann ich mir billiger selbst zusammenkaufen! 35
Niemand kann mir vorschreiben, wie viel Leistung ich anschließe! 36
Wie viele Module ich dranhänge, ist doch egal! 37
Ein Balkonkraftwerk überlastet den Stromkreis! 38

Kapitel 3
Erinnerung aus der Schulzeit:
Elektrische Größen und Einheiten 41

TEIL II
TECHNISCHE GRUNDLAGEN 47

Kapitel 4
Sonnenlicht 49
    Solare Einstrahlung auf das PV-Modul 49

Kapitel 5
Wie wird aus Sonnenlicht Strom? 55
    Wie funktionieren Solarmodule? 55
    Das elektrische Ersatzschaltbild einer Solarzelle 56
    Strom und Spannung 58
    Von der Zelle zum Modul 61

Kapitel 6
Wie unterscheiden sich Solarmodule? 63
    Leistungsangaben eines PV-Moduls 63
    Verschattung 64
    »Hotspots« 66
    »Bypassdioden« 66
    Steckverbinder an PV-Modulen 70
    Eignung und Dauerhaftigkeit von PV-Modulen 71
    Kosten von Solarmodulen 73

Kapitel 7
Begriffe beim Kauf von Solarmodulen 75
    Höhere Anzahl von »Bus-Bars« beziehungsweise
    Zellverbindern 75
    Halbzellenmodule 76
    PERC-Solarzellen 77
    TOPCon-Solarzellen 78
    HIT-Module 79
    IBC-Module – Rückseitenkontaktierte Solarzellen 79
    Bifaziale Solarmodule 80
    Schindel-Module 82
    Hotspot-Free-Module 83
    All-Black-Module 84
    Leichtmodule 84

Farbige Module	85
Energierücklaufzeit	86
Reihen- & Parallelschaltung von PV-Modulen	87

Kapitel 8
Wechselrichter ... 91

Vom Gleichstrom des PV-Moduls zum netzkonformen Wechselstrom.	92
Sicherheits- und Netzanforderungen an den Wechselrichter sowie Schutzeinrichtungen	95
Wirkungsgrade und deren Messungen	97
Abschätzung des Stromertrags	101

TEIL III
INSTALLATION ... 105

Kapitel 9
Kurzanleitung ... 107

Auspacken	107
Lesen & Checken	108
Montieren	108
Zusammenstecken	109
Anschließen	111

Kapitel 10
Kann der Stromkreis überlastet werden? ... 113

Eine Studie muss her.	113
Erhöhung der Sicherheit durch Entlastung der Strombelastung	123

Kapitel 11
Steckverbindungen ... 125

Wechselstrom: Schuko® stecker vs. Wielandstecker – eine Frage der Sicherheit?	125
Basiswissen Schukostecker	126
Trotzdem verpolungssicher?!	127
Wieland-Steckverbindung.	128
Vorsicht: Nichtkompatible Wechselspannungssteckerbinder	128
Gleichstrom – Vorsicht vor nichtkompatiblen Modulsteckverbindungen a.k.a. »Kreuzverbund«	129
Eine Hilfestellung: der DGS-Sicherheitsstandard	132
Neue Regeln für den Stecker-Anschluss in der Produktnorm VDE V 0126-95	134

Kapitel 12
Auslegung des Wechselrichters **135**

Grundlagen 135
Maximale Modulanzahl in einem Strang 138
Minimale Modulanzahl in einem Strang 139
Stromdimensionierung 140

Kapitel 13
Befestigung **143**

Bauregeln 155
    Musterbauordnung (MBO) und Technische Baubestimmungen (MVV TB) 155
    Balkonmodule sowie Module an der Fassade oder als Überkopfverglasung 157
Weitere mechanische Anforderungen 157
    Befestigungsmittel und Montagesysteme 158
Statischer Nachweis 158
Korrosion 158
Brandschutz 159
Blitz- und Überspannungsschutz 161

TEIL IV
BETRIEB **163**

Kapitel 14
Rentabilität **165**

Wann rechnet sich ein Balkonkraftwerk? 165
Ertragsfaktoren 166
    Geräteleistung 166
    Anbringungsart/Ausrichtung 167
    Anbringungsort 169
Eigenverbrauchsanteil 170
Beispielrechnungen: Es lohnt sich! 172

Kapitel 15
Speichersysteme **175**

Fixwerteinspeisung 176
Verbrauchergesteuerte Einspeisung 176
Gesamtverbrauchsgesteuerte Einspeisung 177
Weitere Unterscheidungsmerkmale (Zellchemie, Anschlussart, Kapazität) 178

Wirtschaftlichkeit von Speichersystemen 181
Modelle (Auswahl) 183
    SOLMATE von EET 183
    Solarflow von Zendure 184
    STREAM von EcoFlow. 184
    TRIOS von der Sonnenrepublik 185
    Anker Solix. 186
    Maxxisun Maxxicharge 187
Fazit 189

Kapitel 16
Pflichten eines Balkonkraftwerk-Nutzers 191

Rechtsgrundlagen 191
    Anmeldepflicht beim Netzbetreiber 194
    Anmeldung beim Marktstammdatenregister 196
    Zählerwechsel. 196
    Balkonkraftwerke und steuerbare Verbraucher 197
    Balkonkraftwerke und andere PV-Anlagen 198
    Freigabe von Balkonkraftwerken in Eigentums- und
    Mietwohnungen – auch bekannt als das »Recht aufs
    Balkonkraftwerk« 198
    Offene Fragen. 200
Der Registrierungsprozess im Marktstammdatenregister 201

TEIL V
BALKONKRAFTWERKE AUS VERMIETER-
UND WEG-SICHT 209

Kapitel 17
Was muss ich? Was darf ich? 211

Haftungsfragen 211
Rechtsprechung gestern und heute 212
Was sollte man einfordern und was nicht? 215

Kapitel 18
Das Balkonkraftwerk als Investitionsobjekt 219

Proaktive Ausstattung. 219
Umsetzungsoptionen 220
ROI für Vermieter. 221

TEIL VI
VERGANGENHEIT & ZUKUNFT 223

Kapitel 19
Geschichte der Balkonkraftwerke 225
Von der Solar-Guerilla zum Mainstream 225

Kapitel 20
Die Energiewelt von morgen 233
Am Beginn einer neuen Ära 233
Energy Sharing – Gemeinsam mehr Power 235
    Erneuerbare-Energie-Gemeinschaften 236
    Peer-to-Peer-Geschäfte 237
    Gemeinschaftliche Gebäudeversorgung 238
Dezentrales Engpassmanagement – Das atmende Netz 239
    Virtuelle Kraftwerke und steuerbare Verbraucher 239
    Dynamische Stromtarife und flexible Netzentgelte 240
Ausblick: Das Netz der vielen Hände 241

TEIL VII
EINKAUFSGUIDE 243

Kapitel 21
Vier Grundfragen 245
1. Wo soll das Balkonkraftwerk hin? 245
2. Wie viel Leistung brauche ich? 246
3. Was kann ich selbst machen? Möchte ich Hilfe in Anspruch nehmen? 246
4. Welcher Nutzertyp bin ich? 247
    a) Der Sparfuchs 247
    b) Der nachhaltige Typ 247
    c) Der unabhängige Typ 248
    d) Der Technikbegeisterte 248
    e) Der vorsichtige Typ 249
Wo kaufe ich ein? 249

TEIL VIII
DER TOP-TEN-TEIL 251

Kapitel 22
Top-10-Webseiten 253
pvplug.de 253
machdeinenstrom.de / Mini-Solar Newsletter 253

balkon.solar 253
x.com/solarpapst / youtube.com/@Stefan_Krauter 254
youtube.com/@Akkudoktor / akkudoktor.net.......... 254
https://solar.htw-berlin.de/forschungsgruppe/pv-plug-intools/ 254
https://ei.uni-paderborn.de/eet/forschung/micro-wechselrichter 254
https://www.photovoltaikforum.com/board/156-pv-anlage-ohne-eeg/ 255
https://www.facebook.com/groups/170429543515117/ 255
https://www.verbraucherzentrale.de/wissen/energie/erneuerbare-energien/steckersolar-solarstrom-vom-balkon-direkt-in-die-steckdose-44715.................. 255
pv-magazine.de 255

Kapitel 23
Top-10-Antworten für neugierige Bekannte 257

Abbildungsverzeichnis................................. 259

Stichwortverzeichnis................................... 267

Einführung

Willkommen in der wunderbaren Welt der Balkonkraftwerke! Wer bisher der Meinung war, dass die Themen Energie und Strom immer ein großes Rätsel bleiben würden, dem steht eine Überraschung bevor. Sie, liebe/r Leser/in, sind kurz davor, den Schleier der Unwissenheit zu lüften und das Geheimnis der Sonnenenergie zu entdecken! Und das Beste daran: Es ist viel einfacher, als Sie vielleicht denken!

Stellen Sie sich vor, Sie könnten einfach die Stromrichtung an der Steckdose vertauschen und – zack – Ihr eigener Stromproduzent sein. Das ist keine Science-Fiction! Mit einem Balkonkraftwerk wird diese Vision Wirklichkeit! Zugegeben, es klingt fast zu gut, um wahr zu sein: Die Sonne schickt uns kostenlos Energie und alles, was wir tun müssen, um sie für unseren Alltag, für Handy, Kühlschrank und Waschmaschine verwenden zu können, ist, ein Solarmodul in den Garten zu stellen oder an den Balkon zu hängen? Skeptiker können sich hier vertrauensvoll an die Millionen von Nutzern wenden, die bereits ein Balkonkraftwerk betreiben. Die Antwort wird immer dieselbe sein: Es funktioniert und es lohnt sich!

Tatsächlich benötigen Sie nicht einmal spezielle technische Kenntnisse oder einen Abschluss in Elektrotechnik, um mit einem Balkonkraftwerk loszulegen. Diese kleinen Wunderwerke sind so konzipiert, dass sie nutzerfreundlich und leicht zu installieren sind. Quasi das IKEA-Regal unter den Solaranlagen.

Sie fragen sich vielleicht, warum Sie überhaupt eigenen Strom erzeugen sollten. Nun, es gibt viele gute Gründe! Erstens können Sie Ihre Stromrechnung senken – und wer möchte nicht etwas Geld sparen? Zweitens tragen Sie aktiv zum Umweltschutz bei. Jede erzeugte Kilowattstunde Sonnenstrom ist ein kleiner Sieg gegen die gigantischen Umweltschäden durch fossile Energien. Drittens lernen Sie ganz nebenbei einiges zu solarer Einstrahlung, photovoltaischer Umwandlung und zu Energieeinheiten. Und viertens, und das ist vielleicht der wichtigste Punkt: Es fühlt sich einfach großartig an, unabhängiger zu sein, Solarstrom zu nutzen und die Kontrolle über die eigene Energieversorgung zu haben!

Dieses Buch zeigt Ihnen, wie Sie im Handumdrehen Ihren eigenen sauberen Sonnenstrom erzeugen und dabei sogar noch Geld sparen können. Und keine Sorge, auch wenn einige Kapitel etwas technisch sind, werden Sie am Ende alle Infos in der Hand haben, um mit dem eigenen Balkonkraftwerk zu starten und ganz einfach zum Energiehelden zu werden!

Über dieses Buch

Balkonkraftwerk für Dummies ist ein Ratgeber für alle, die mit wenig Aufwand ihren eigenen Strom erzeugen wollen. Sie erfahren darin, wie ein Balkonkraftwerk funktioniert, wie wenig Aufwand es macht, es in Betrieb zu nehmen und wie man es über viele Jahre hinweg optimal nutzt. Am Ende des Buches wissen Sie genau, wie Sie ein hochwertiges Balkonkraftwerk erkennen, worauf Sie bei der Montage achten müssen und wie Sie Nachbarn und Bekannten bei ihren eigenen Balkonkraftwerk-Projekten weiterhelfen können.

Es ist sehr wahrscheinlich, dass dieses Buch Informationen enthält, die Sie längst kennen. Wir sind uns aber sicher, dass Sie auch immer wieder auf Tipps oder Hinweise stoßen werden, die Ihnen ganz oder teilweise unbekannt sind. Möglicherweise helfen Ihnen auch die Rechenbeispiele und technischen Hintergründe dabei, das ideale Balkonkraftwerk für Ihren Bedarf zu finden oder Fehler beim Kauf zu vermeiden.

Balkonkraftwerk für Dummies gibt darüber hinaus einen Ausblick auf den Wandel der Energiewelt durch das Balkonkraftwerk und über dieses hinaus. Das ermöglicht Ihnen, auch in den nächsten Jahren vorausschauend mit Ihrer eigenen Energieversorgung umzugehen und auch in Zukunft mehr Unabhängigkeit von steigenden Strompreisen und gierigen Energieversorgern zu erlangen.

Das Buch ist auch als Nachschlagewerk gedacht. Sie müssen es nicht von Anfang bis Ende durcharbeiten, sondern können es jedes Mal zur Hand nehmen, wenn eine Frage zum Thema Balkonkraftwerk auftaucht, und im jeweiligen Kapitel die Antwort finden.

Konventionen in diesem Buch

Damit Sie sich in diesem Buch leicht zurechtfinden, haben wir wie in allen anderen *für Dummies*-Büchern bestimmte Konventionen verwendet. Das macht es an der einen oder anderen Stelle für Sie sicherlich einfacher, wesentliche Aspekte schneller zu registrieren:

- ✔ **Fettdruck** wird verwendet, um die wichtigen Elemente bei Schritt-für-Schritt-Anleitungen oder Aufzählungen hervorzuheben.
- ✔ *Kursiv* werden neue Wörter oder Begriffe geschrieben.
- ✔ In dieser **Schriftart** werden Internetadressen dargestellt.

Was Sie nicht lesen müssen

Ab und zu tauchen in diesem Buch grau hinterlegte Textkästen auf, in denen wir Ihnen unter anderem technische Details und Beispiele vorstellen. Die können Sie ebenso überspringen wie die Passagen, die Sie gerade nicht interessieren, oder Themen, bei denen Sie sich sowieso schon gut auskennen. Sie müssen *Balkonkraftwerk für Dummies* keinesfalls von A bis Z durcharbeiten – Sie können ungehindert an jeder erdenklichen Stelle des Buches ein- und wieder aussteigen.

Törichte Annahmen über die Lesenden

Wir gehen davon aus, dass Sie sich über die Anschaffung eines Balkonkraftwerks Gedanken machen. Glückwunsch! Das ist der beste Grund, um zu diesem Buch zu greifen. Allerdings kann es auch sein, dass Sie sich grundsätzlich aus privaten oder beruflichen Gründen für das Thema nachhaltige Energietechnik interessieren. Auch hier wird Ihnen *Balkonkraftwerk für Dummies* weiterhelfen. Wir gehen an einigen Stellen sehr tief ins Detail, sodass auch Fachleute etwas von der Lektüre haben. Dennoch bemühen wir uns immer um Verständlichkeit statt Fachchinesisch, denn am Ende soll es ein Buch für alle sein, für die das Balkonkraftwerk einen Nutzen hat. Und das sind viele!

Wie dieses Buch aufgebaut ist

Balkonkraftwerk für Dummies besteht aus insgesamt acht Teilen. Wenn Sie sich vorab schon mit einigen Grundlagen des Balkonkraftwerks oder der Photovoltaik befasst haben, können Sie die entsprechenden Teile überspringen. Es gibt keine feste Reihenfolge, die Sie beim Lesen beachten müssen. Ihr konkretes Interesse steuert, welche Teile Sie zuerst oder überhaupt lesen. Jeder Teil beinhaltet interessantes Wissen, und wenn Vorkenntnisse aus anderen Teilen des Buchs erforderlich sein sollten, weisen wir jeweils darauf hin.

Das Buch ist wie folgt unterteilt:

Teil I: Einführung in die Welt des Balkonkraftwerks

Die Gründe, warum sich ein Balkonkraftwerk lohnt, sind beinahe so vielfältig wie die Fragen, die seine Nutzung aufwirft. In diesem Teil widmen wir uns den häufigsten Fragen und Missverständnissen rund um das Balkonkraftwerk. So finden

Sie schnell erste Antworten und können grobe Fehler vermeiden. Zudem finden Sie hier eine Einführung in die (im Rest des Buches) verwendeten Größen und physikalische Einheiten insbesondere von elektrischer Energie. Damit können Sie gut vorbereitet in die weitere Lektüre starten und können zudem beim nächsten privaten Fachgespräch glänzen.

Teil II: Technische Grundlagen

Dies ist der umfangreichste Teil des Buches. Hier zeigen wir Ihnen alles, was Sie über die Stromerzeugung mit Photovoltaik wissen müssen – vom Aufbau und Funktion einer Solarzelle über die verschiedenen Bauarten von Solarmodulen und die Bedeutung von Begriffen, die Ihnen beim Kauf von Solarmodulen begegnen können, bis zur Funktionsweise eines Wechselrichters. In allen Kapiteln finden Sie anschauliche Grafiken, die Ihnen das Verständnis erleichtern.

Teil III: Installation

Auch hier wird es noch mal technisch. Rund um die mechanische und elektrische Installation von Balkonkraftwerken gibt es jede Menge Fragen. Diese werden in diesem Teil nicht nur beantwortet, sondern mit tiefem Hintergrundwissen begründet. Darum ist dieser Teil besonders nützlich, wenn Sie etwa mit Skeptikern diskutieren oder selbst Bedenken haben.

Teil IV: Betrieb

Hier geht es auf die lange Distanz. Ein Balkonkraftwerk soll schließlich nicht nur Geld kosten, sondern auch welches erwirtschaften. Hier geht es folglich darum, wie viel finanziellen Ertrag Sie tatsächlich erwarten dürfen, was die Erweiterung um einen Batteriespeicher für Vor- und Nachteile hat, aber auch um die weiteren Pflichten, die Sie als Kraftwerksbetreiber erwarten. Keine Sorge, die sind überschaubar.

Teil V: Vergangenheit & Zukunft

Deutschland ist beim Balkonkraftwerk ein weltweiter Vorreiter. Dass es hierzu nicht von selbst kam, sondern jede Menge Engagement erforderte, versteht sich von selbst. In diesem Teil erzählen wir Ihnen, wie das Balkonkraftwerk überhaupt möglich wurde und wann die ersten Balkonkraftwerke entwickelt wurden. Aber wir zeigen Ihnen auch, welche Bedeutung die dezentrale Erzeugung und Nutzung von Energie für die Zukunft hat und welche neuen Modelle für die Energieversorgung sich daraus ergeben.

Teil VI: Einkaufsguide

Hier machen wir es Ihnen extra leicht! Wenn Sie durch das Lesen des Buches Lust bekommen haben, Ihr eigener Energieversorger zu werden, oder ohnehin bereits auf der Suche nach einem Balkonkraftwerk sind und nicht mehr abwarten wollen, finden Sie hier einen schlichten, aber zielführenden Einkaufsguide, der Ihnen die Wahl zum optimalen Kraftwerk für Ihren Bedarf so leicht wie möglich macht.

Teil VII: Der Top-Ten-Teil

Im letzten Teil haben wir für Sie die zehn wichtigsten Orte im Internet zum Thema Balkonkraftwerk zusammengestellt, bei denen sich ein Besuch lohnt. Egal, ob es um weiterführende Informationen, konkrete Detailfragen oder aktuelle Entwicklungen und Angebote geht, hier werden Sie fündig. Einige der Präsenzen werden auch von den Autoren dieses Buches verwaltet. Vielleicht liest man sich also bald wieder. Zudem geben wir Ihnen noch die Top-10-Antworten für neugierige Bekannte an die Hand, sodass Sie stets schnelle und verständliche Auskunft zu Balkonkraftwerken geben können.

Symbole, die in diesem Buch verwendet werden

Neben dem Text finden Sie ab und zu Symbole, die Folgendes bedeuten:

Dieses Symbol kennzeichnet etwas, das Sie sich merken sollten.

Dieses Symbol kennzeichnet Tipps, die Ihnen beim Verständnis des Gelesenen und bei der Vorbereitung und Umsetzung Ihres Balkonkraftwerk-Projekts weiterhelfen.

Hier kann es gefährlich werden. Es geht dabei um Sicherheitshinweise oder Regelungen, die Ihnen gegebenenfalls Schwierigkeiten machen können. Achten Sie daher auf die Lösungshinweise bei diesem Symbol.

Hier finden Sie unterhaltsame Zusatzinformation, die Sie hoffentlich interessant finden, die aber nicht wichtig für das Verständnis des Inhalts sind.

 Diese Hinweise richten sich eher an Menschen mit entsprechender Vorbildung. Der Laie darf getrost darüber hinweglesen.

 Hier finden Sie Beispiele für das Genannte, etwa Rechen- oder Anwendungsbeispiele. Es soll Ihnen helfen, einen praktischen Anwendungsfall besser zu verstehen.

Wie es weitergeht

Sie haben nun die Qual der Wahl: Suchen Sie sich einen Teil, ein Kapitel oder ein Thema aus, das Ihren aktuellen Fragen entspricht, und beginnen Sie einfach dort mit der Lektüre, oder beginnen Sie direkt von Anfang an. Sie können sich auch am Inhaltsverzeichnis und am Index orientieren, um zur richtigen Buchstelle zu gelangen.

Worum wir aber in jedem Fall bitten, ist, dass Sie sich Zeit nehmen. Das Balkonkraftwerk ist ein Thema voller Fragen, Missverständnisse und Irrglauben. Wir arbeiten bereits seit Jahren daran, ihnen mit Fakten und belegten Informationen zu begegnen. Dieses Buch stellt einen wichtigen Wissensfundus dar. Und wenn Sie ihn nicht nur für sich selbst nutzen, sondern auch, um mehr Wahrheit über das Balkonkraftwerk in Ihrem Umfeld zu platzieren, unterstützen Sie damit die Sache an sich. Um das Buch aber in diesem Sinne zu nutzen, müssen Sie sich selbst auch etwas Zeit einräumen. Also: Zurücklehnen, einmal an der Kaffeetasse nippen und jetzt viel Vergnügen beim Eintauchen in die Welt des Balkonkraftwerks!

Teil I
Einführung in die Welt des Balkonkraftwerks

IN DIESEM TEIL ...

✔ FAQ

✔ Häufigste Missverständnisse

✔ Erinnerung aus der Schulzeit: Elektrische Größen und Einheiten

IN DIESEM KAPITEL

Was sind Balkonkraftwerke?

Wozu dienen Balkonkraftwerke?

Welche Leistungsgrenzen gelten für das Balkonkraftwerk?

Was bedeuten die Leistungsangaben bei einem PV-Modul?

Welches Potenzial haben Balkonkraftwerke in Deutschland?

Nützen Balkonkraftwerke auch der Allgemeinheit?

Warum gibt es Balkonkraftwerke erst jetzt?

Kapitel 1
FAQ

Das Balkonkraftwerk ist im Grunde eine einfache Sache:

1. Aufstellen
2. Einstecken
3. Lossparen

Allerdings steckt der Teufel auch hier – wie so häufig – im Detail. Damit Sie nicht erst das ganze Buch lesen müssen, um eine schnelle Antwort auf die häufigsten Fragen zu erhalten, haben wir sie in diesem Buch gleich vornean gestellt.

Bitte lassen Sie sich durch die Angaben zu Leistung und anderem in diesem Kapitel nicht verwirren. Die Einheiten werden später noch genauer erklärt. Hier aber schon mal die Kurzfassung: Alles mit »Watt« bezeichnet die Leistung der Erzeugung, alles mit »Wattstunden« bezeichnet die über einen Zeitraum hinweg erzeugte oder verbrauchte Summe dieser Leistung, also die Energiemenge, deshalb »Wattstunden« oder »Kilowattstunden« (kWh).

Was sind Balkonkraftwerke?

Balkonkraftwerke, auch »Steckersolargeräte« (dieser Begriff wird in Richtlinien, Regeln und im Gesetz verwendet), »Guerilla-PV« oder »Mini-PV« genannt, sind Geräte zur Erzeugung von Strom aus Sonnenenergie. Anders als der Name vermuten lässt, sind sie nicht allein für den Balkon gedacht, sondern können zum Beispiel auch auf Terrassen, in Gärten, auf Vordächern, Lauben, Carports, Garagen etc. betrieben werden. Das macht sie für einen großen Teil der Haushalte nutzbar. Balkonkraftwerke bestehen aus einem oder mehreren *Solarmodulen* (auch »Photovoltaik-Module« oder kurz »PV-Module«) und einem daran angeschlossenen *Wechselrichter*, der sich zur Netzeinspeisung des erzeugten Stroms eignet. Da der Wechselrichter für Balkonkraftwerke relativ klein ist, wird er auch »Mikrowechselrichter« oder »Modulwechselrichter« genannt. Der Anschluss kann an einer normalen Steckdose erfolgen.

Wozu dienen Balkonkraftwerke?

Das Balkonkraftwerk bietet eine ganze Reihe an Vorteilen. Die drei wichtigsten:

- ✔ Sie reduzieren einen relevanten Anteil Ihrer Stromkosten. Ein grober Richtwert: Bei sonnigem Südbalkon und einem Balkonkraftwerk mit 800 Watt Modulleistung werden bei senkrechter Montage am Balkongeländer (siehe Abbildung 1.1) im Mittel 600 Kilowattstunden im Jahr erzeugt. Bei einem Strompreis von 35 Cent je Kilowattstunde und einem realistischen Eigenverbrauch von 80 Prozent sparen Sie somit jedes Jahr 168 Euro. Damit hat sich ein Gerät für 300 bis 800 Euro schon nach drei bis fünf Jahren amortisiert.

Der Eigenverbrauchsanteil ist der Teil der erzeugten Energie, der direkt im eigenen Haushalt genutzt werden kann. Die Überschüsse fließen meist unvergütet ins Netz. 60 bis 80 Prozent Eigenverbrauchsanteil sind durchaus üblich. Ab einer bestimmten Menge an Überschüssen kann sich ein Speicher lohnen, der die überschüssige Energie für einen anderen Zeitpunkt nutzbar macht.

- ✔ Zudem lernen Sie praktisch / »hands-on« wichtige Grundlagen zur solaren Einstrahlung, zu Photovoltaik, Netzeinspeisung und Energietechnik – zentrale Kenntnisse für eine Energiewelt, die in Zukunft von diesen Technologien abhängen wird.

Abbildung 1.1: Mehrere Balkonkraftwerke (Copyright: Solarwatt)

✔ Der Strom wird direkt dort erzeugt, wo er gebraucht wird – zu Hause. Anders als bei der konventionellen Stromversorgung, bei der der Kostenanteil für das Netz fast genauso groß ist wie für die Stromerzeugung, gibt es beim Balkonkraftwerk kaum Netzverluste und Netzkosten. Damit tragen Sie aktiv etwas zur Netzentlastung und zur Senkung der Stromkosten (für alle) bei.

Welche Leistungsgrenzen gelten für das Balkonkraftwerk?

Die maximale Ausgangsleistung der Wechselrichter ist auf 0,8 Kilowatt beziehungsweise 800 W festgelegt, die Nutzer dürfen aber größere Modulleistungen (laut Gesetz maximal 2.000 Watt Nennleistung, gegebenenfalls begrenzt durch technische Normen) installieren: Daher erbringen die Module im Sommer häufig mehr Leistung, als der Wechselrichter durchlässt. Dieser begrenzt die Leistung dann auf den zulässigen Wert von 800 Watt. Im Winter hingegen wird im Normalfall die Grenze nicht erreicht.

Was bedeuten die Leistungsangaben bei einem PV-Modul?

Auf jedem Modul befindet sich ein Typenschild mit mehreren Angaben: Eine sehr wichtige ist die elektrische Nennleistung des Solarmoduls. Diese wird in »Watt Peak« (W_p) also in möglicher Maximalleistung (*Peak* = englisch für »Spitze«) angegeben. Damit die Leistungen von Modulen verschiedener Hersteller untereinander vergleichbar sind, wurden gemeinsame Standard-Prüfbedingungen (STC – Standard Test Conditions) für die Ermittlung dieser Maximalleistung festgelegt. Diese sind von der solaren Einstrahlung (mit einem Betrag von exakt 1000 W/m²) und von der Betriebstemperatur her (25 °C) ziemlich optimistisch ausgelegt, sodass die auf dem PV-Modul angegebene Leistung sehr selten erreicht wird. Nur wenn es sehr sonnig, dabei aber verhältnismäßig kühl ist, und die Sonne direkt auf das relativ kühle Modul scheint, kommt man dieser STC-Nennleistung auch in der Realität nahe. Entgegen der Erwartung reduziert die Wärme die Modulleistung, und zwar um etwa 0,4 % pro Grad Celsius Temperaturanstieg.

Die Spitzenleistung in Watt Peak können Sie als Basis für die Berechnung des möglichen Jahresertrags verwenden. Die Faustformel: Sie erhalten den elektrischen (Jahres-)Energieertrag über ein Jahr dadurch, dass Sie die Watt-Peak-Leistung eines Solarmoduls mit – je nach Standort in Deutschland bei Südausrichtung und 35° Neigung – 950 bis 1.300 Stunden multiplizieren (sogenannte äquivalente Volllaststunden). Ein Modul mit 400 W_p kann idealerweise im Jahr zwischen 380.000 und 520.000 Wattstunden (Wh), also 380 bis 520 Kilowattstunden (kWh) an elektrischem Ertrag erzielen. Zum Vergleich: Ein durchschnittlicher Zwei-Personen-Haushalt verbraucht im Durchschnitt 2.000 kWh im Jahr, also etwa das Vier- bis Fünffache. Bei schlechterer Ausrichtung wie zum Beispiel am Balkon senkrecht, nicht nach Süden und/oder bei Verschattung reduziert sich der Ertrag.

Welches Potenzial haben Balkonkraftwerke in Deutschland?

Es gibt in Deutschland rund 20 Millionen sonnenbeschienene Balkone. Wenn die Hälfte davon mit Balkonkraftwerken mit der Nennleistung von durchschnittlich 800 Watt ausgestattet wird, erzeugen diese im Jahr bei angenommenen Verlusten von ca. 20 %: 0,8 kW × 0,8 × 1000 h × 10 Mio. = 0,64 × 10 Mrd. kWh = 6,4 Terawattstunden (TWh).

Das sind rund 1,2 Prozent des gesamten deutschen Stromverbrauchs, beziehungsweise 4,6 Prozent des Stromverbrauchs aller deutschen Haushalte!

Eventuell wird dieser Anteil in Zukunft etwas höher, da in den seit 2024 geltenden Neuregelungen für Balkonkraftwerke voraussichtlich PV-Modulleistungen von 960 W_p oder größer zugelassen werden (die Ausgangsleistung des Wechselrichters bleibt jedoch auf 0,8 kW beschränkt). Die wenigsten Nutzer werden mehr als vier Quadratmeter Platz (bedeutet aktuell etwa 800 W_p) an der Balkonbrüstung haben, doch durch die stetige Weiterentwicklung der Solartechnik und dadurch steigende Wirkungsgrade pro Quadratmeter erscheint eine Ausschöpfung der zulässigen Maximalleistung künftig auch auf kleinem Raum durchaus möglich.

Bei höherem Wirkungsgrad (das heißt der Umwandlungseffizienz von solarer Einstrahlung in Elektrizität) verringert sich bei gleicher elektrischer Leistung die benötigte Fläche eines Solarmoduls. Bei 22 Prozent Wirkungsgrad benötigt ein 400-W_p-Modul etwa nur noch eine Fläche von 1,8 Quadratmeter statt 2 Quadratmeter bei einem Modul mit nur 20 Prozent Wirkungsgrad.

Nicht zu vergessen: Balkonkraftwerke, die auf Terrassen, in Gärten, auf Vordächern, Lauben, Carports, Garagen und so weiter betrieben werden, bieten noch weitaus mehr Möglichkeiten. Mit diesen Geräten wird das Potenzial dieser Technik vervielfacht – auch weil sie häufig mehr Platz zur Verfügung haben und daher auch mehr Leistung bringen können.

Nützen Balkonkraftwerke auch der Allgemeinheit?

Neben der Verringerung der Stromrechnung durch den selbst erzeugten Strom bieten Balkonkraftwerke den Nutzern weitere Vorteile, die weniger bekannt sind:

- ✔ Die Belastung des Stromnetzes wird etwas reduziert. Im Vergleich zu Wärmepumpen und Wallboxen zum Laden von Elektrofahrzeugen sind die Leistungen von Balkonkraftwerken zwar ziemlich klein, aber je mehr es von ihnen gibt, desto weniger Strom muss das Stromnetz zu den Verbrauchern bringen. Dadurch werden Leitungen und Transformatoren weniger belastet, haben weniger Verluste und halten sogar länger, weil sie sich weniger erwärmen. Das reduziert die Netzkosten für alle.

- ✔ Die Solarstromerzeugung wird zudem durch Balkonkraftwerke jahreszeitlich gesehen etwas ausgeglichener. Das liegt zum einen an der bereits erwähnten sommerlichen Begrenzung der Einspeisung durch den Wechselrichter, die größere PV-Anlagen nicht bieten. Darüber hinaus werden die Module bei Balkonkraftwerken häufig lotrecht statt wie bei herkömmlichen Photovoltaik-Kraftwerken angewinkelt montiert. Dadurch fangen sie zwar im Sommer, bei hoch stehender Sonne, etwas weniger Einstrahlung ein, dafür aber im Winter, bei tief stehender Sonne, etwas mehr.

✔ Auch tageszeitlich gesehen bringt die Erzeugung der Balkonkraftwerke einen Ausgleich. Während herkömmliche PV-Kraftwerke zur Ertragsmaximierung fast ausschließlich nach Süden ausgerichtet sind – und damit alle gleichzeitig sehr viel Strom um die Mittagszeit produzieren –, sind Balkone nicht nur auf der Südseite zu finden. Viele sind auch nach Osten oder Westen orientiert. Die Balkonkraftwerke auf den Ostbalkonen produzieren schon früh morgens Strom, die auf den Westbalkonen nachmittags bis zum Sonnenuntergang.

Dadurch ist insgesamt etwas weniger zusätzliche Leistung aus konventionellen Kraftwerken (oder Großspeichern) notwendig, die den Strom im Winter, morgens und abends bereitstellen, wenn die großen PV-Kraftwerke wenig Strom liefern. Das spart Kosten wie auch CO_2-Emissionen.

Warum gibt es Balkonkraftwerke erst jetzt?

Photovoltaik gibt es schon seit 70 Jahren, sie war aber bis vor Kurzem sehr teuer: In den 1990er-Jahren kostete ein PV-Modul mit 400 Watt noch 4.000 Euro. Heute (2024) liegt das Modul bei nur noch 80 bis 100 Euro. Die netzeinspeisefähigen Mikrowechselrichter dazu gibt es seit etwa 20 Jahren. Sie kosten heute ebenfalls nur noch 100 bis 250 Euro. Dennoch etablieren sich Balkonkraftwerke hierzulande erst seit wenigen Jahren. Der Grund: Lange Zeit galt das ungeschriebene Gesetz, dass die elektrischen Stromkreise im Haushalt nicht dazu geeignet seien, Energie aufzunehmen, sondern sie nur abgeben könnten. Die elektrotechnischen Normen schrieben das auch mehr oder weniger explizit so fest – bis 2017. Mit der Änderung der elektrotechnischen Installationsnorm DIN VDE V 0100-551-1 im selben Jahr änderte sich dieses Paradigma erstmals. Dort wurde die wichtigste Bedingung für die Einspeisung in den eigenen Haushalt formuliert:

$I_n + I_g \geq I_z$

Im Klartext: Der insgesamt maximal durch die Sicherungen kommende Strom I_n darf zuzüglich des durch die Einspeisung zugefügten Stroms I_g die Strombelastbarkeit der Leitungen I_z nicht übersteigen. Durch ihren verhältnismäßig geringen Strom I_g können Balkonkraftwerke dies – auch durch ihre Wechselrichterleistungsbegrenzung – gewährleisten.

> **IN DIESEM KAPITEL**
>
> Das kann ich mir billiger selbst zusammenkaufen!
>
> Niemand kann mir vorschreiben, wie viel Leistung ich anschließe!
>
> Wie viele Module ich dranhänge, ist doch egal!
>
> Ein Balkonkraftwerk überlastet den Stromkreis!

Kapitel 2
Häufigste Missverständnisse

Manchmal ist man sich ganz sicher, es besser zu wissen. Aber wenn die Praxis diese Sicherheit Lügen straft, kann es schon zu spät sein. Daher hier einige der häufigsten Missverständnisse beim Balkonkraftwerk, damit Sie es in Zukunft tatsächlich besser wissen.

Das kann ich mir billiger selbst zusammenkaufen!

Balkonkraftwerke mit Netzstecker stellen im technischen Sinne »elektrische Haushaltsgeräte« dar. Wie bei anderen Haushaltsgeräten ist es am einfachsten, sie als Komplettset zu kaufen. Neben der Garantie wird die Haftung für Folgefehler bei einem fehlerhaften Produkt übernommen. Der Inverkehrbringer und/oder Hersteller haftet hierfür nach dem Produktsicherheitsgesetz. Beim Aufbau ist die Montage- und Installationsanweisung des Herstellers zwingend zu beachten. Ein Steckersolargerät selbst richtig auszulegen, zusammenzustellen und die richtigen Komponenten auszuwählen, ist nicht einfach. Über ausreichende Kenntnisse im Bereich Elektrotechnik/Photovoltaik und mechanische Sicherheit sowie handwerkliches Geschick sollten Sie dabei auf jeden Fall verfügen. Wenn dabei etwas falsch gemacht wird, kann es zu einem Brand, elektrischen Stromschlag oder Gefährdung durch Absturz oder Bruch des Solarmoduls mit Folgen kommen. Zudem haben Sie nur die Garantie und Haftung der Komponenten, wenn diese technisch korrekt verwendet wurden. Ein Elektriker (oder Elektroingenieur) sollte, wenn er sich gut informiert, in der Lage sein, die Anlage richtig auszulegen, die richtigen Komponenten auszuwählen und zu installieren und dabei die Sicherheitsaspekte zu beachten. Viele dieser Aspekte werden in diesem Buch beschrieben. Dennoch ist der Gang zum Fachhändler am Ende die sicherere Wahl.

Niemand kann mir vorschreiben, wie viel Leistung ich anschließe!

Das stimmt grundsätzlich erst mal so. Allerdings wird bei einem eventuellen Schadensfall geprüft, ob die Installation den geltenden technischen Regeln entspricht. Ist das nicht der Fall, kann etwa die Versicherung die Zahlung verweigern. Die technischen Regeln, insbesondere die Produktnorm VDE V 0126-95 »Steckersolargeräte für Netzparallelbetrieb – Grundlegende Sicherheitsanforderungen und Prüfungen« und die Regelungen des EEG von 2024, begrenzen die maximale Ausgangsleistung am Wechselrichter eines Balkonkraftwerks auf 800 Watt. Die Netzanschlussnorm VDE AR-N 4105 von 2018 hingegen blieb längere Zeit noch auf einem älteren Stand, mit einer Leistungsgrenze von 600 Watt. Inzwischen wurde diese Norm überarbeitet und auch dort wurde die Anschlussleistung auf 800 Watt erhöht. Die überarbeiteten Normen kommen damit endlich der Verordnung 631 der Europäischen Kommission (EU 2016/631) zur Festlegung eines Netzkodex mit Netzanschlussbestimmungen für Stromerzeuger nach. Dieser lässt bis zu einer Leistung von 800 Watt eine Netzeinspeisung mit vereinfachten Netzanschlussbedingungen zu.

Dabei geht es neben den Netzsicherheitsaspekten auch um die Sicherheit der bestehenden Elektroinstallation. Wird zu viel eingespeist und gleichzeitig viel an derselben Leitung verbraucht, kann diese überhitzen. Unabhängig davon kann natürlich auch ein Festanschluss der Anlage von einer Elektrofachkraft vorgenommen werden, dann sind sogar bis zu 4.600 Watt Einspeiseleistung einphasig (mit separater Absicherung) zulässig. Das stellt dann allerdings eine »normale« PV-Anlage dar und kein Balkonkraftwerk mehr.

Wie viele Module ich dranhänge, ist doch egal!

Lange Zeit war tatsächlich keine maximale Leistung für die Solarmodule des Steckersolargeräts durch Regeln definiert. Wichtig war nur, dass die dazugehörige Wechselrichterleistung bei maximal 800 Watt liegt (früher: 600 Watt). Im Rahmen des Solarpakets I der Bundesregierung wurde im Erneuerbare-Energien-Gesetz (EEG) jedoch eine neue Definition von Steckersolargeräten vorgenommen. Die PV-Modulleistung (Nennleistung) darf nach dem neuen Gesetz nun maximal 2.000 Watt betragen, damit das Gerät noch als »Steckersolargerät« gilt. Nach dem DGS-Sicherheitsstandard oder dem derzeitigen Stand der Produktnorm VDE V 0126-95 wird die Modulleistung aus Sicherheitsgründen sogar noch stärker begrenzt. Eine Ausnahme gilt nur bei Einsatz einer zusätzlichen Kommunikations- und Sicherungseinrichtung zwischen Stromerzeugungseinrichtung und netzseitiger Schutzeinrichtung. Mit diesen Schutzeinrichtungen kann der Leitungsschutz durch eine dynamische Strombegrenzung im Endstromkreis sichergestellt werden: Mit diesen schon auf dem Markt erhältlichen Geräten (zum Beispiel Stromwächter etc.) ist ein Überlasten des Stromkreises ausgeschlossen. Eine Normierung beziehungsweise Zertifizierung dieser Geräte steht aber noch aus.

Abbildung 2.1: Schutzeinrichtung, um Überlastungen im Stromkreis bei höheren Leistungen zu vermeiden

Ein Balkonkraftwerk überlastet den Stromkreis!

Häufig wird verbreitet, Steckersolargeräte seien gefährlich und sollten deshalb nur von einer Elektrofachkraft installiert werden. Es bestehe die Gefahr, dass sie Stromkreise überlasten und Brände auslösen können. Um dieses zu verhindern, wurde im DGS-Sicherheitsstandard und in der Produktnorm VDE V 0126-195 für Steckersolargeräte eine maximale Einspeiseleistung von 800 Watt je abgesicherten Stromkreis vorgeschrieben. Ziel ist es, eine sichere Anwendung zu ermöglichen. Dazu wurden Sicherheitsanforderungen für diese Geräte festgeschrieben. Im Rahmen eines Forschungsprojekts wurde der Entwurf dieser Produktnorm erarbeitet sowie die wissenschaftliche Begleitforschung vorgenommen. Zudem wurden kritische Belastungsfälle untersucht. Die Verbundpartner in diesem Projekt waren neben der Deutschen Gesellschaft für Sonnenenergie Landesverband Berlin Brandenburg (DGS) und der Deutsche Kommission Elektrotechnik Elektronik Informationstechnik (DKE) das Fraunhofer ISE sowie die Firmen indielux, SolarInvert und SIZ. Die DGS übernahm es, die Belastbarkeitsreserven in gealterten Elektroinstallationen zu bestimmen, Temperaturen bei Überströmen an gealterten Betriebsmitteln zu ermitteln und mögliche Gefährdungen zu analysieren. Das Ergebnis:

Ein potenziell gefährlicher Strom kann nur entstehen, wenn an einer Verbrauchssteckdose ein Gerätefehler vorliegt, der einen Überstrom verursacht. Wenn dieser Überstrom kleiner als der Auslösestrom der Sicherung ist (bei einer 16-Ampere-Sicherung rund 24 Ampere), löst die Sicherung nicht aus. Gleichzeitig muss dabei im gleichen Stromkreis das Steckersolargerät bei optimaler Sonneneinstrahlung den maximalen Solarstrom erzeugen. Dies kommt jedoch meist nur in einem kurzen Zeitbereich von unter einer Stunde vor. Das Risiko, dass beide Fälle gleichzeitig auftreten, ist sehr gering.

Die Untersuchungen ergaben, dass bei Belastung durch Gerätefehler beziehungsweise Überstrom bei gleichzeitiger maximaler Solarstromeinspeisung an Steckdosen, Verteilerdosen und Kabeln trotzdem keine Brandgefährdung besteht. Dies wurde auch bei bis zu 60 Jahre alten Elektroinstallationen ermittelt. Die AC-Leistung (Wechselstromleistung) sollte allerdings maximal 800 Watt und damit der zulässige Einspeisestrom maximal 3,5 Ampere je Stromkreis aufweisen. Einige Anbieter bieten in deren Sets PV-Module von insgesamt 2.000 bis 3.000 Watt an und lassen dann den Wechselrichter die AC-Leistung auf 800 W abregeln. Das führt dazu, dass der Stromkreis über mehrere Stunden mit 800 Watt belastet wird und das Risiko eines Überstroms mit kritischen Folgen steigt. Deshalb wird nach der Norm VDE V 0126-195 die maximale Modulleistung auf 2000 Watt begrenzt. Nur mit einer zusätzlichen Stromkreisüberwachung oder einer zusätzlichen speziellen Einspeisesteckdose kann davon abgewichen werden.

Ganz allgemein und unabhängig vom Einsatz von Steckersolargeräten sollten Elektroinstallationen, die eine Betriebsdauer von 40 Jahren überschritten haben, durch eine Fachkraft auf Beschädigungen überprüft und bedarfsweise saniert werden. Steckersolargeräte können allerdings auch die Strombelastung bestimmter Kontaktstellen verringern oder durch die integrierte Fehlerstromschutzeinrichtung oder andere Schutzeinrichtungen (zum Beispiel Stromwächter etc.) die Sicherheit in Haushaltsstromkreisen erhöhen.

IN DIESEM KAPITEL

Spannung

Strom

Widerstand

Leistung

Energie

Kapitel 3
Erinnerung aus der Schulzeit: Elektrische Größen und Einheiten

Der Physikunterricht ist für viele der letzte Ort, an dem sie sich mit den Einheiten der elektrischen Energie beschäftigt haben. Oft ist die Erinnerung daran auch nicht gerade von großer Freude geprägt. In der folgenden Liste der relevanten Größen und Einheiten versuchen wir daher einen etwas entspannteren Ansatz.

Da es sich bei Balkon-PV um photovoltaische Energiewandlung handelt, sind neben dem Energiefluss-Input (die sogenannte Bestrahlungsstärke in W je m^2) vor allem die elektrischen Ausgangsgrößen (aus dem PV-Modul wie auch aus dem Wechselrichter) wichtig.

Die Spannung U steht für den Potenzialunterschied zwischen zwei Stromleitern. Die Bezeichnung U kommt vom lateinischen »urgere«: drängen, drücken. Wenn man die Analogie zu einem Wasserkreislauf zieht, so entspricht die Spannung dem Wasserdruck. In unseren Haushaltssteckdosen besteht zwischen den zwei Polen (L1 und Neutralleiter genannt) eine im 50-Hertz-Takt (50-mal in der Sekunde) wechselnde Spannung von 230 V.

Volt ist die Maßeinheit für elektrische Spannung. Ihre Abkürzung ist V.

Der **Strom** *I* beschreibt die Wanderung von Ladungsträgern (Elektronen) durch leitfähiges Material. Das Zeichen *I* kommt vom französischen »intensité«: Intensität, Stärke. Die Stromstärke gibt an, wie viel Strom durch eine Leitung fließt. In der Analogie zum Wasserkreislauf entspricht das dem Wasserdurchfluss. Je größer die Spannung (analog: der Druck) ist, desto größer ist der Strom (analog: der Wasserdurchfluss). Bei einem hohen Leitungswiderstand (analog: einem kleinen Rohrdurchmesser) muss eine höhere Spannung (analog: höherer Druck) angelegt werden, damit man denselben Strom (analog: denselben Wasserdurchfluss) erhält. Die englische Abkürzung AC beim Strom steht dabei für »Alternating Current« = Wechselstrom und DC für »Direct Current« = Gleichstrom.

Ampere ist die Maßeinheit für die elektrische Stromstärke, abgekürzt als A.

Der Widerstand *R* bezeichnet den Kehrwert der elektrischen Leitfähigkeit. Diese bestimmt, wie viel Strom durch die Leitung kommt. In Formeln wird er mit dem Formelzeichen *R* (von englisch »resistance«: Widerstand, Gegenkraft) gekennzeichnet. In einem Wasserkreislauf entspräche eine Engstelle einem hohen Widerstand.

Ohm ist die Einheit für den elektrischen Widerstand, abgekürzt mit dem griechischen Buchstaben **Ω** (Omega).

> **Es gilt dabei: Bei gleichem Widerstand erhöht mehr Spannung den Strom. Bei gleichem Strom erhöht mehr Widerstand die Spannung. Das ist das ohmsche Gesetz:** $R = U / I$.

Wenn man auf der Leitung steht:

Physiker sollten die folgende Hilfestellung für Laien im Sinne der nervlichen Gesundheit überspringen.

Ein einfaches Bild zum Verständnis des Zusammenspiels von Spannung, Stromstärke und Widerstand ist eine Wasserleitung, die einen Höhenunterschied überwindet: Je größer dieser Höhenunterschied (= Widerstand) ist, desto höher ist der Druck (= Spannung), der zu dessen Überwindung eingesetzt werden muss. Je mehr Druck an der Leitung anliegt, desto mehr Wasser (= Strom) fließt bergauf. Wenn der Durchmesser der Wasserleitung aber sehr klein ist, dann muss ein hoher Druck aufgebaut werden, damit in derselben Zeit dieselbe Wassermenge durchfließt wie bei einem Rohr mit einem großen

Querschnitt. Ein zu hoher Wasserdurchfluss kann jedoch auch dazu führen, dass das Rohr platzt (= Überhitzen der Leitung).

Stromschlag: Ab einer gewissen Spannung können die entstehenden Ströme durch einen Menschen lebensgefährdend werden. Das ist beim Balkonkraftwerk (vor dem Wechselrichter) zum Glück normalerweise kein Problem, denn Solarmodule erzeugen nur eine relativ geringe Spannung. Spannungen, die unterhalb von 120 V liegen, wie etwa die eines Solarmoduls, gelten als Kleinspannung. Hier reicht der »Druck« nicht aus, um gefährliche Ströme im Menschen entstehen zu lassen. Aufgrund ihres geringen potenziellen Gefahrenpotenzials dürfen daher auch fachlich nicht geschulte Personen Arbeiten mit dieser Kleinspannung durchführen. Um trotzdem jegliche Gefährdung auszuschließen, sind die Steckersolargeräte mit berührsicheren Steckverbindern ausgestattet.

Die **Leistung** wird mit der Variablen P (von englisch: »power«) gekennzeichnet. Sie berechnet sich aus der Multiplikation (dem Produkt) von Stromstärke und Spannung ($P = I \cdot U$). Je höher die Leistung eines Geräts bei gleichbleibender Spannung ist, desto mehr Strom verbraucht beziehungsweise erzeugt es.

Teilweise finden Sie auch ein »x« als Multiplikationszeichen, was aber strenggenommen nicht korrekt ist, da dies mathematisch das sogenannte »Kreuzprodukt« kennzeichnet, mit dem wir aber hier nichts zu haben.

Watt ist die Maßeinheit für die elektrische Leistung, abgekürzt W.

Kilowatt (kW) – 1.000 Watt sind ein kW. Ein Bügeleisen hat eine Leistung von ca. 2 kW, ein Balkonkraftwerk hat eine maximale Leistung des Wechselrichters von 0,8 kW. Eine durchschnittliche PV-Anlage auf einem Einfamilienhaus hat ca. 10 kW.

Megawatt (MW) – 1.000 kW sind 1 MW. Eine Windkraftanlage liegt im Bereich von 3 bis 6 MW.

Gigawatt (GW) – 1.000 MW sind 1 GW. Diese Leistung bringt ein Großkraftwerk. Das können auch Windparks oder großflächige PV-Freiflächenanlagen sein.

Terawatt (TW) – 1.000 GW sind 1 TW. Anfang 2025 betrug die weltweit installierte Leistung aller PV-Module zusammen 2,2 TW_p (das »p« als Index bei »W« wird unten erklärt, und beschreibt die Nennleistung).

Watt Peak (W_p) – Mit dieser Einheit wird die potenzielle Leistung eines Solarmoduls unter genormten Labor-Standardtestbedingungen (STC) gekennzeichnet. Dabei handelt es sich um die Angabe der Spitzenleistung (deswegen der Index »p« für »peak«, das heißt »Spitze«), die im Labor unter »Standardprüfbedingungen« (STC: »Standard Test Conditions«, nach IEC 60904-3) gemessen wird. Diese Bedingungen sind: 25 °C Zelltemperatur und 1.000 W/m^2 Bestrahlungsstärke mit senkrechter Einstrahlung. Das Spektrum der Testbestrahlung entspricht dem Sonnenspektrum bei einer Sonnenhöhe von 42 Grad über dem Horizont. Eine so hohe Einstrahlung tritt in Deutschland relativ selten auf, und wenn, dann ist die Zelltemperatur meist wesentlich höher (meist 30 Grad höher als die Außentemperatur!). Diese »Spitzenleistung« wird unter anderem auf den Typenschildern der Solarmodule vermerkt, teilweise finden Sie auch die Bezeichnung »Nennleistung«, »STC-Leistung« oder »Peakleistung« dafür.

Die **Energie** wird mit der Variablen E (englisch »energy«) bezeichnet (früher wurde meist die Variable W (englisch »work«) dafür verwendet). Die Energie ist die Multiplikation aus Leistung mal Zeit t ($E = P \cdot t$). **Erzeugt ein Balkonkraftwerk 400 Watt über einen Zeitraum von drei Stunden, so hat man die elektrische Energie von 1200 Wattstunden (Wh) erzeugt.**

Kilowattstunde (kWh) – Wenn eine elektrische Leistung von 1.000 Watt für genau eine Stunde (1 h) genutzt wird, spricht man von einem Verbrauch/einer Erzeugung von 1 Kilowattstunde. Dies repräsentiert die entsprechende elektrische Energiemenge. Die gleiche Menge an Energie hätte auch ein Gerät erzeugt oder verbraucht, das zehn Stunden lang mit 100 Watt läuft.

Analog zu den angeführten Leistungseinheiten MW, GW und TW gibt es natürlich auch die entsprechenden elektrischen Energieeinheiten wie MWh, GWh, und TWh (zur Orientierung: Der gesamte mittlere Stromverbrauch Deutschlands während eines Tages beträgt 1,4 TWh).

kWh vs. kW

Oftmals werden diese Einheiten – leider auch in vielen Presseberichten – miteinander verwechselt, dabei bedeuten sie etwas sehr Unterschiedliches. Darum hier noch mal eine klare Unterscheidung:

Die Einheit Watt, abgekürzt W, kennzeichnet eine augenblickliche Leistung. Es muss sich nicht um eine elektrische Leistung handeln, sondern kann zum Beispiel auch eine mechanische Leistung sein. Beim entspannten

Radfahren vollbringen die Beine eine unmittelbare mechanische Leistung von ca. 100 Watt. Fährt man 30 Minuten lang, dann wurde insgesamt eine Energie von 100 W · 0,5 h = 50 Wh oder 0,05 kWh bereitgestellt. Bei der elektrischen Leistung ist es das Gleiche: Ein TV-Gerät mit 100 Watt elektrischer Leistungsaufnahme verbraucht innerhalb von zwei Stunden 0,2 kWh. Ein Balkonkraftwerk mit einem Solarmodul mit 400 W_p liefert bei bedecktem Himmel ca. 100 W, über zehn Stunden wären dies dann 1000 Wh oder 1 kWh.

Hinweis zur Typografie: Variablen (beziehungsweise Formelzeichen) wie U, I, P, R, T werden üblicherweise in *kursiver* Form (*schräggestellt*) dargestellt, Einheiten wie V, A, W, Ω, °C sowie Größenvorzeichen wie k, M, G, T werden NICHT kursiv dargestellt.

Mit dieser Übersicht über die elektrischen Größen und Einheiten ist die Grundlage für ein einfaches Verständnis aller folgenden Kapitel gelegt. Manche werden dieses Wissen etwas trocken gefunden haben und sich nun gerne damit begnügen. Wenn Sie jetzt aber erst so richtig Blut geleckt haben und auf ein vertieftes Grundlagenwissen über Solartechnik aus sind, sollten Sie direkt weiterlesen. In Teil II geht es nämlich ausschließlich darum. Wer sich davon nicht angesprochen fühlt, kann direkt zu Teil III dieses Buches springen. Dort spielt nämlich die praktische Umsetzung der Installation eines Balkonkraftwerks die Hauptrolle. An alle anderen: Anschnallen, jetzt wird's nerdig!

Teil II
Technische Grundlagen

IN DIESEM TEIL ...

✔ Solare Einstrahlung (Sonnenlicht als Energiequelle)

✔ Umwandlung der Sonnenenergie in elektrischen Strom

✔ Einspeisung des Stroms ins Stromnetz

> **IN DIESEM KAPITEL**
>
> Was solare Einstrahlung ist – und warum sie mehr als nur Sonnenlicht umfasst
>
> Wie direkte, diffuse und globale Einstrahlung zum Stromertrag beitragen
>
> Warum Ausrichtung und Neigungswinkel entscheidend für den Ertrag sind
>
> Wie sich Standort und Jahreszeit auf die Einstrahlung auswirken

Kapitel 4
Sonnenlicht

Ohne Sonne keine Sonnenenergie. So einfach das klingt, so wichtig ist diese Erkenntnis für die Stromgewinnung mit einem Balkonkraftwerk. In diesem Kapitel wecken wir Ihr Verständnis für die Auswirkungen unterschiedlicher Ausrichtungswinkel und Breitengraden auf die möglichen Erträge.

Solare Einstrahlung auf das PV-Modul

Es klingt banal, aber ohne Sonne gibt es keine Sonnenenergie. Mondlicht oder Sternenlicht ist zu schwach, um effizient zur Energieerzeugung genutzt zu werden. Allerdings kann ein PV-Modul nicht nur dann Strom liefern, wenn die Sonne gerade scheint, sondern auch, wenn der Himmel bedeckt ist. Man spricht hier von der sogenannten »diffusen Einstrahlung«. Diese kann ebenfalls genutzt werden. In Abbildung 4.1 finden Sie den Jahresverlauf der täglich pro Quadratmeter eingestrahlten Energie in Berlin. Dabei ist jeweils der direkte und der diffuse Einstrahlungsanteil gekennzeichnet.

Der Unterschied zwischen »Licht« und »Einstrahlung« liegt darin, dass »Licht« nur den für den Menschen sichtbaren Anteil des Sonnenspektrums bezeichnet, »Einstrahlung« jedoch die gesamte physikalische Einstrahlung, das heißt auch UV- und Infrarotstrahlung. Solarzellen können mehr als das sichtbare Licht nutzen, deshalb sprechen wir hier meistens von »solarer Einstrahlung« statt von »Sonnenlicht« und von »Bestrahlungsstärke« (Einheit: W/m²) statt von »Lichtstärke« (Einheit: lux).

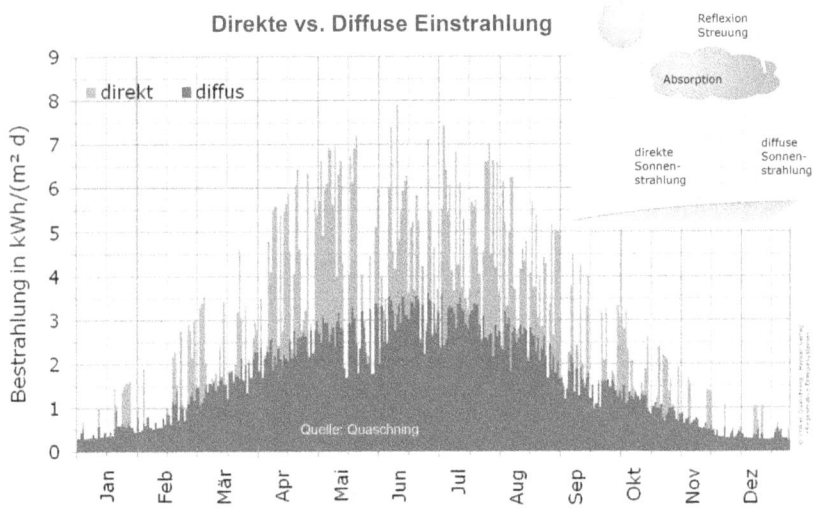

Abbildung 4.1: Jahresverlauf der solaren Einstrahlung in Berlin. Auf der y-Achse finden Sie die Summe der Einstrahlung auf eine horizontale Fläche von 1 m² über jeweils einen Tag. Der direkte Einstrahlungsanteil ist hellrot und der diffuse Strahlungsanteil ist dunkelrot eingezeichnet. (Copyright: Volker Quaschning)

Sie sehen deutlich, wie relevant der Anteil des diffusen Sonneneinstrahlung am Gesamtertrag ist. Der jährliche Anteil der diffusen Sonneneinstrahlung beträgt in Deutschland etwa 50 Prozent. Beide Anteile, direkte und diffuse Einstrahlung, werden durch die Solarmodule genutzt.

 Konzentrierende Hilfsmittel wie Linsen oder Spiegel können nur den direkten Anteil der Sonneneinstrahlung sinnvoll nutzen. Zudem müssen sie stets optimal zur Sonne ausgerichtet sein, was eine aufwendige Nachführungseinrichtung erfordert. Diese Hilfsmittel spielen bei Balkonkraftwerken jedoch keine Rolle.

Bei der Summe aus direkter und diffuser Einstrahlung – sowie eventuell noch vom Boden reflektierter Strahlung (zum Beispiel bei Schnee) – spricht man auch von »globaler Einstrahlung« oder »Globalstrahlung«. Der reflektierte Strahlungsanteil wird auch »Albedo« genannt.

Insgesamt beträgt die Globalstrahlung in Berlin auf eine horizontale Fläche über ein Jahr ca. 1.000 kWh/m². Wenn Sie die Fläche um 30 Grad aus der Horizontalen aufständern, bekommen Sie eine um 10 Prozent höhere Einstrahlung, insbesondere beim niedrigeren Sonnenstand im Winter (siehe Abbildung 4.2). Wenn Sie das Solarmodul noch steiler aufstellen, bekommen Sie zwar im Winter mehr Einstrahlung, aber dafür im Sommer weniger, wodurch für Aufstellungswinkel über ca. 35 Grad die jährliche Gesamteinstrahlung abnimmt. Die Jahreseinstrahlung auf eine Fassade (das heißt ein Winkel von 90°) beträgt knapp 800 kWh/m², also rund 20 Prozent weniger als in der Horizontalen. Dieser Wert ist auch für viele Balkonkraftwerke relevant, wenn das zugehörige PV-Modul lotrecht an der Balkonbrüstung anliegt.

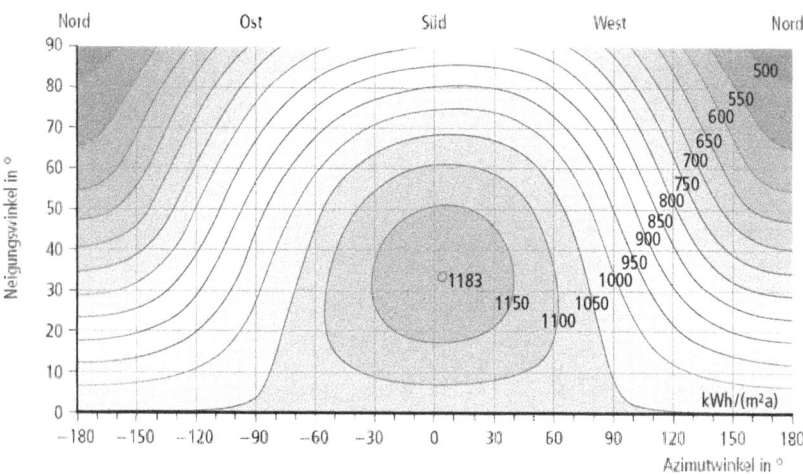

Abbildung 4.2: Energie der gesammelten solaren Einstrahlung über 1 Jahr auf 1 m² bei verschiedenen Ausrichtungswinkeln des Solarmoduls. Unten ist die Abweichung von der Ausrichtung nach Süden (»S«) angegeben, bei -90° ist Osten, bei +90° hat man eine Westausrichtung. Nach oben ist der Anstellwinkel des Solarmoduls aufgetragen: 0° heißt horizontal, 90° ist senkrecht – plan angebracht auf der Fassade oder dem Balkongeländer. (Copyright: www.dgs-berlin.de)

Die Jahreseinstrahlungen an verschiedenen Standorten in Deutschland unterscheiden sich etwas: Der beste Standort liegt bei 1.259 kWh pro Quadratmeter im Jahr, der schlechteste Standort bei 975 kWh pro Quadratmeter im Jahr. Das Mittel liegt bei 1.086 kWh. (jeweils bezogen auf die Horizontale). Eine Übersicht finden Sie auf der Einstrahlungskarte in Abbildung 4.3.

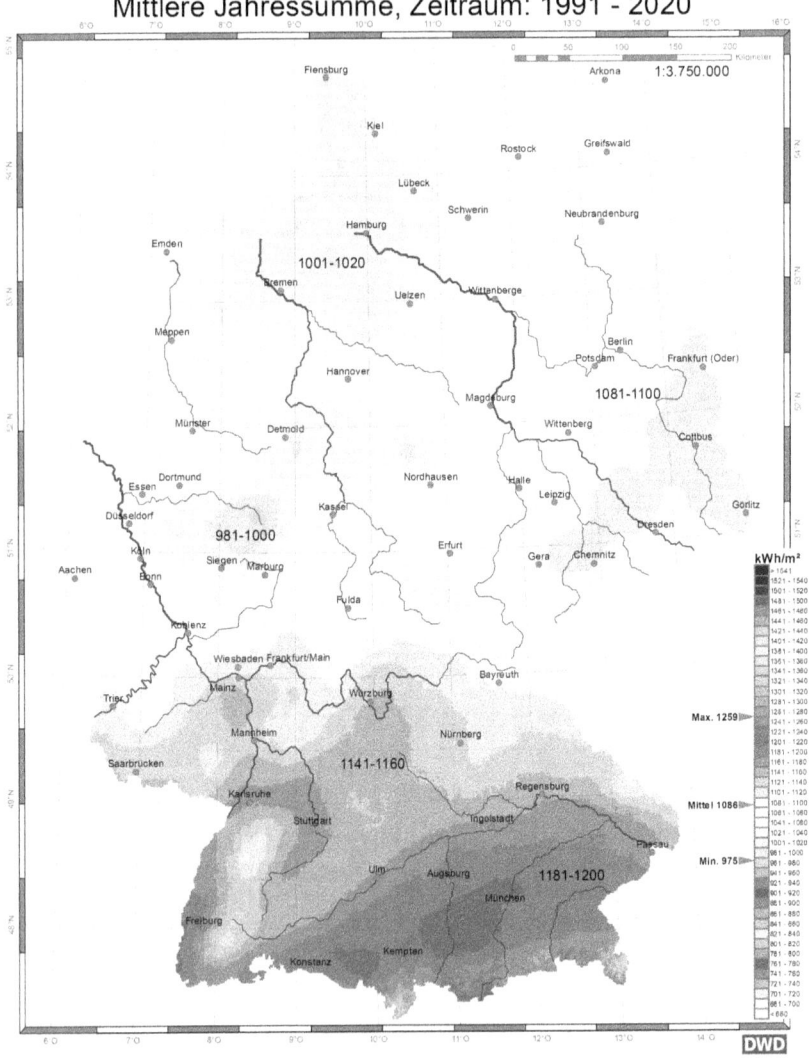

Abbildung 4.3: Globale Jahreseinstrahlung (horizontal) in Deutschland (Copyright: Deutscher Wetterdienst)

Unabhängig von der gesammelten Jahreseinstrahlung ergeben sich je nach Aufstellungswinkel tageszeitlich und saisonal unterschiedliche Verläufe der Einstrahlung. Bei der horizontalen Aufstellung sind die Unterschiede zwischen Sommereinstrahlung und Wintereinstrahlung am höchsten (siehe Tabelle 4.1 und Abbildung 4.3), bei den lotrecht montierten Modulen sind die Unterschiede geringer.

Aufstellung	Juni	Dezember	Jahresmittel
Horizontal	5,52	0,48	2,91
30° aufgestellt	5,54	0,87	3,40
60° aufgestellt (Balkon mit Modulstütze, −30° zur Waagerechten)	4,61	1,09	3,24
Balkon, Fassade (90°, das heißt lotrecht)	2,96	1,04	2,46

Tabelle 4.1: Mittlere Tageseinstrahlungen (globale solare Einstrahlung) im Sommer und Winter in Berlin bei verschiedenen Aufstellungswinkeln der PV-Module, angegeben in kWh/m²

Abbildung 4.4 zeigt die Auswirkungen des Montage-Anstellwinkels von PV-Modulen in Paderborn. Es wird deutlich, dass die lotrechte Montage einen ausgeglicheneren Jahresverlauf mit sich bringt als die horizontale, allerdings eben auch weniger Gesamtertrag.

Herzlichen Glückwunsch! Die Grundlagen der Einstrahlung von Sonnenenergie sind damit erst mal geschafft. Jetzt können wir uns auf den nächsten Seiten ganz der Umwandlung dieser solaren Einstrahlung in elektrische Energie widmen.

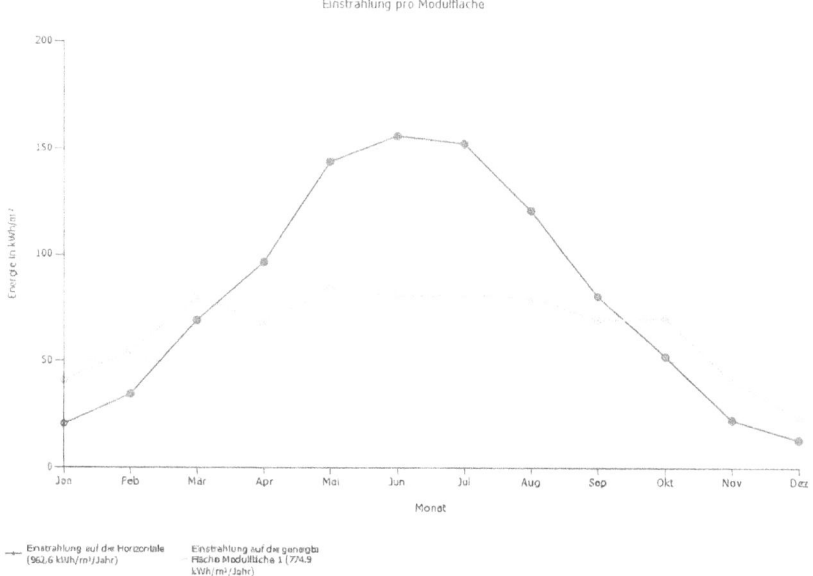

Abbildung 4.4: Monatliche Einstrahlung auf ein lotrechtes Solarmodul (helle Linie) im Vergleich zur horizontalen Einstrahlung (dunkle Linie) in Paderborn

IN DIESEM KAPITEL

Wie Solarzellen Sonnenlicht in elektrischen Strom umwandeln

Was Reihenschaltungen und Halbzellen mit dem Modulwirkungsgrad zu tun haben

Warum Widerstände, Temperatur und Lichtverhältnisse den Ertrag beeinflussen

Was es mit dem »Maximum Power Point« und dem MPPT wirklich auf sich hat

Kapitel 5
Wie wird aus Sonnenlicht Strom?

Die Umwandlung von Sonnenenergie in elektrische Energie ist nicht gerade Magie, aber auch nicht allzu weit davon entfernt. Immerhin hat Albert Einstein seinen Nobelpreis für die Entdeckung des »photoelektrischen Effekts« erhalten, der diese Umwandlung möglich macht. Ganz so tief steigt dieses Kapitel nicht in das Thema ein, dennoch wird es nun etwas anspruchsvoll. Dafür wissen Sie am Ende des Kapitels wahrscheinlich mehr über Photovoltaik als mancher Solarteur. Also nichts wie rein ins Fachwissen!

Wie funktionieren Solarmodule?

Das kleinste stromerzeugende Element eines Solarmoduls ist eine Solarzelle: Ein größeres Solarmodul besteht normalerweise aus 60 bis 72 Solarzellen, die in Reihe geschaltet sind. Diese sogenannte Reihenschaltung dient dazu, die Spannung des Solarmoduls zu erhöhen, denn die Spannung einer einzelnen Zelle ist ziemlich klein.

In den letzten Jahren werden fast überwiegend sogenannte »Halbzellenmodule« hergestellt. Hier werden in einer Modulhälfte 60 bis 72 halbe Solarzellen in Reihe geschaltet und die beiden Reihenschaltungen (mit derselben Solarzellenanzahl) dann am Ende parallelgeschaltet. Der Vorteil dieser Lösung ist, dass die Stromverluste im PV-Modul um zwei bis drei Prozent sinken.

In diesen Solarzellen vollzieht sich der sogenannte »photoelektrische Effekt«. Dieser läuft – stark vereinfacht – wie folgt ab: Die Solarzelle fängt die einfallende Sonnenstrahlung ein, die aus »Photonen«, also masselosen Energiequanten, besteht. Wenn die Energie der einfallenden Photonen groß genug ist, »befreien« sie in der Solarzelle Elektronen.

Der Energiegehalt von Photonen hängt von deren Wellenlänge ab. Für den sichtbaren Bereich gilt: Je blauer das Licht, desto mehr, je roter das Licht, desto weniger Energie hat ein Photon.

Diese befreiten Elektronen werden durch ein elektrisches Feld vorwärtsbewegt, das im Innern der Solarzelle erzeugt wird. Die Vorwärtsbewegung von vielen Elektronen wiederum wird als »elektrischer Strom« bezeichnet. Je größer die Sonneneinstrahlung, desto mehr »eingefangene« Photonen und je mehr »befreite« Elektronen, desto höher der Strom. Kurz: Je stärker die Einstrahlung, desto höher ist der Strom der Solarzelle.

Die dabei entstehende elektrische Spannung ist durch das elektrische Feld in der Solarzelle vorgegeben und ändert sich kaum. Bei kristallinen Siliziumsolarzellen liegt sie meist bei rund 0,7 V. Nur bei höheren Temperaturen wird das Feld etwas schwächer und die Spannung sinkt etwas (negativer Temperaturkoeffizient für die Spannung).

Das elektrische Ersatzschaltbild einer Solarzelle

Das elektrische Ersatzschaltbild (ESB) einer Solarzelle ist in Abbildung 5.1 dargestellt. Die photovoltaische Zelle wird hier durch eine Stromquelle dargestellt, deren Strom I_{phot} direkt proportional zur Einstrahlung ist. Parallel zu dieser Stromquelle finden Sie eine Diode (D) in Durchlassrichtung. Das bedeutet, alles, was höher als die Durchlassspannung dieser Diode ist, wird kurzgeschlossen. Das ist für Siliziumdioden bei 0,7 V der Fall. Für Spannungen zwischen 0 V und ca. 0,6 V stellt die Solarzelle im Grunde eine fast ideale Stromquelle mit stets konstantem Strom dar. Nur wenn sich die Bestrahlungsstärke ändert, ändert sich auch der Strom.

KAPITEL 5 Wie wird aus Sonnenlicht Strom? 57

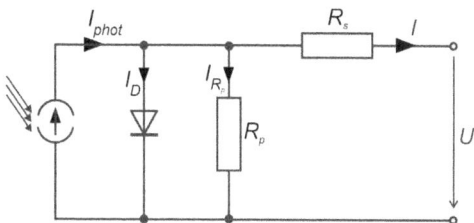

Abbildung 5.1: Einfaches elektrisches Ersatzschaltbild (ESB) einer Solarzelle (Copyright: Stefan Krauter)

Weiterhin finden Sie parallel dazu noch einen mehr oder weniger ausgeprägten »parasitären«, also unerwünschten, Parallelwiderstand R_p. Dieser entsteht durch Fehler während des Fertigungsprozesses einer Solarzelle. Dadurch bildet dieser R_p eine Art internen »Bypass«, über den ein Teil des Stroms innerhalb der Solarzelle »verloren geht«. Er gelangt nicht mehr bis zum Wechselrichter und kann daher nicht genutzt werden. Bei hoher Einstrahlung spielt R_p nur eine geringe Rolle, da der gesamte Belastungswiderstand (im MPP, wird in Abbildung 1.7 dargestellt) in der Zelle dann recht klein ist. Da R_p dann höher ist und der Strom stets den Weg des geringsten Widerstands geht, ist der Verlust gering. Bei geringer Einstrahlung hingegen muss der Belastungswiderstand (beziehungsweise der Verbraucher oder der Eingang des Wechselrichters) größer sein, damit die maximale Leistung der Solarzellen entnommen werden kann (was normalerweise ein Regler übernimmt, der MPPT (Maximum-Power-Point-Tracker), dazu aber später mehr). Da der externe Belastungswiderstand und der interne R_p parallel liegen, fließt nun ein (im Vergleich) größerer Anteil des Stroms intern durch R_p ab, da dessen Widerstand konstant bleibt. Das hat zur Folge, dass bei geringen Einstrahlungswerten, wenn es sowieso nur wenig Ausgangsleistung gibt, diese noch zusätzlich reduziert wird. Die Umwandlungseffizienz beziehungsweise der Wirkungsgrad der Solarzelle nimmt ab. Dieses Verhalten wird auch als »Schwachlichtverhalten« bezeichnet, dieser ist aus den Angaben zur Nennleistung des Moduls bei STC nicht ersichtlich. Module mit derselben Nennleistung können bei geringen Einstrahlungswerten unterschiedliche Erträge aufweisen – je nach Schwachlichtverhalten. Deshalb ist es sinnvoll, im Datenblatt zu prüfen, wie die Effizienz des Solarmoduls nicht nur bei einer fast idealen Einstrahlung von 1.000 W/m² ist, sondern auch etwa an trüben Tagen mit nur 200 W/m² oder sogar nur mit 100 W/m².

Zudem ist auch der »parasitäre Serienwiderstand« R_s relevant. Dieser entsteht hauptsächlich durch das Kontaktgitter auf der Solarzelle. Dieses ultradünne Geflecht wird üblicherweise im Siebdruckverfahren auf die Zellen aufgetragen. Es dient zur Ableitung der freien Elektronen. Das Kontaktgitter ist ein schwieriger

Kompromiss: Man will einerseits wenig Widerstand haben, was für eine große Kontaktfläche und Leiterbahn spricht, andererseits sollte möglichst viel vom Sonnenlicht in die Solarzelle gelangen und daher wenig Fläche durch das Kontaktgitter verschattet werden. Man behilft sich oft mit tief reichenden Kontakten und hochleitenden Materialien wie etwa Silber. Alternativ macht die »Rückkontakt«-Technologie die Verlegung des Kontaktgitters auf die Rückseite der Solarzelle möglich. Dadurch wird R_s minimiert. Zudem sehen die Oberflächen von Solarmodulen mit dieser Technologie einheitlicher aus. Einzelne große Modulhersteller haben daher bereits angekündigt, vollständig auf Rückkontakt-Module (sogenannte IBC-Module (Interdigitated Back Contact), diese werden später erklärt) umzustellen.

Strom und Spannung

Die elektrischen Eigenschaften beziehungsweise die elektrischen Kennlinien einer Solarzelle, die sich aus dem Aufbau einer Solarzelle ableiten, sind in Abbildung 5.2 dargestellt. Sie sehen den Strom als Funktion der Spannung (blaue Kurve) sowie die elektrische Leistung als Funktion der Spannung (gestrichelte rote Kurve). Weitere Werte, die Sie auch auf den Datenblättern von Solarmodulen finden, sind die »Leerlaufspannung« U_L und der Kurzschlussstrom I_K. Die Leerlaufspannung ist die Spannung, die Sie im Solarmodul messen können, wenn dieses nicht mit dem Wechselrichter verbunden ist und daher kein Strom fließt. Schließen Sie hingegen die Solarzellen im Modul kurz, so erhalten Sie bei der Spannung 0 den maximalen beziehungsweise Kurzschlussstrom I_K.

Die Spannung im tatsächlichen Betrieb ist etwas niedriger als U_L, da das Solarmodul nicht im Leerlauf betrieben wird, sondern im sogenannten MPP (»Maximum Power Point«), dem Punkt maximaler Leistung. Durch den Wechselrichter werden auf der Strom-Spannungs-Kennlinie verschiedene Kombinationen aus Strom und Spannung ausprobiert, bis man sich der höchstmöglichen Leistung (zur Erinnerung: Leistung = Strom · Spannung, siehe rote Kurve) angenähert hat (sogenanntes »Such-Schwing-Verfahren«).

Die Einheit, die den MPP sucht und findet, wird als MPPT (»Maximum Power Point Tracker«) bezeichnet. Wenn dem Wechselrichter alle Kennlinien, die aktuelle solare Einstrahlung sowie die Betriebstemperatur bekannt sind, kann er mit seinem MPPT den Punkt sogar direkt, also ohne weiteres Ausprobieren ansteuern. Auch andere Verfahren mit verschiedenen (manchmal geheimen) Algorithmen zum schnellen Finden des MPP werden in den MPPT der

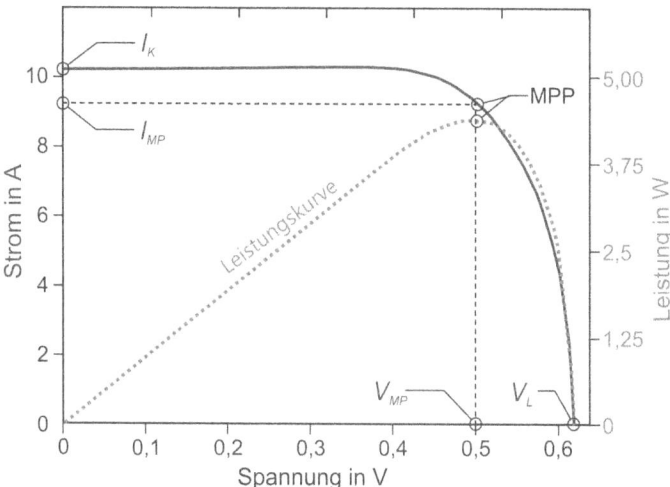

Abbildung 5.2: Spannungs-Strom-Kennlinie (durchgehend) sowie Spannungs-Leistungs-Kennlinie (gestrichelt) einer einzelnen Solarzelle mit dem Punkt der maximalen elektrischen Leistungsentnahme – auf Englisch: »Maximum Power Point«, kurz: MPP (Copyright: Stefan Krauter)

Wechselrichter-Hersteller verwendet. Der MPPT ist meist im Wechselrichter eingebaut, nur ganz vereinzelt gibt es auch Solarmodule, bei denen ein MPPT in der Anschlussdose eingebaut ist (sogenannte »Optimizer«).

Abbildung 5.3 zeigt die Kennlinien bei unterschiedlichen Bestrahlungsstärken. Sie sehen, dass der Strom (wie zu erwarten) direkt proportional zur Bestrahlungsstärke ist, die Spannung aber weitgehend konstant bleibt. Erst bei geringen Bestrahlungsstärken reduziert sich die Spannung etwas – und damit auch der elektrische Wirkungsgrad. Man spricht vom *Schwachlichteffekt* beziehungsweise »Schwachlichtverhalten«.

Abbildung 5.4 zeigt die Kennlinien einer Solarzelle bei unterschiedlichen Temperaturen. Sie sehen, dass der Strom weitgehend konstant bleibt (eine sehr geringe Erhöhung durch erleichtertes Freisetzen der Elektronen bei erhöhter Temperatur), die Spannung sich aber bei größeren Bestrahlungsstärken aufgrund der Erwärmung reduziert (mit ca. −0,4 %/K für Siliziumsolarzellen, man kann auch −0,4 %/°C schreiben, aber mit Kelvin (K) ist es eigentlich korrekter). Dadurch reduziert sich auch der elektrische Wirkungsgrad etwa in gleichem Maße wie die relative Reduktion der Spannung.

60 TEIL II Technische Grundlagen

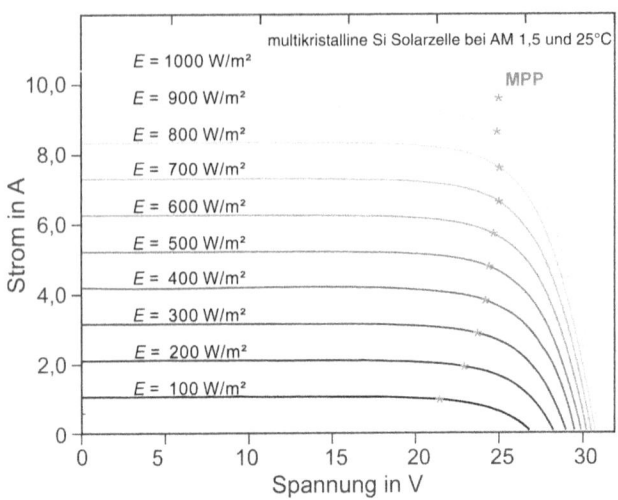

Abbildung 5.3: Spannungs-Strom-Kennlinien einer einzelnen Solarzelle bei unterschiedlichen Bestrahlungsstärken mit den Punkten maximaler Leistung (*) (Copyright: Stefan Krauter)

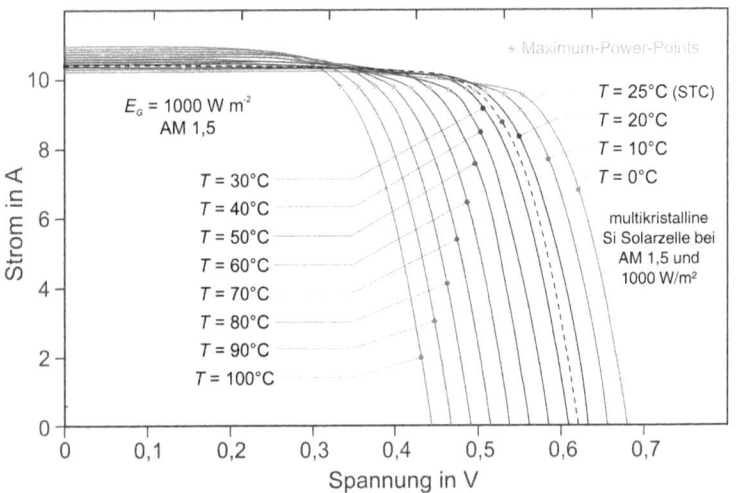

Abbildung 5.4: Spannungs-Strom-Kennlinien einer einzelnen Solarzelle bei unterschiedlichen Temperaturen (Zelltemperatur) mit den Punkten maximaler Leistung (*) (Copyright: Stefan Krauter)

Von der Zelle zum Modul

Da die Spannung einer einzelnen Solarzelle relativ niedrig ist, werden viele Solarzellen in Reihe geschaltet, damit man auf höhere Spannungen kommt (siehe Abbildung 5.5). Heutzutage werden meist 60 bis 72 Solarzellen in Reihe geschaltet, damit erhält man dann 36 bis 43 Volt. Das ist passend für die meisten Modulwechselrichter, bleibt aber unter 50 V, denn ab einer Spannung von 120 V werden aufwendigere Sicherheitsmaßnahmen notwendig, weil dann die Kleinspannungsnorm nicht mehr gilt.

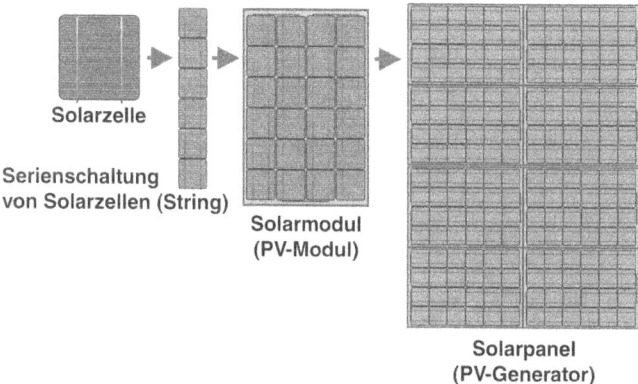

Abbildung 5.5: Spannungserhöhung durch Serien- beziehungsweise Reihenschaltung der Komponenten: Zelle, String, Modul, Panel (Copyright: Stefan Krauter)

Heutzutage wandelt ein typisches PV-Modul ca. 20 Prozent der einfallenden solaren Einstrahlung in elektrischen Strom um, das heißt, wenn ein PV-Modul mit einer Fläche von 1 m^2 mit einer Bestrahlungsstärke von 800 W/m^2 beleuchtet wird (das entspricht einem relativ klaren Sommertag um die Mittagszeit), so erhält man eine elektrische Leistung von 160 Watt im MPP der Modulkennlinie. Man spricht von einem »Wirkungsgrad« von 20 Prozent.

Abbildung 5.6 zeigt links die U-I-Kennlinie einer einzelnen Solarzelle und rechts die Kennlinie einer Serien- beziehungsweise Reihenschaltung von 72 Solarzellen mit der 72-fachen Spannung – bei gleichbleibendem Strom.

Abbildung 5.7 und Abbildung 5.8 zeigen Querschnitte durch ein Solarmodul: Die Zellverbinder realisieren die Reihenschaltung der Solarzellen, EVA (Ethylen-Vinyl-Acetat) ist der Einbettungskunststoff. Besteht die Rückseite aus Glas, so spricht man von einem »Glas-Glas-Modul«. Besteht die Rückseite aus einer Folie (zum Beispiel aus einem Polyester-Tedlar®-Laminat), so spricht man von einem »Glas-Folie-Modul«.

62 TEIL II Technische Grundlagen

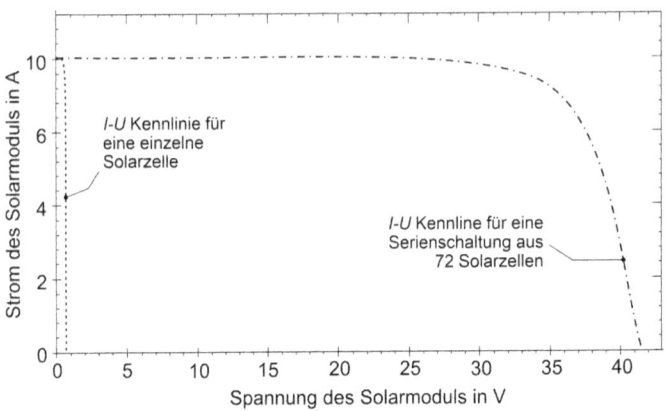

Abbildung 5.6: Spannungs-Strom-Kennlinie eines Solarmoduls mit 72 in Reihe geschalteten Solarzellen (Copyright: Stefan Krauter)

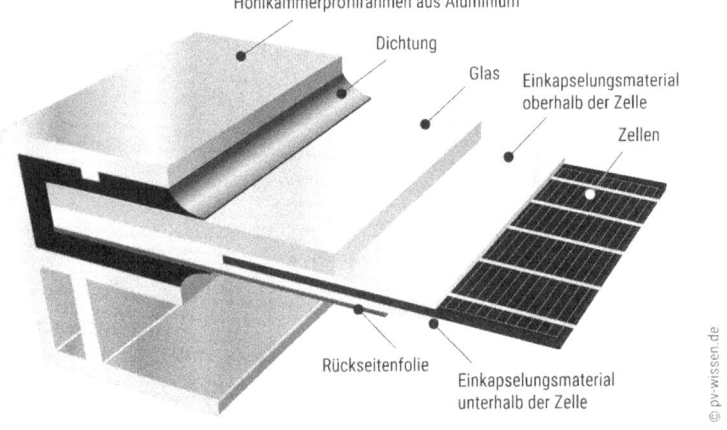

Abbildung 5.7: Querschnitt durch ein Solarmodul (Copyright: www.dgs-berlin.de)

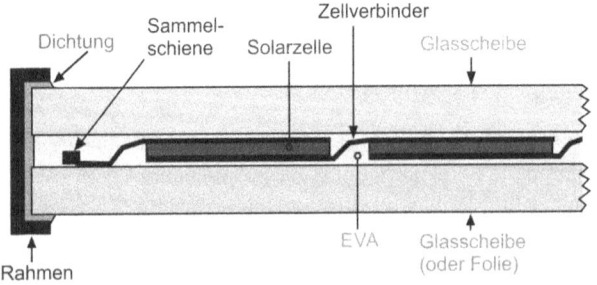

Abbildung 5.8: Querschnitt durch ein Solarmodul (Copyright: Stefan Krauter)

IN DIESEM KAPITEL

Was Leistung, Verschattung und »Hotspots« über die Qualität eines Solarmoduls verraten

Wie Bypassdioden helfen, Ertragseinbußen bei Schatten zu begrenzen

Welche Normen und Steckverbindungen bei PV-Modulen wichtig sind

Warum PV heute günstiger ist denn je – und worauf Sie beim Kauf achten sollten

Kapitel 6
Wie unterscheiden sich Solarmodule?

Für die Auswahl der Solarmodule des Balkonkraftwerks ist es nützlich, wenn Sie die grundlegenden Unterscheidungsmerkmale von Solarmodulen kennen. So können Sie entscheiden, worauf Sie beim Kauf Wert legen sollten und was Ihnen gleichgültig sein kann. Solarmodule unterscheiden sich zum Beispiel nach Leistung, Verschattungsverhalten, Funktionen zur Vermeidung von Hotspots, der Anzahl an Bypassdioden und natürlich im Preis. Diese Punkte werden im Folgenden bearbeitet.

Leistungsangaben eines PV-Moduls

Da die elektrische Leistung eines PV-Moduls direkt von der Sonneneinstrahlung und der Betriebstemperatur abhängt, müssen diese Parameter festgelegt werden, um zu vergleichbaren Leistungsangaben zu gelangen. Die Festlegung erfolgt durch die sogenannten STC-Betriebsbedingungen (STC: »Standard-Test-Conditions«) bei einer Bestrahlungsstärke von 1.000 W/m^2 und einer Betriebstemperatur der Solarzellen von 25 °C und natürlich im MPP. Zusätzlich ist das Spektrum der Einstrahlung für die STC-Betriebsbedingung vorgegeben.

Es gibt zwar noch die NOC, die »Nominal-Operating-Conditions«, die etwas realistischere Leistungswerte liefern würden (zum Beispiel Bestrahlungsstärke 800 W/m² sowie die tatsächlich gemessene Zelltemperatur), doch leider haben sich diese zur Leistungsangabe nicht durchgesetzt – vermutlich, weil diese Werte geringer ausfallen.

Derart hohe Einstrahlungswerte werden in Deutschland relativ selten erreicht. Zudem ist die Betriebstemperatur dann meist 30 °C höher als die Außentemperatur, was zu Leistungseinbußen führt. Über das Jahr können Sie von maximal 1000 »Volllaststunden« in Deutschland ausgehen, das heißt, ein unverschattetes 400-W_p-Solarmodul erzeugt maximal 400 kWh Energie im Jahr. Dies tritt ein bei optimaler Ausrichtung, nämlich nach Süden ausgerichtet, und bei einem Anstellwinkel von 30 Grad gegenüber der Horizontalen.

Um zu kennzeichnen, dass die Leistungsangaben unter STC-Bedingungen entstanden sind, wird in Datenblättern die Einheit Watt oft mit einem Index »p« ergänzt, zum Beispiel $P_{STC} = 400$ W_p.

Verschattung

Schornsteine, Geländer, Bäume oder Pflanzen können einen Schatten auf eine oder mehrere Solarzellen werfen. Dadurch produziert das Solarmodul weniger Leistung. Die Gesamtleistung des PV-Moduls fällt bei teilweiser Beschattung meist sogar überproportional zur beschatteten Fläche ab.

Der Grund dafür liegt in dem elektrischen Verhalten einer Solarzelle und der Serienschaltung der Solarzellen im Solarmodul. Wird eine Solarzelle vollständig verschattet, so gelangen keine Photonen mehr in den p-n-Übergang der Solarzelle, es werden keine Elektronen mehr freigesetzt und es fließt kein Strom. Elektrisch entspricht dieses »Kein-Strom-Fließen« in einer Serienschaltung einer Unterbrechung des Stromkreises. Betrachtet man den gesamten Stromkreis, das heißt auch mit dem Verbraucher, dargestellt durch einen »Lastwiderstand«, so liegt an der unterbrechenden Solarzelle nun die gesamte Spannung des restlichen Stromkreises – und zwar in umgekehrter Richtung (siehe Abbildung 6.1).

Die unbeleuchtete Solarzelle, die ja eigentlich eine Halbleiterdiode ist, lässt bei umgekehrter Spannung eigentlich keinen Strom durch (wirkt wie ein Ventil für den Strom). Wird jedoch eine gewisse Spannung überschritten (zum Beispiel bei vielen Solarzellen in Serienschaltung), so fließt ab der sogenannten »Durchbruchspannung« wieder Strom.

KAPITEL 6 Wie unterscheiden sich Solarmodule? 65

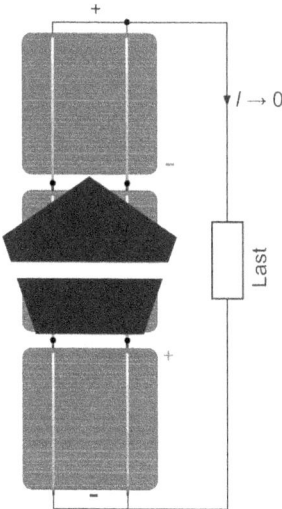

Abbildung 6.1: Reihenschaltung aus drei Solarzellen mit fast vollständiger Verschattung auf der mittleren Solarzelle (Copyright: Stefan Krauter)

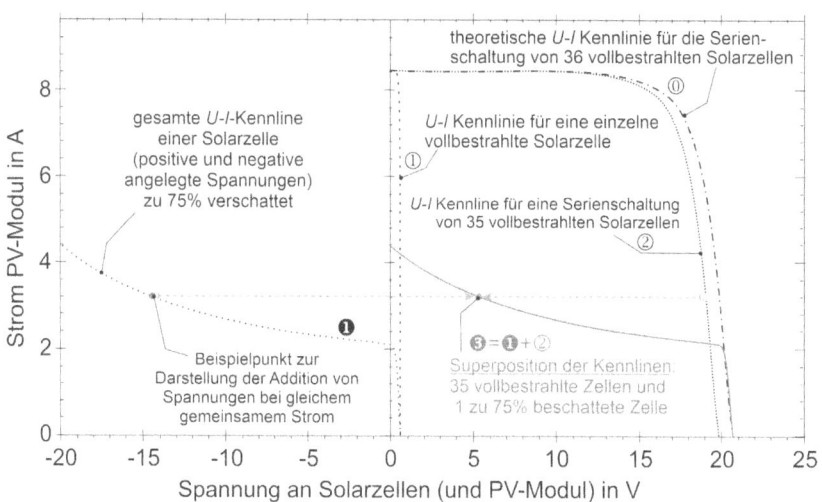

Abbildung 6.2: Serienschaltung aus 1 (1), 35 (2) und 36 (0) Solarzellen. Wird eine Zelle (1) zu 75 % beschattet, so ergibt sich zusammen mit (2) die Modulkennlinie (3) (Copyright: Stefan Krauter)

»Hotspots«

Da die Dioden-Sperreigenschaften (»Ventileigenschaften«) auf der Fläche der Solarzelle nicht gleichmäßig sind und entsprechend auch die Durchbruchseigenschaften nicht (»Durchlässigkeit dort, wo das Ventil eigentlich sperren sollte«), kann es dazu kommen, dass der Stromdurchbruch nur lokal auf einem kleinen Teil der Solarzelle stattfindet. Diese kleine Fläche erhitzt sich dann durch den Stromdurchbruch – man spricht von einem sogenannten »Hotspot«. Wenn die Erhitzung groß genug ist, dann kann dies zur Zerstörung des p-n-Übergangs (der für das interne elektrische Feld in der Solarzelle verantwortlich ist, siehe Beschreibung des Prinzips der Solarzelle und des photovoltaischen Effekts) in der Solarzelle führen: Der Strom fließt dann wieder, aber die Solarzelle bleibt dauerhaft beschädigt. Zudem kann das Verkapselungsmaterial Schaden nehmen und sogar das Glas reißen. In extremen Fällen kann ein Feuer ausgelöst werden.

»Bypassdioden«

Um Verluste und »Hotspots« zu vermeiden, werden sogenannte »Bypassdioden« parallel zu einer oder (normalerweise) mehreren Solarzellen eingebaut. Aus praktischen und aus Kostengründen wird nur eine Bypassdiode pro zwei geometrischer Solarzellreihen (= Substring) verwendet, die in der Anschlussdose des Moduls (siehe Abbildung 6.5) eingebaut sind. Zwar ist das Problem damit entschärft, da der Strom an dem beschatteten Teil des Solarmoduls vorbeigeleitet wird, dennoch sollten Sie eine Verschattung möglichst vermeiden, zumal dann die Leistung des gesamten Strangs, den die Bypassdiode überbrückt, fehlt.

Die Bypassdioden sind »antiparallel« zu den Solarzellen geschaltet. Das bedeutet, dass sie parallel zu den Solarzellen angeordnet sind, jedoch in umgekehrter Richtung. Dadurch ist gewährleistet, dass im unverschatteten Zustand, bei dem die durch die Bypassdiode überbrückte Solarzelle eine Spannung liefert und damit die Bypassdiode sperrt, aber im verschatteten Zustand, bei dem an der Solarzelle eine umgekehrte Spannung anliegt, die Bypassdiode anfängt, zu leiten, und den Strom umleitet.

Leider lässt sich ein Solarmodul manchmal nicht ohne (zeitweise) Verschattung durch andere Gebäude, Masten oder Bäume montieren. Der Einfluss einer solchen Verschattung ist gravierender, als Sie zunächst vielleicht denken, denn der Leistungsverlust ist nicht proportional zur verschatteten Fläche, sondern viel höher – dies wird im Folgenden dargestellt. Den Einfluss einer Verschattung auf die U-I-Kennlinien (mit Bypassdioden) sehen Sie in Abbildung 6.6.

KAPITEL 6 Wie unterscheiden sich Solarmodule? 67

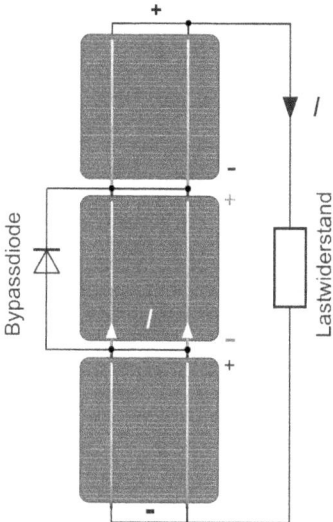

Abbildung 6.3: Reihenschaltung aus drei Solarzellen mit Bypassdiode ohne Verschattung: An der Bypassdiode liegt die Spannung der mittleren Solarzelle in Sperrrichtung – es fließt kein Strom durch die Bypassdiode. (Copyright: Stefan Krauter)

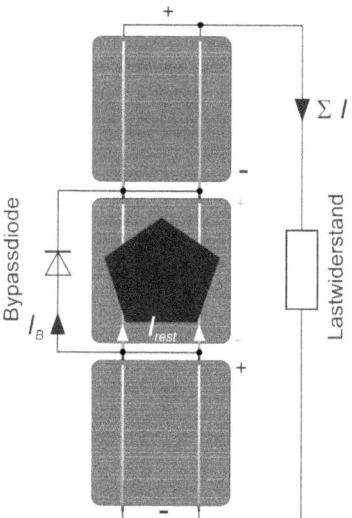

Abbildung 6.4: Reihenschaltung aus drei Solarzellen mit Bypassdiode mit weitgehender Verschattung: An der Bypassdiode liegt die Spannung der mittleren Solarzelle in Durchlassrichtung – der Großteil des Stromes fließt durch die Bypassdiode. (Copyright: Stefan Krauter)

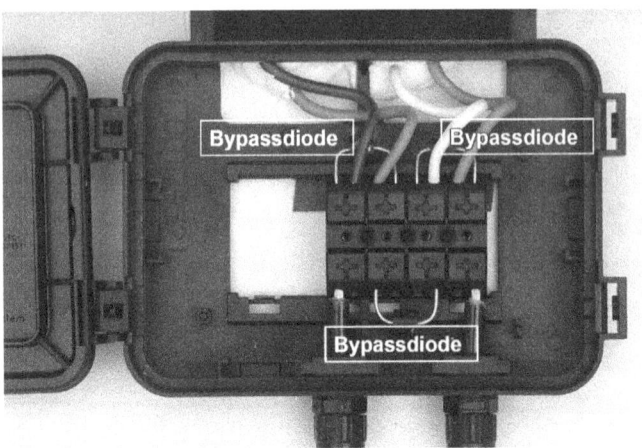

Abbildung 6.5: Geöffnete Anschlussdose eines PV-Moduls mit drei Bypassdioden (Copyright: Stefan Krauter)

Die schwarze Kennlinie zeigt die Modulkennlinie ohne Verschattung. Sobald eine Zelle verschattet wird (zum Beispiel durch einen Schornstein), ergibt sich die durchgezogene grüne (graue) Kennlinie. Es gibt einen Kennlinienbereich, der den vollen Strom bei kleinen Spannungen aufweist, und einen Bereich mit dem durch die Verschattung verringerten Strom bei höheren Spannungen. Der Übergang der Bereiche wird von der Anzahl der Bypassdioden (beziehungsweise von der Anzahl der Zellen unter den Bypassdioden) bestimmt. Bei einem Modul mit drei Bypassdioden liegt der Übergang bei zwei Dritteln der Leerlaufspannung. Befindet sich der Arbeitspunkt des verschatteten Moduls unterhalb dieser Spannung, liefert das Modul den unverschatteten Strom, wobei in der Bypassdiode der Differenzstrom aus verschattetem und unverschattetem Strom fließt. Wird das Modul jedoch bei einer Spannung oberhalb des Übergangs betrieben, liefert es nur den geringeren verschatteten Strom und die Bypassdiode ist nicht in Betrieb. Ziel ist es, dass bei einer Teilverschattung des Moduls die Spannung durch den MPP-Tracker des Wechselrichters so geregelt wird, dass das Modul noch zwei Drittel seiner Leistung abgibt. Bei neueren Halbzellenmodulen reduziert sich die Leistung nur auf 5/6.

Bei einem Modul ohne Bypassdioden würde sich die rote (dunkelgraue) Kennlinie ergeben. Ohne Bypassdioden müsste die verschattete Zelle somit eine Leistung von über 100 W umsetzen, die dann als Wärmeenergie auftritt und zu sehr hohen Temperaturen und gegebenenfalls zum Hotspot führen würde. Deshalb sind nahezu alle Solarmodule ab Werk mit Bypassdioden ausgerüstet.

KAPITEL 6 Wie unterscheiden sich Solarmodule? 69

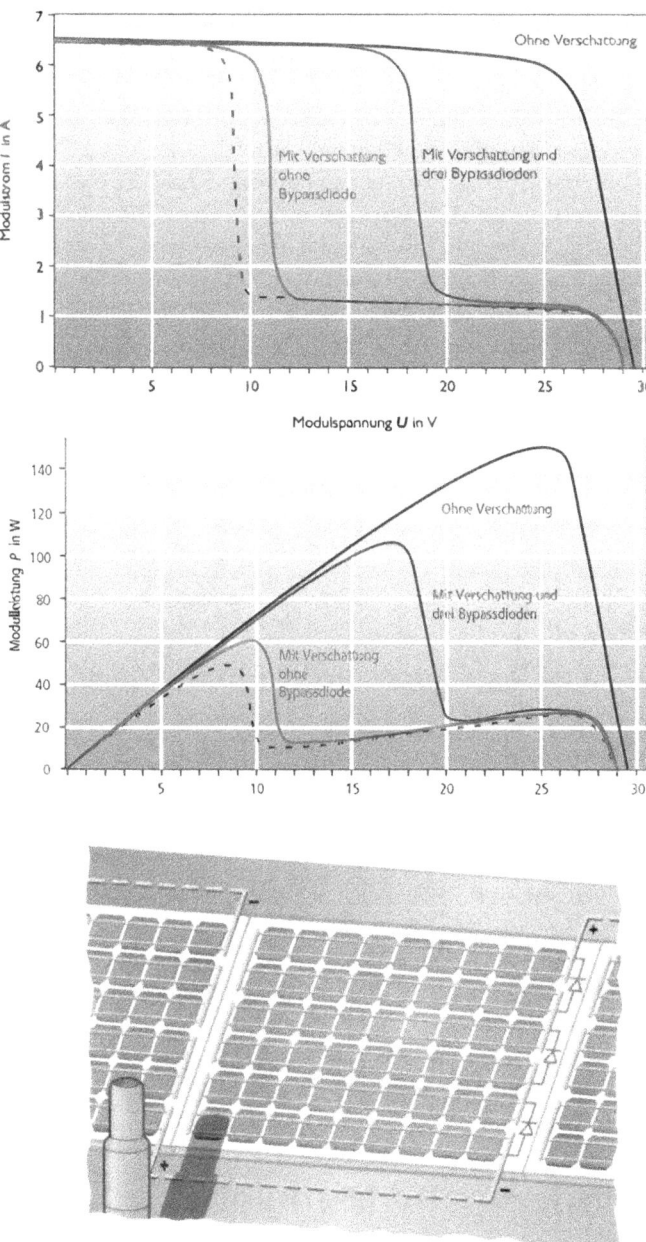

Abbildung 6.6: Überbrückung der Solarstrings durch drei Bypassdioden, oben: Veränderung der Kennlinien durch Verschattung mit und ohne Bypassdioden (Copyright: DGS)

Durch die Überbrückung einer Bypassdiode im Schattenfall wird ein Drittel des Moduls überbrückt, somit sinkt die Spannung und damit die Leistung um ein Drittel. Die Bypassdioden verändern die Strom-/Spannungskennlinien bei Verschattung des Moduls. Es entstehen dabei zwei MPP-Punkte. Der linke MPP-Punkt besitzt in diesem Fall die höhere Leistung, siehe Bild 1-19. Um in diesem optimalen Arbeitspunkt zu arbeiten, muss der Wechselrichter (siehe auch Kapitel 5) über ein globales MPP-Tracking verfügen. Der MPP-Tracker des Wechselrichters fährt dann die ganze Kennlinie durch, um diesen Punkt zu erkennen. Das Durchfahren der Kennlinie erfolgt über die Leistungselektronik in sehr kurzen Zeiträumen, zum Beispiel eine Millisekunde. So wird dafür nahezu keine Energie verbraucht.

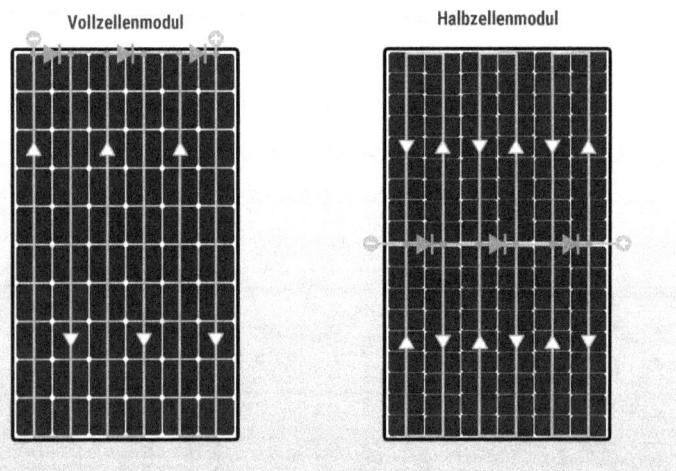

Abbildung 6.7: Zell- und Bypassdiodenverschaltung bei Vollzellenmodulen und Halbzellenmodulen im Vergleich (Quelle: www.pv-wissen.de)

Bei Halbzellenmodulen entstehen durch die Mittelverschaltung der Bypassdioden im Modul sechs Modulfelder, die über die Bypassdiode bei Schatten überbrückt werden können. So reduziert sich der Verschattungsverlust, wenn der Schatten nur ein Feld betrifft, auf ein Sechstel.

Steckverbinder an PV-Modulen

An einem Solarmodul sind an der Anschlussdose zwei Kabel (positiver und negativer Pol) angebracht, an deren einem Ende sich ein Stecker und an deren anderem Ende sich eine Buchse befinden. Meist ist dies ein sogenannter »MC4«-Stecker und eine entsprechende Buchse. Dabei steht »MC« für die Schweizer Firma »Multi Contact« (inzwischn heißt die Firma »Stäubli«), die diesen inoffiziellen Standard gesetzt hat. Die »4« steht für die Steckverbindung der vierten Generation.

Die Steckverbindungen sind berührungssicher, das heißt, eine Isolationshülse verhindert die Berührung der Kontakte mit dem Finger (siehe Abbildung 6.8). Sie lassen sich leicht zusammenstecken, aber nur schwer wieder trennen (»snap-in«). Oftmals finden Sie Nachbauten, also Kopien dieser MC4-Steckverbindungen an PV-Modulen und Wechselrichtern. Meist sind diese gut brauchbar, teilweise kann es aber zu mangelhaften Kontakten kommen, vor allem, wenn die Kopien voneinander abweichen. Das bedeutet, wenn schon MC4-Kopien, dann sollten diese wenigstens von demselben Hersteller sein.

Abbildung 6.8: Original-MC4-Steckverbinder (Copyright: Fa. Stäubli)

Eignung und Dauerhaftigkeit von PV-Modulen

Beim Kauf sollten Sie darauf achten, dass die PV-Module durch die Norm IEC 61215 (auch EN 61215) zertifiziert wurden. Zur Erfüllung dieser Norm wurden umfangreiche thermische, elektrische und mechanische Tests durchgeführt. Damit werden unter anderem Hagelschlag, hohe Schnee- und Windlasten, Temperaturschwankungen zwischen −40 °C und +85 °C und Überspannungen simuliert. Wenn die Leistung entsprechend der Standard-Prüfbedingungen (STC) nach einem Test um mehr fünf Prozent beziehungsweise nach allen Tests um mehr als acht Prozent abgefallen ist, gilt das Modul als durchgefallen.

Teilweise werden IEC-61215-Zertifizierungen gefälscht, eine Überprüfung auf der Webseite des angegebenen Zertifizierers, des »Certification Body« (zum Beispiel TÜV Rheinland, TÜV Süd, TÜV Nord, VDE, Intertek, KIBA) verschafft Sicherheit. Dazu können Sie zunächst auf der Webseite https://www.dakks.de/en/accredited-bodies-search.html oder https://www.iecee.org/members/national-certification-bodies nachschauen, ob ein Zertifizierer überhaupt ein zugelassenes Prüflabor (nach ISO/IEC 17025) hat und zur Prüfung von Solarmodulen zugelassen ist. Dann sollte auf der Webseite des Zertifizierers bei Eingabe der Zertifikatsnummer einsehbar sein, ob es sich um ein gültiges Zertifikat des Zertifizierers für den Modulhersteller handelt. Leider ist das nur ungenügend umgesetzt, denn Sie müssen dann eine E-Mail an den Zertifizierer schicken und hoffen, dass dieser bald antwortet. Hier besteht erheblicher Verbesserungsbedarf.

Neben der Norm für Leistungsfähigkeit und Dauerhaftigkeit gibt es noch die Norm IEC 61730, bei der die Betriebssicherheit im Vordergrund steht. Dabei werden Tests unter anderem zum Isolationsschutz, zur Feuerfestigkeit, mechanische Tests etc. durchgeführt. Diese Norm muss nach der Europäischen Niederspannungsrichtlinie von allen in der EU verwendeten PV-Modulen erfüllt werden. Häufig wird ein Solarmodul im Prüflabor nach beiden Normen (IEC 61215 und 61730) zusammen geprüft.

Wichtig beim Kauf von weiteren Komponenten wie Wechselrichtern: Wenn es kalt wird, liegt die Spannung eines Solarmoduls etwas höher als die Nennspannung bei 25 °C Zelltemperatur aus dem Datenblatt. Bei Siliziumsolarmodulen liegt die Spannungszunahme etwa bei vier bis fünf Prozent pro zehn Grad Temperaturabsenkung. Dabei ist es wichtig, die Leerlaufspannung als Bemessungsgröße zu wählen, weil im »worst case« der MPPT langsam reagiert, sodass eine Zeit lang die Leerlaufspannung am Wechselrichtereingang anliegt.

Bei Sonnenaufgang nach einer sehr kalten Winternacht kann ein Solarmodul −20 °C kalt sein, dann ergibt sich für das Solarmodul, das normalerweise eine Nennleerlaufspannung (STC, das heißt bei 25 °C Zelltemperatur) von $U_L(STC) = 40$ V hat, eine aktuelle Leerlaufspannung von

$$U_L(-20\,°C) = 40\,V\,(1 - \Delta T \cdot TK_U) = 40\,V\,(1 + 45\,K \cdot 0{,}0045\,/K)$$
$$= 40\,V \cdot 1{,}2025 = 48{,}1\,V$$

Dabei ist ΔT die Temperaturdifferenz zu STC (das heißt 20 °C) und TK_U der Temperaturkoeffizient für die relative Spannung (hier typischerweise: –0,45 %/K).

Kosten von Solarmodulen

Die Stromerzeugung mit PV-Anlagen zur Netzeinspeisung war vor dem Jahr 2000 eine der teuersten Formen der Stromerzeugung und wurde weitgehend nur zur Versorgung von Inselanlagen in abgelegenen Gegenden ohne öffentliches Stromnetz und zur Versorgung von Satelliten eingesetzt.

Inzwischen ist PV meist die günstigste Möglichkeit, Strom zu erzeugen. In manchen Ländern ist sie bei Großprojekten sogar die günstigste Form, um überhaupt Energie bereitzustellen – das heißt nicht nur Strom, sondern auch thermische Energie.

In Abbildung 6.9 ist die Preisentwicklung von Solarmodulen abgebildet (Preise ohne Mehrwertsteuer und Transport). Da die Entwicklung ziemlich dynamisch

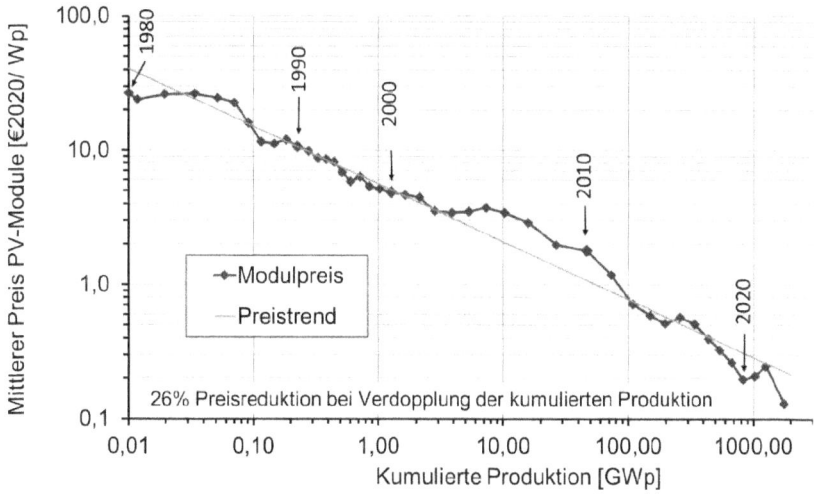

Abbildung 6.9: Entwicklung der Preise von Solarmodulen von 1980 (ca. 25 €/W$_p$) bis 2023 (ca. 0,12 €/W$_p$) als Funktion der insgesamt installierten PV-Leistung (Copyright: Fraunhofer ISE 2025)

verlief (Preisreduktion auf weniger als 1/100 des Ursprungspreises), ist in der Grafik eine logarithmische Darstellung gezeigt. Andernfalls könnten Sie über die letzten 15 Jahre nicht viel erkennen, weil die Kurve fast mit der x-Achse verschmolzen wäre. Die x-Achse zeigt die insgesamt installierte PV-Kapazität aller jemals installierten Solarmodule. Sie erkennen daraus, dass bei einer Verdopplung der installierten PV-Leistung (unabhängig von der Zeit) die Preise um ca. 25 Prozent sanken.

Die Preise in der Abbildung sind Fabrikpreise (Großabnehmer, ohne Umsatzsteuer und Transport). Im Einzelhandel sind die Module etwa um die Hälfte teurer. Das liegt am Transport, der Aufbewahrung und einer Marge für Zwischenhändler.

IN DIESEM KAPITEL

Welche PV-Technologien aktuell den Markt bestimmen (PERC, TOPCon, HJT, IBC etc.)

Was Halbzellen, bifaziale und Hotspot-Free-Module besonders macht

Welche Vor- und Nachteile neue Moduldesigns wie Shingle-, All-Black- oder Leichtmodule bieten

Was Sie über Effizienz, CO_2-Bilanz und Energierücklaufzeit von PV-Modulen wissen sollten

Kapitel 7
Begriffe beim Kauf von Solarmodulen

In diesem Kapitel wollen wir Ihnen ein paar typische Begriffe erklären, die Ihnen beim Kauf von Solarmodulen begegnen können, wie beispielsweise Bus-bars, Halbzellen, IBC, TOPCon oder PERC. Dies soll einen Überblick bieten und den Kauf erleichtern, zudem ist es auch technisch spannend: Denn bei PV-Modulen gibt es eine beachtliche technologische Entwicklung.

Höhere Anzahl von »Bus-Bars« beziehungsweise Zellverbindern

Eine Solarzelle hat normalerweise ein Kontaktgitter, das gleichmäßig den Strom der Solarzelle über die Fläche einsammelt. Zum Weitertransport des Stroms zur nächsten Solarzelle (Serienschaltung!) werden sogenannte »Bus-Bars« eingesetzt, die den gesammelten Strom weiterleiten. In den Anfangszeiten der Photovoltaik (die Zellen hatten nur ca. 1 bis 2 A) gab es nur einen Bus-Bar, dann zwei bis vier (bis 10 A). Inzwischen gibt es Zellen mit bis zu 16 Bus-Bars. Der einzelne Zellverbinder hat dabei aber einen geringeren Querschnitt, da er nur einen geringeren Strom transportieren muss. Die Vorteile: Der unerwünschte Kontakt- und Leitungswiderstand (R_S) wird reduziert. Darüber hinaus können die Zellverbinder wegen des geringeren Querschnitts rund und nicht flach ausgeführt werden. Dies reduziert die Abschattung der einfallenden Sonnenstrahlen durch die Kontaktoberfläche und erhöht den Strom. Insgesamt verringern sich die Verluste und der Wirkungsgrad steigt.

Halbzellenmodule

Halbzellenmodule sind Photovoltaikmodule, die aus halbierten Solarzellen bestehen. Dabei sind Halbzellen ganz normale Solarzellen, die während der Herstellung in zwei Hälften geteilt werden. Statt 60 Solarzellen hat ein Modul dann 120 Zellen (oder bei ehemals 72 Zellen dann 144 Zellen) – bei gleichbleibender Modulgröße. Die Zellen werden in Reihe geschaltet, wodurch sich der Strom für diesen Solarzellenstrang (oder -string) halbiert und die Spannung verdoppelt. Eigentlich müsste sich dann die Spannung des gesamten Solarmoduls durch die Halbzellen auch verdoppeln, dies wird aber durch die Parallelschaltung von jeweils zwei Solarzellensträngen über die Hälfte des Moduls unterbunden, sodass ein Halbzellenmodul final ähnliche elektrische Eigenschaften aufweist wie ein Standardmodul. Analog kann man dies auch mit Drittel- und Viertelzellen machen.

Weshalb treibt man diesen Aufwand? **Halbzellenmodule** bieten eine Reihe von Vorteilen gegenüber Vollzellenmodulen:

- ✔ **Erhöhte Spannung und reduzierter Strom:** Durch den reduzierten Strom ist der Spannungsabfall am parasitären Serienwiderstand R_S einer Solarzelle geringer. Dadurch geht weniger Leistung durch Kontaktgitter, Zellverbinder, Anschlüsse und Kabel verloren: Der Wirkungsgrad und die Leistung des Solarmoduls steigen etwas.

- ✔ **Etwas besseres Verhalten bei Verschattung:** Wenn nur ein Strang der Parallelschaltung aus zwei (oder drei bei Drittelzellen oder vier bei Viertelzellen) Strängen verschattet wird, wird nicht der gesamte Strom entsprechend der Verschattung reduziert – wie beim Standardmodul –, sondern nur etwa die Hälfte (oder ein Drittel bei Drittel- und ein Viertel bei Viertelzellen). Zusätzlich spielen die normalerweise serienmäßig in der Anschlussdose eingebauten Bypassdioden eine Rolle, sodass die Verlustminderung durch die Halbzellen etwas geringer ausfällt als erwartet. Prinzipiell sollten Sie eine Verschattung stets vermeiden.

Alle Technologien wie PERC, IBC oder TOPCon lassen sich als Halbzellen ausführen, siehe auch Abbildung 7.1.

Abbildung 7.1: Halbzellenmodul (Copyright: Ralf Haselhuhn)

PERC-Solarzellen

Die **PERC-Solarzelle**, kurz für »Passivated Emitter and Rear Cell«, war vor 2022 die Standardsolarzelle, die in effizienter Weise Sonnenlicht in Strom umwandelt als frühere Solarzellen. Das Besondere an ihr ist eine zusätzliche Schicht auf der Rückseite der Zelle. Diese Schicht hat zwei Hauptfunktionen:

- ✔ **Reflexion:** Sie reflektiert das Licht, das durch die Zelle hindurchgegangen ist, zurück in die Zelle. Dadurch hat das Licht eine zweite Chance, absorbiert zu werden und in Strom umgewandelt zu werden. Das steigert die Effizienz der Zelle.

- ✔ **Passivierung:** Sie verringert den Verlust von elektrischer Ladung. In Solarzellen entstehen oft kleine Bereiche, wo Ladung verloren gehen kann. Die zusätzliche Schicht auf der Rückseite der PERC-Zelle hilft, diesen Verlust zu reduzieren.

Zusammengefasst ermöglichen diese Verbesserungen der PERC-Solarzellen, mehr Strom aus der gleichen Menge Sonnenlicht zu generieren.

Der Wirkungsgrad von aktuellen PERC-Solarzellen liegt bei 22,5 bis 23,5 Prozent, das heißt, knapp ein Viertel des einfallenden Sonnenlichts wird in elektrische Leistung umgewandelt. Die Grenzen bei PERC sind inzwischen jedoch erreicht, sodass keine weitere Steigerung mehr zu erwarten ist und andere Technologien wie beispielsweise die PERC-Weiterentwicklung TOPcon oder Heterojunction-Zellen (HJT) beziehungsweise HIT jetzt »State-of-the-Art« sind.

TOPCon-Solarzellen

TopCon-Solarzellen, kurz für »Tunnel Oxide Passivated Contact«, sind eine fortschrittliche Art von Solarzellen, die sich durch eine spezielle Konstruktion auszeichnen, um ihre Effizienz zu steigern, sie gilt als Nachfolger der PERC-Technologie und ist aktuell der Standard.

- ✔ **Tunneloxid-Schicht:** An der Rückseite der Zelle wird eine sehr dünne Oxidschicht aufgetragen. Diese Schicht ist so dünn, dass Elektronen durch sie hindurch-»tunneln« können. Das ist wichtig für die nächste Schicht.

- ✔ **Passivierte Kontakte:** Auf der Tunneloxid-Schicht wird eine leitfähige Schicht aufgebracht. Diese Kombination aus Tunneloxid und leitfähiger Schicht bildet einen »passivierten Kontakt«. Er reduziert den Verlust von elektrischer Ladung.

- ✔ **Höhere Effizienz:** Durch die Konstruktion wird der Verlust von Elektronen minimiert, was zu einer höheren Effizienz führt. Das bedeutet, dass die Zelle mehr des einfallenden Sonnenlichts in elektrische Energie umwandeln kann.

TopCon-Solarzellen sind eine Weiterentwicklung der PERC-Technologie und gehören zu den effizienten Solarzellentypen auf dem Markt. Sie werden oft in Anwendungen eingesetzt, wo maximale Energieausbeute auf begrenztem Raum wichtig ist, wie zum Beispiel bei Installationen auf dem Dach. Sie ist eine von mehreren Technologien, die PERC-Solarzellen vom Markt verdrängt haben.

Der Wirkungsgrad von aktuellen TOPCon-Solarzellen liegt bei 23,5 bis 24 Prozent. Die Firma Trinasolar vermeldete 2025 einen Modulwirkungsgrad von bis zu 24,5 Prozent für ein 760-Watt-Modul, wobei für einzelne TOPCon-Zellen bereits Laborwerte von 26,58 Prozent erreicht wurden.

HIT-Module

Während in herkömmlichen Siliziumsolarzellen das gleiche Halbleitermaterial unterschiedlich dotiert wird, um einen p-n-Übergang zu erzeugen, entsteht dieser bei der HIT-Solarzelle zwischen zwei strukturell unterschiedlichen Halbleitern (amorph und monokristallin). Man spricht daher von einem Heteroübergang (englisch *heterojunction*). Hybrid-Siliziumzellen, bestehend aus mit amorphem Silizium beschichteten monokristallinen n-Typ-Siliziumzellen, werden auch als »Heterojunction with Intrinsic Thin layer« (HIT) oder Silicon-Hetero-Junction (SHJ) oder Heterojunction Technology (HJT) bezeichnet. Die Zellen erreichen Wirkungsgrade über 25 Prozent. Gegenüber den kristallinen PV-Modulen zeichnen sich die HIT-Module durch eine höhere Energieausbeute bei hohen Temperaturen und durch Nutzung eines breiteren Lichtspektrums aus. HIT-Module erreichten 2023 einen durchschnittlichen Wirkungsgrad von 22,5 Prozent in der Massenproduktion.

IBC-Module – Rückseitenkontaktierte Solarzellen

IBC steht für »Interdigitated Back Contact« und bezeichnet eine spezielle Art von PV-Modulen, bei denen alle elektrischen Kontakte auf der Rückseite der Zellen angebracht sind. Das Fehlen von Elektroden auf der Vorderseite reduziert die Verschattung der Zellen und verbessert die Lichtaufnahme. Dadurch steigert man die Effizienz und verbessert die Ästhetik (homogenes Erscheinungsbild, da sie keine sichtbaren Kontaktstreifen auf der Vorderseite haben). IBC-Module gehören zu den effizientesten auf dem Markt mit Wirkungsgraden, die meist über 20 Prozent liegen und in einigen Fällen sogar die 25%-Marke überschreiten können.

Die IBC-Technologie kann mit zum Beispiel PERC-, HJT- oder auch TOPCon-Zellen umgesetzt werden.

Allerdings ist die Produktion von IBC-Modulen technologisch anspruchsvoller, was zu höheren Herstellungskosten führt. IBC-Module stellen eine High-End-Lösung im Bereich der Photovoltaik dar. Sie sind eine ideale Wahl für Projekte, bei denen es auf höchste Effizienz, geringsten Platzbedarf und Ästhetik ankommt.

Bifaziale Solarmodule

Wäre es nicht sinnvoll, bei PV-Modulen, die auf hellen Flachdächern aufgeständert sind oder als Gartenzaun eingesetzt werden, auch das (reflektierte) Licht nutzen zu können, das auf die Rückseite fällt? Genau das können bifaziale Solarmodule. Um den Rückseiteneffekt nutzen zu können, besitzen die Module eine transparente Rückseite aus Glas oder transparenten Kunststoff. Die verwendeten bifazialen Solarzellen sind beidseitig elektrisch aktiv. Je mehr Licht direkt oder durch Reflexion an die Rückseite gelangt, umso größer ist der Mehrertrag. Dieser kann je nach einfallendem Licht direkt oder indirekt (mehr oder weniger reflektiert zum Beispiel durch helle Dachflächen) im Jahr 5 bis 15 Prozent ausmachen. Bei sehr hellen Balkonsituationen können auch etwas höhere Werte erreicht werden. Damit das effektiv gelingt, sollte die Befestigung sowie die Führung der Modulanschlussleitungen am Modulrand erfolgen. Auch darf die Anschlussbox nur sehr klein sein, damit die Solarzellen auch rückseitig wenig verdeckt werden. Sogar All-Black-Module gibt es als bifaziale Module. Diese besitzen eine schwarze Folie in den Zellzwischenräumen (siehe Abbildung 7.2). Diese Module können auch auf den erwähnten TOPcon-, HIT- oder HJI-Technologien basieren, gegebenenfalls auch in Kombination mit IBC-Technologie.

Abbildung 7.2: Bifaziales »All-Black«-Modul aus Halbzellen der Firma Solarwatt (Copyright: Stefan Krauter)

Die Leistung von bifazialen Solarmodulen wird in der Regel auf zwei Arten ausgewiesen:

- ✔ **Nennleistung (Frontleistung):** Die Standardangabe erfolgt wie bei herkömmlichen Modulen als Nennleistung in Watt Peak (W_p) unter Standard-Testbedingungen (STC), wobei nur die Vorderseite berücksichtigt wird.

- ✔ **Bifazialer Ertragszuwachs:** Zusätzlich wird häufig ein sogenannter »bifazialer Faktor« oder ein möglicher Mehrertrag in Prozent angegeben. Der bifaziale Faktor beschreibt, wie effizient die Rückseite im Vergleich zur Vorderseite arbeitet (typisch 70 bis 95 Prozent der Frontleistung). Der tatsächliche Mehrertrag hängt stark von den Umgebungsbedingungen ab (zum Beispiel Albedo des Untergrunds, Montagehöhe, Abstand zum Boden) und liegt in der Praxis meist bei 5 bis 30 Prozent zusätzlich zur Frontleistung. 30 Prozent Mehrertrag pro Jahr ist nur bei weißen Hintergrundflächen zum Beispiel bei einem Flachdach mit weißer Dachfolie und ausreichenden Abstand zur Dachdeckung und großen Modulreihenabstand möglich. Ein realistischer jährlicher Mehrertrag bei hellen Hintergründen und ausreichenden Abstand liegt bei 15 Prozent.

In technischen Datenblättern finden sich oft zwei Werte:

Die reine Frontleistung (zum Beispiel 400 W_p) sowie die maximal mögliche Gesamtleistung bei optimaler Rückseitenreflexion (zum Beispiel »bis zu 520 W_p bei 30 % Mehrleistung«).

Bei der oben genannten vertikalen Nord-Süd-Ausrichtung kommt noch ein zusätzlicher Effekt zum Tragen: Da eine Seite (zum Beispiel die Frontseite) vollständig nach Osten ausgerichtet ist, liefert sie bereits bei Sonnenaufgang eine hohe Leistung, ebenso die Westseite (zum Beispiel die Rückseite) abends. Um die Mittagszeit ist die Leistung einer solchen Konfiguration relativ gering. Dieser Tagesgang der Leistung ist aber bei den Netzbetreibern hochwillkommen, da sie den mittäglichen Spitzenstrom bei der vorherrschenden konventionellen Aufstellung kaum bewältigen können und der Strom demzufolge auf der Strombörse zu negativen Preisen gehandelt wird. Andererseits fehlt den Netzbetreibern morgens und abends PV-Strom, den diese Konfiguration (bestmöglich) liefert. Somit erzeugen sie den Strom »netzdienlicher«. Direkt auf einem Balkon eine solche Konfiguration aufzubauen, ist natürlich schwierig, aber vielleicht ergeben sich ja andere Möglichkeiten, beispielsweise auf einem Flachdach.

Schindel-Module

Schindel-PV-Module, auch bekannt als Shingle-Module, sind eine besondere Art von Solarmodulen, bei denen Solarzellen in Streifen geschnitten und dann überlappend, wie Dachschindeln angeordnet werden. Hier findet also die Verschaltung von einer Solarzelle zur nächsten nicht über Drähte, sondern direkt über mechanisch klebende Kontaktbildung statt. Dadurch wird die Modulfläche maximal mit Solarzellen belegt und der Wirkungsgrad des Moduls steigt, obwohl der Zellwirkungsgrad gleich bleibt.

Bei normalen Modulen mit elektrisch verbindenden Drähten ist nämlich immer ein gewisser mechanischer Abstand der Zellen zueinander notwendig, um die Drähte von der Vorder- auf die Rückseite zu führen.

Die Herstellung von Schindel-Modulen ist komplexer, damit sind sie oft teurer als konventionelle Module. Allerdings gibt es Ausnahmen: Beispielsweise sind die Schindel-Module der Firma M10 in der Herstellung günstiger als konventionelle PV-Module, vor allem durch effizientere Produktion und Materialeinsparung. Ob sich dieser Kostenvorteil bereits vollständig auf den Endkundenpreis durchschlägt, hängt aktuell noch von der Marktverfügbarkeit und den Vertriebskanälen ab. Das langfristige Potenzial für günstigere Preise gegenüber konventionellen Modulen ist jedoch klar gegeben.

Durch das Aufeinanderliegen der Zellen kann sich zudem die Bruchempfindlichkeit des Moduls bei Druckbelastung erhöhen. Andererseits sind die eingesetzten Zellen meist kleiner, dadurch sind die Schindel-Module weniger anfällig für Mikrorisse, da die mechanische Spannung durch die kleineren Zelleinheiten besser verteilt wird.

Schindel-Module bieten eine bessere Flächenausnutzung, eine höhere Verschattungstoleranz und sind zwei bis sechs Prozent (relativ) effizienter als herkömmliche Halbzellenmodule mit Drahtverschaltung. Allerdings liegt der Wirkungsgrad mit 18 bis 20,5 Prozent meist etwas unter dem von Top-Standardmodulen (bis zu 23 Prozent).

Schindel-Module bieten eine verbesserte Ästhetik durch ihr homogenes Erscheinungsbild, da keine Abstände zwischen den Zellen sichtbar sind.

Die Verschaltung der Zell-Streifen kann ähnlich wie bei Halbzellen-Modulen so gestaltet werden, dass sie weniger anfällig gegenüber partieller Verschattung sind.

Hotspot-Free-Module

Hotspot-Free-PV-Module sind so konstruiert, dass sie die Entstehung von Hotspots verhindern. Hotspots entstehen, wenn eine Zelle im Modul beschattet wird, wodurch der Stromfluss des Solarzellenstrings (der Reihenschaltung von Solarzellen) an dieser Stelle unterbrochen wird. Dadurch baut sich dort eine hohe Spannung auf, die zu einem lokalen »Durchbrennen« der beschatteten Solarzelle führt – falls keine Bypassdioden dies verhindern. Die Zelle ist dann dauerhaft geschädigt. Bei üblichen PV-Modulen überbrücken die Bypassdioden 1/3 oder 2/3 des Moduls und es entsteht bei Verschattung entsprechend 1/3 beziehungsweise 2/3 Leistungsverlust. Bei Hotspot-Free-Modulen entsteht nur der Leistungsverlust über die beschatteten Solarzellen, da diese zellweise durch die Bypassdioden überbrückt werden. Der Verschattungsverlust des Moduls ist somit viel geringer, allerdings ist manchmal die Effizienz bei geringer Einstrahlung geringer (siehe »Tipp«).

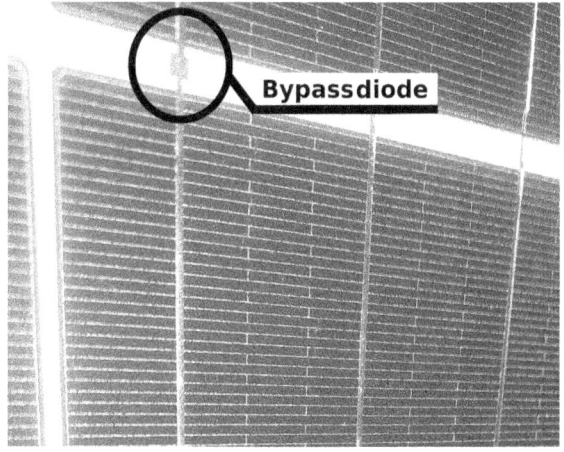

Abbildung 7.3: Hotspot-Free-Modul. Da eine Bypassdiode parallel zu einer Zelle geschaltet werden muss, befindet sich tiefer im Laminat noch eine weitere Leitung. (Copyright: EmpowerSource)

Hotspots können verhindert werden, indem die Solarzelle die sich aufbauende Spannung abbaut. Dies kann durch externe oder in die Zelle integrierte Bypassdioden geschehen. Die Bypassdioden liegen dann parallel zu einer Solarzelle (oder einem Solarzellenstring) an, die Diodenrichtung ist aber umgekehrt zur Diode der Solarzelle aus dem Ersatzschaltbild. Im Normalbetrieb der Solarzelle ist die Bypassdiode dann in Sperrrichtung, wodurch sie keinerlei Einfluss ausübt. Wenn sich aber durch Beschattung eine umgekehrte Spannung an der Zelle, und damit auch an der Bypassdiode, aufbaut (durch den Rest des Solarmoduls), leitet die Bypassdiode den Strom an der betreffenden Solarzelle (oder dem Solarzellenstring) vorbei.

Um Kosten zu sparen, wurde früher teilweise unreineres Basismaterial in der Solarzelle verwendet, wodurch Strom auch in Rückwärtsrichtung durchgelassen wird. Derartige Zellen haben ein schlechteres Schwachlichtverhalten, können dann aber »hotspot-free« angepriesen werden. Sie sollten daher bei diesen Modulen immer das Schwachlichtverhalten prüfen! Solche Module werden nicht mehr hergestellt, aber vielleicht kauft ja jemand jahrzehntealte, gebrauchte Module.

Diese Module eignen sich besonders für Installationen, bei denen das Risiko von Verschattung besteht, zum Beispiel bei komplexen Dachlayouts oder verschattenden Elementen (zum Beispiel Gebäude, Bäume, Antennen). Oftmals findet eine Verschattung (je nach Sonnenstand) nur zu einer bestimmten Tages- oder Jahreszeit statt.

In kritischen Fällen empfiehlt sich eine Schattenanalyse: `https://www.volker-quaschning.de/publis/schatt/index.php`

All-Black-Module

Bei All-Black-Modulen (siehe Abbildung 7.4) sind sowohl die Rahmen als auch die Rückseitenfolie schwarz. Bei Standardmodulen sind diese weiß oder transparent, zudem hat der Aluminiumrahmen einen silbernen Farbton. Bei All-Black-Modulen wird der Rahmen schwarz gefärbt. Beides sieht ästhetischer aus, verursacht allerdings eine etwas stärkere Aufheizung der Module, wodurch die Leistung im Betrieb gegenüber Normal-Modulen etwas reduziert wird (ca. ein Prozent).

Leichtmodule

Bitte hier noch weiteren Text: Verwendetes Material, Gewicht, Modulgrößen, leichte Installation (Kabelbinder)

Abbildung 7.4: Leichtmodul zur Balkonmontage der Fa. MATRIX-Module GmbH (Copyright: MATRIX GmbH)

Farbige Module

Farbige Module (siehe Abbildung 7.5) erreicht man durch Modifikation der Anti-Reflexionsschicht auf der Solarzelle. Normalerweise ist diese so dick, dass hauptsächlich das rote Licht geschluckt (Interferenzeffekt zur Reflexionsauslöschung) und das für die Silizium-Solarzelle weniger effiziente blaue Licht reflektiert wird – deshalb erscheint uns die Solarzelle blau, obwohl Silizium eigentlich silbern glänzend ist. Macht man die Antireflexionsschicht (ARC) etwas dünner, so schluckt sie das blaue und reflektiert das rote Licht: Die Solarzelle erscheint rötlich, der Wirkungsgrad wird aber insgesamt etwas schlechter. Man kann durch Wahl der ARC-Schichtdicke so ziemlich jede Farberscheinung erzeugen. Schmetterlinge machen es genauso – durch unterschiedliche ARC-Schichten und Rillen auf ihren Flügeln. Idealerweise ist eine Solarzelle schwarz, das kann man aber nur durch aufwendige Strukturierung (Samt-Effekt) oder mehrere, unterschiedliche ARC-Schichten erreichen. Nicht-blaue/schwarze Silizium-Solarzellen haben einen reduzierten Wirkungsgrad. Die Stärke der Reduktion hängt auch von der gewählten Farbe ab. Sie sehen zwar originell aus, kosten aber mehr, ebenso wie der produzierte Strom.

 Weshalb soll in erster Linie der rote Spektralbereich durch die ARC geschluckt werden? Weil kristalline Siliziumsolarzellen gerade in diesem Bereich am effektivsten sind.

Abbildung 7.5: Farbige PV-Module (Copyright: Futura Sun)

Energierücklaufzeit

Die Energierücklaufzeit oder energetische Amortisationszeit (Energy Payback Time) gibt die Zeitspanne an, die ein Kraftwerk betrieben werden muss, um die investierte Energie zur Herstellung zu ersetzen.

Energierücklaufzeiten von PV-Anlagen variieren mit Technologie und Anlagenstandort. Eine Studie im Auftrag des Umweltbundesamts im Jahr 2021 (»Aktualisierung und Bewertung der Ökobilanzen von Windenergie- und Photovoltaikanlagen unter Berücksichtigung aktueller Technologieentwicklungen«) hat eine Energierücklaufzeit für PV-Kraftwerke bei einem Anlagenbetrieb in Deutschland und einer mittleren jährlichen Einstrahlungssumme in der Modulebene von 1.200 kWh/(m^2·a) von 2,1 Jahren für Silizium-Module ermittelt. Bei einer Lebensdauer von 25 bis 30 Jahren und einer jährlichen Ertragsdegradation von 0,35 Prozent folgen daraus energetische Erntefaktoren (das heißt, wie viel mal mehr PV-Energie erzeugt wird, als bei der Herstellung verbraucht wird) von 11 bis 18. Berechnungen des Fraunhofer ISE (Photovoltaics Report, September 2022) auf Basis neuester Produktionsdaten weisen eine Energierücklaufzeit von unter 1,3 Jahren für Anlagen mit marktüblichen Silizium-Modulen in Deutschland aus. Eine Komponentenproduktion in Europa senkt die Energierücklaufzeit noch weiter, aufgrund des höheren Grünstromanteils im Vergleich mit manchen Importkomponenten aus Ländern mit viel CO_2 im Strom.

Mit diesem Tool des Bundesumweltamts können Sie die Energierücklaufzeit und die Ökobilanz seines Balkonkraftwerks selbst ausrechnen (Achtung: Die Daten werden nur unregelmäßig aktualisiert):

https://public.tableau.com/app/profile/umweltbundesamt/viz/OekobilanzrechnerfuerPhotovoltaikanlagen/PVScreeningTool

Reihen- & Parallelschaltung von PV-Modulen

Zwei Module in Parallelschaltung sind etwas verschattungstoleranter als zwei Module in Reihenschaltung, da bei Letzterem im Verschattungsfall der Gesamtstrom reduziert wird. Wenn bei der Parallelschaltung nur ein Modul beschattet wird, liefert nur das beschattete Modul weniger Strom. Allerdings ist bei einer Parallelschaltung von zwei Modulen auch die Spannung nur halb so groß wie bei einer Reihenschaltung: Es ist darauf zu achten, dass die Spannung dann noch innerhalb des MPP-Regelbereichs des Wechselrichters liegt.

Am unproblematischsten und einfachsten ist es jedoch, wenn Sie an jedem Eingang des Mikrowechselrichters (kommt gleich) genau ein passendes Modul anschließen, dann können Sie sich die Berechnungen sparen.

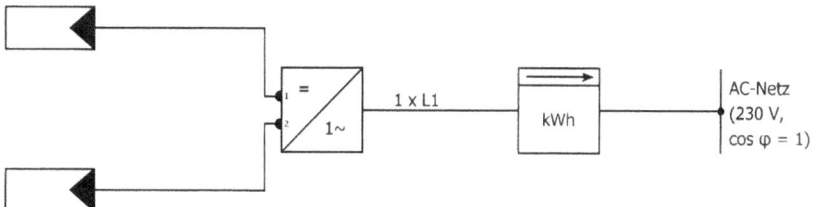

Abbildung 7.6: Schaltschema eines einfachen Balkonkraftwerks. Eingezeichnete Linien bestehen aus zwei Leitungen (+ und - bei den Modulen, Phase und Neutralleiter nach dem Wechselrichter, Stromzähler (kWh) und AC-Stromnetz). Erstellt mit Valentin Software PV_SOL 2023 R7

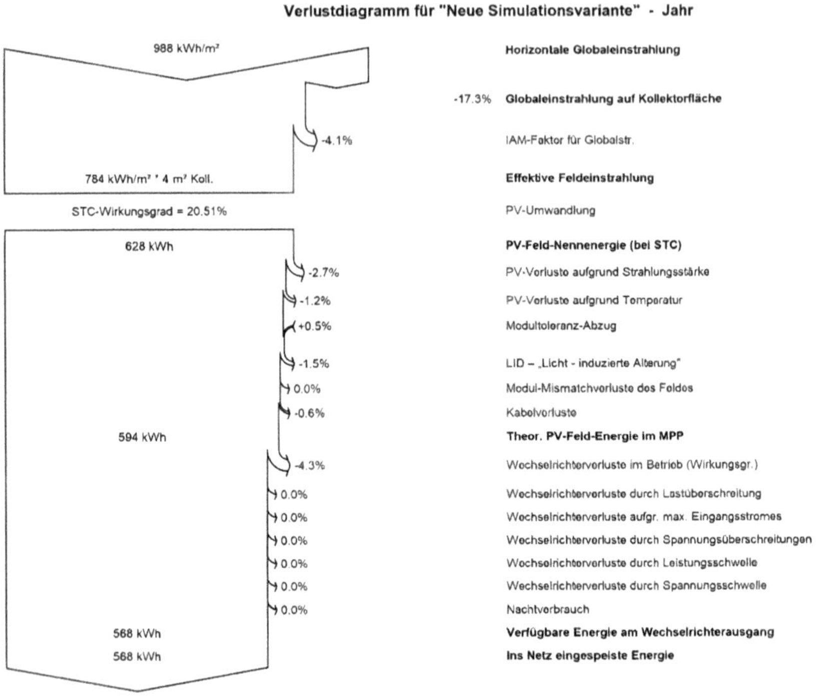

Verlustdiagramm für "Neue Simulationsvariante" - Jahr

Wert	Verlust	Beschreibung
988 kWh/m²		Horizontale Globaleinstrahlung
	-17.3%	Globaleinstrahlung auf Kollektorfläche
	-4.1%	IAM-Faktor für Globalstr.
784 kWh/m² * 4 m² Koll.		Effektive Feldeinstrahlung
STC-Wirkungsgrad = 20.51%		PV-Umwandlung
628 kWh		PV-Feld-Nennenergie (bei STC)
	-2.7%	PV-Verluste aufgrund Strahlungsstärke
	-1.2%	PV-Verluste aufgrund Temperatur
	+0.5%	Modultoleranz-Abzug
	-1.5%	LID – „Licht - induzierte Alterung"
	0.0%	Modul-Mismatchverluste des Feldes
	-0.6%	Kabelverluste
594 kWh		Theor. PV-Feld-Energie im MPP
	-4.3%	Wechselrichterverluste im Betrieb (Wirkungsgr.)
	0.0%	Wechselrichterverluste durch Lastüberschreitung
	0.0%	Wechselrichterverluste aufgr. max. Eingangsstromes
	0.0%	Wechselrichterverluste durch Spannungsüberschreitungen
	0.0%	Wechselrichterverluste durch Leistungsschwelle
	0.0%	Wechselrichterverluste durch Spannungsschwelle
	0.0%	Nachtverbrauch
568 kWh		Verfügbare Energie am Wechselrichterausgang
568 kWh		Ins Netz eingespeiste Energie

Abbildung 7.7: Umwandlung der solaren Einstrahlung auf ein 800-W_p-Balkonkraftwerk in Paderborn in elektrischen Strom, inklusive der Einspeisung in das Stromnetz mit relativen Verlusten, Darstellung der Werte über ein Jahr, simuliert mit PVsyst 7.4.

CO_2-Bilanz beziehungsweise CO_2-Einsparung für eine Projektlebensdauer von 25 Jahren. Standort Paderborn, CO_2-Intensität des Deutschen Stromnetzes:

Aufwand zur Herstellung des Systems: 1,9 t CO_2, »break even« nach ca. 7 Jahren. Eingesparte Emissionen am Ende der Projektlebensdauer: 4,37 t CO_2.

KAPITEL 7 Begriffe beim Kauf von Solarmodulen 89

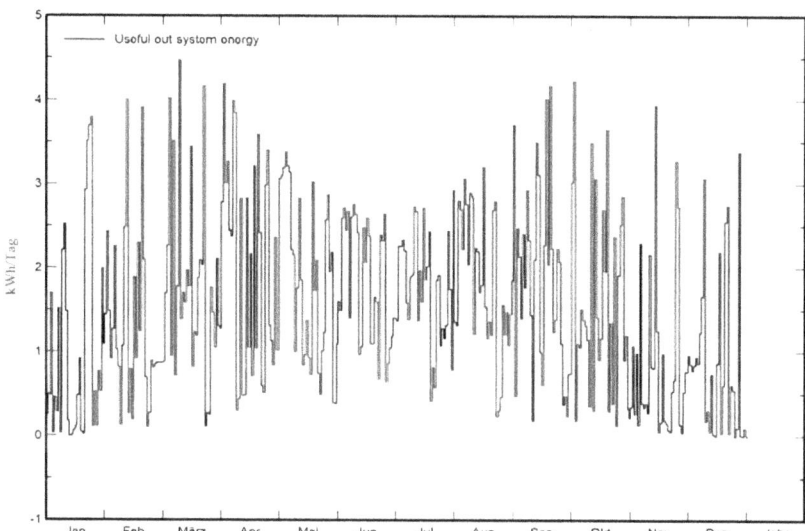

Abbildung 7.8: Stromertrag übers Jahr (Standort Paderborn, vertikale Montage von zwei 400 W_p Solarwatt Vision Black 4.0 mit Hoymiles 800 Wechselrichter), simuliert und dargestellt mit PVsyst 7.4

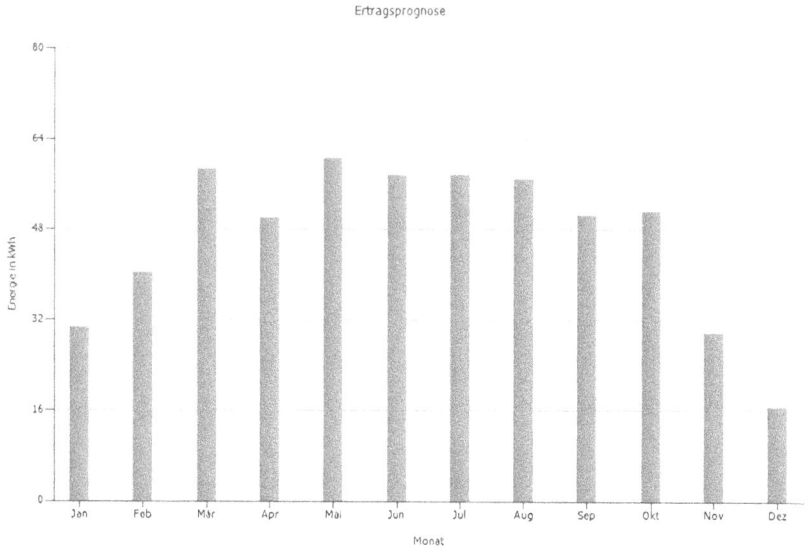

Abbildung 7.9: Monatliche PV-Stromerträge über ein Jahr (Standort Paderborn, vertikale Montage von zwei 400 W_p Solarwatt Vision Black 4.0 mit Hoymiles 800 Wechselrichter), simuliert mit T_SOL 2023, Jahreseinspeisung: 561 kWh

> **IN DIESEM KAPITEL**
>
> Warum ein Wechselrichter den Gleichstrom der PV-Module für das Stromnetz umwandeln muss
>
> Wie moderne Mikrowechselrichter funktionieren – von MPPT bis PWM
>
> Welche Sicherheitsnormen Wechselrichter erfüllen müssen
>
> Was der Wirkungsgrad eines Wechselrichters bedeutet und wie er gemessen wird
>
> Wie sich Erträge verschiedener Wechselrichter vergleichen lassen

Kapitel 8
Wechselrichter

Wozu braucht ein Balkonkraftwerk einen Wechselrichter? Haben Sie nicht gerade erfahren, dass in den Solarmodulen schon Strom erzeugt wird? Ja, das stimmt, aber dieser ist leider ungeeignet für den Haushalt. Der Strom aus den Solargeneratoren ist Gleichstrom, Sie könnten den direkt verwenden, um zum Beispiel Akkus/Batterien zu laden, oder Gleichstromverbraucher nutzen. Die allermeisten Balkonkraftwerke sind jedoch dafür vorgesehen, Strom aus dem Solargenerator in das Hausnetz einzuspeisen. Dazu muss der Gleichstrom aus den Solarmodulen in netzkonformen Wechselstrom (gleiche Spannung und gleiche Frequenz) umgewandelt und damit synchronisiert werden. Da sich der Strom mit der Einstrahlung und die Spannung mit der Temperatur ändert und wir stets die maximale Leistung des Solargenerators nutzen wollen, ist im Wechselrichter zudem ein sogenannter Maximum-Power-Point-Tracker (MPPT) notwendig.

Vom Gleichstrom des PV-Moduls zum netzkonformen Wechselstrom

Im Wechselrichter befindet sich der oben genannte MPPT in Form eines DC-DC-Wandlers, der eigentliche Wechselrichter (PWM-Brücke), eine Spannungsanpassung (durch Trafo oder modernen Hochfrequenzübertrager) sowie Schutzeinrichtungen (Isolationsüberwachung, Netzfreischaltung), Filter (für Netzkonformität und Funkentstörung) und Monitoring. Eine schematische Übersicht finden Sie in Abbildung 8.1.

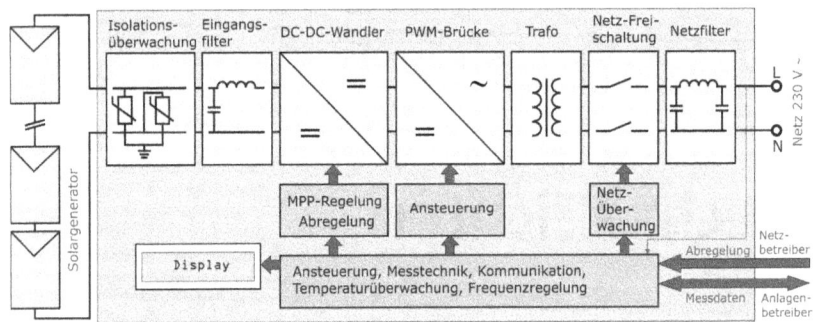

Abbildung 8.1: Schematische Übersicht aller Komponenten eines Wechselrichters (Copyright: Volker Quaschning)

Der eigentliche Wechselrichtungsvorgang, um aus Gleichstrom Wechselstrom zu erhalten

Im einfachsten Fall wird der Gleichstrom aus den Solarmodulen eine Zeit lang ein- und dann ausgeschaltet, danach wird nach zehn Millisekunden (zumindest im eurasischen und afrikanischen 50-Hz-Netz) die Polarität gewechselt – durch einen elektronischen Umschalter. Danach passiert dasselbe wieder (in umgekehrter Polarität): Der Strom wird wieder eine Zeit lang ein- und dann wieder ausgeschaltet. In der Abbildung stellen A, B, C, D entsprechende elektrische Schalter dar. Diese werden heute meist durch sogenannte MOSFET- oder IGBT-Halbleiterbauelemente realisiert.

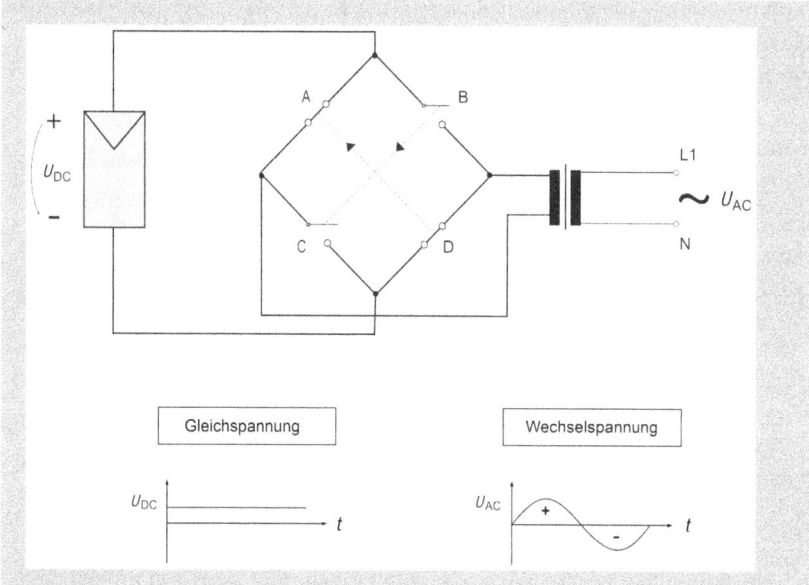

Kern eines Wechselrichters zur Ein-, Aus- und Umschaltung des Gleichstroms (Copyright: Ralf Haselhuhn)

Das Resultat ist eine Rechteckspannung, die aber noch stark geglättet werden muss, damit sie der Sinusform ähnelt, wie sie im Netz vorhanden ist. Wenn die Spannung nicht nur zwischen positiv und negativ wechselt, sondern einen Moment bei 0 Volt verweilt, spricht man von einer »Trapezwechselspannung« beziehungsweise von einem »Trapezwechselrichter«, obwohl eigentlich nur ein gewisser Abstand zwischen Rechtecken besteht (siehe Abbildung 8.2).

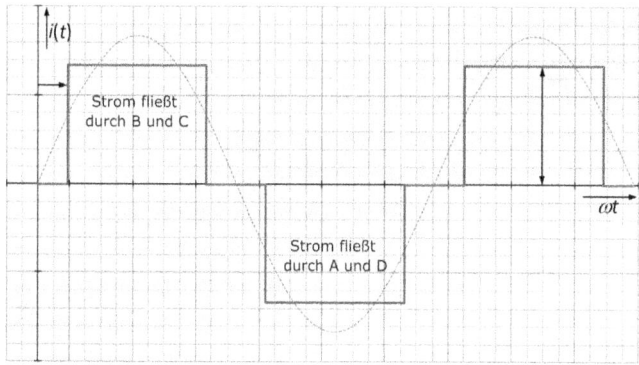

Abbildung 8.2: Erzeugung einer Trapezwechselspannung durch gezielte Ein- und Ausschaltung der Schalter 1 bis 4 zur groben Annäherung der Ausgangsspannung an die ideale Sinusform (gestrichelt) (Copyright: Volker Quaschning, modifiziert)

Die Vorschriften zur Oberwellenbegrenzung beziehungsweise dem maximalen Klirrfaktor beschreiben den notwendigen Grad der Ähnlichkeit der erzeugten Wechselspannung an die perfekte Sinusform – erst dann darf eingespeist werden.

»Oberschwingung« und »Klirrfaktor«

Wenn die Schwingung nicht perfekt der Grundschwingung entspricht (zum Beispiel einer 50-Hz-Wechselstromschwingung), sondern verzerrt ist, werden weitere Schwingungen mit einer höheren Frequenz erzeugt: Diese können die Funktion von anderen Geräten stören. Sie kennen diese Oberschwingungen auch im akustischen Bereich, zum Beispiel aus der Musik, hier sorgen die Oberschwingungen für die Klangfarbe: Je mehr Oberschwingungen, desto greller (»metallischer«) klingt der Ton. Wenn es sehr viele Oberschwingungen gibt, dann hört sich das wie ein »Klirren« an, daher auch der Name »Klirrfaktor«.

Zudem muss die erzeugte Wechselspannung natürlich synchron zur Wechselspannung des Stromnetzes laufen. Statt der aufwendigen Glättung wird heutzutage die sogenannten »Pulsweitenmodulation« (PWM: Pulse-Width-Modulation) eingesetzt: Dabei wird statt nur eines Ein-Ausschalt-Vorgangs während einer positiven oder negativen »Halbwelle« mehrmals ein- und ausgeschaltet (siehe Abbildung 8.3). Dabei wird die Dauer des Einschaltvorganges (auch als »dutycycle« bezeichnet) so angepasst, dass die geglättete Ausgangsapannung der idealen Sinusform schon relativ nahekommt. Dadurch muss am Ende nur noch leicht geglättet werden (Sperrfilter für die höhere PWM-Frequenz sind unaufwendiger), um die Einspeisevorschriften einzuhalten.

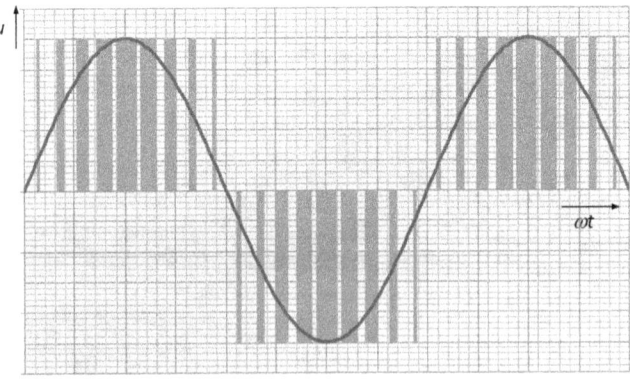

Abbildung 8.3: PWM-Verfahren mit zahlreichen Ein- und Ausschaltvorgängen zur besseren Annäherung der Ausgangsspannung an die ideale Sinusform (Bild: Volker Quaschning)

Sicherheits- und Netzanforderungen an den Wechselrichter sowie Schutzeinrichtungen

Es ist Vorschrift, dass sich der Wechselrichter schnell abschaltet, sobald dieser vom Netz getrennt wird. Dies ist in einer vom VDE (Verband der Elektrotechnik Elektronik Informationstechnik e.V.) herausgegebenen Norm festgehalten (Norm VDE-AR-N 4105). Die dort vorgeschriebene Maßnahme der schnellen Abschaltung bei Netztrennung wird auch als »Anti-Islanding« bezeichnet. Diese Maßnahme verhindert, dass der Wechselrichter selbstständig ein ungeschütztes Inselnetz aufbaut, wenn der Netzstecker gezogen wird oder die Netzsicherung ausgeschaltet wird. Sonst könnte bei Elektroarbeiten in der Wohnung oder im Haus der Handwerker einen elektrischen Schlag bekommen, obwohl er vorher die Sicherung herausgenommen hat. Diese Vorschrift gibt zudem vor, dass eine rein elektronische Abschaltung nicht ausreicht. Die Trennung muss durch ein elektromechanisches Relais (oder »Schütz«) bewerkstelligt werden, sodass eine »galvanische Trennung« sichergestellt ist. Zur Abschaltung hat ein Wechselrichter 100 Millisekunden Zeit. Trotz der Abschaltung können aber Kondensatoren im Wechselrichter noch eine gefährliche Spannung von über 34 V eine Zeit lang halten. Deshalb gibt die Produktnorm für Steckersolargeräte VDE 0126-95 vor, dass diese innerhalb einer Sekunde entladen sein müssen.

PV-Wechselrichter müssen die Sicherheitsnormen DIN EN 62109 – Teil 1 und Teil 2 (VDE 0126-14-1 +2) erfüllen. Wenn sie am PV-Modul befestigt sind, müssen sie auch die DIN EN IEC 62109-3 (VDE 0126-14-3) einhalten. Zudem ist bei der Anbringung des Wechselrichters im Außenbereich die Umweltkategorie »im Freien« nach DIN EN 62109-1 nachzuweisen. Dementsprechend müssen sie die Schutzklasse IP 65 (staub- und wasserdicht) einhalten. Die meisten Mikrowechselrichter besitzen einen Hochfrequenztransformator und sind damit galvanisch getrennt. Somit wird DC-seitig die Schutzklasse II erfüllt. Die PV-Module müssen nicht geerdet werden. Beim Wechselrichter wird AC-seitig der grün/gelbe Potenzialausgleich angeschlossen. Trafolose Wechselrichter müssen nach der DIN 62109-2 eine allstromsensitive Fehlerstromschutzeinrichtung RCD beziehungsweise RCMU 30 mA aufweisen. Steckersolargeräte mit diesen Wechselrichtern können somit bei Stromkreisen ohne FI-Schalter die Sicherheit erhöhen. Der integrierte allstromsensitive FI-Schutzschalter schaltet bei einem Fehlerstrom das Steckersolargerät ab. Somit wird der Anlagenbetreiber dadurch informiert, dass der Isolationswiderstand im Stromkreis nicht ausreichend ist. Dieser sollte dann einen Elektriker zur Fehlersuche in der Elektroinstallation beauftragen. Bisher sind allerdings trafolose Wechselrichter eher bei größeren Wechselrichtern üblich.

Es werden auch Steckersolargeräte mit einem zusätzlichen FI-Schalter am Stecker angeboten. Bei Haushaltstromkreisen ohne FI-Schutzschalter erhält somit der Anlagenbetreiber durch das Auslösen des FI-Schutzschalters des Steckersolargeräts einen Hinweis, dass im Stromkreis ein Fehlerstrom fließt. Dann sollte ein Elektriker zur Überprüfung beauftragt werden. Wichtig dabei ist, dass der Wechselrichter die eventuell vorhandene Fehlerstrom-Schutzeinrichtung (RCD) vom Typ A (meist FI-Schalter genannt) nicht negativ beeinflusst. Dies hat der Hersteller des Wechselrichters nachzuweisen.

Die Mikrowechselrichter haben darüber hinaus auch weitere Netzanforderungen der Anwendungsregel VDE-AR-N 4105 »Erzeugungsanlagen am Niederspannungsnetz« zu erfüllen. Es gelten hier etwa die auch für größere Wechselrichter üblichen Anforderungen der sinusförmigen Spannungsqualität, der Einhaltung der zulässigen Oberschwingungen und Klirrfaktoren (wurde oben erklärt) etc. Letztere Werte beschreiben die Qualität des eingespeisten Stroms des Wechselrichters. Allerdings gelten nach der Produktnorm Steckersolargeräte VDE 0126-95 beziehungsweise der zukünftigen VDE 4105 auch einige Ausnahmen. So kann etwa die statische (feste) Spannungshaltung beziehungsweise eine Blindleistungsbereitstellung mit einem festen cos φ = 1 (das heißt ohne Phasenverschiebung zwischen Strom und Spannung) erfolgen. Die Leistungsreduktion bei einem Überschreiten der Netzfrequenz von 50,2 Hz ist fest auf fünf Prozent einzustellen. Zudem ist die geforderte Ablesbarkeit und Speicherung der letzten fünf Fehlermeldungen am NA-Schutz (Netz- und Anlagenschutz) nicht erforderlich. Diese vereinfachten Anforderungen gelten für Wechselrichter bis 800 VA (= 800 W Wechselstromleistung, da cos φ = 1 ist und somit keine Blindleistung vorhanden ist).

Blindleistungsbereitstellung

Bei einer idealen Wechselspannung ist die Sinusschwingung der Spannung und des Stroms zeitlich gleich und schwingt im 50-Hz-Takt. Also ist der Phasenunterschied zwischen Strom und Spannung und damit die Blindleistung gleich null (cos φ = 1). Das reale Stromnetz verschiebt den Zeitpunkt durch Kabel oder bestimmte Verbraucher zum Beispiel Leuchtstoffröhren, Kondensatoren kapazitiv (der Strom eilt der Spannung voraus) oder durch

Freileitungen bestimmte Verbraucher wie elektrische Motoren, Trafos, Spulen induktiv (die Spannung kommt dabei vor dem Strom). Diese Verschiebungen müssen von größeren Wechselrichtern ausgeglichen werden.

Der Wechselrichter muss zudem bezüglich der elektromagnetischen Verträglichkeit (EMV) die Anforderungen der Normenreihe DIN EN 50081 einhalten. Er darf somit nur begrenzte elektromagnetische Frequenzen in die Umgebung abgeben. Damit wird ausgeschlossen, dass Radio- und Fernsehgeräte, Funkgeräte oder andere drahtlose Kommunikationsgeräte gestört werden. Zudem könnte eine hohe elektromagnetische Abstrahlung die Gesundheit beeinträchtigen.

Wirkungsgrade und deren Messungen

Der sogenannte Wirkungsgrad ist das Verhältnis von abgegebener Leistung zur aufgenommenen Leistung. Beim Wechselrichter gibt er also an, wie viel von der Solarenergie beim Umwandlungsprozess erhalten bleibt. Gekennzeichnet wird er durch den griechischen Buchstaben »eta« η. Damit ergibt sich als Formel:

$$\eta = P_{Ausgang} / P_{Eingang}$$

Im Falle der Solarmodule war das die abgegebene elektrische Leistung $P_{Ausgang}$ im Verhältnis zur aufgenommenen Einstrahlung des Solarmoduls $P_{Eingang}$.

Bei den Wechselrichtern handelt es sich beide Male um elektrische Größen, und zwar die in das Stromnetz eingespeiste effektive Wechselstromleistung (AC) im Verhältnis zur aufgenommenen elektrischen Gleichstromleistung (DC), zum Beispiel aus dem Solarmodul. Um den Wirkungsgrad messen zu können, braucht man zwei Leistungsmesser: Einen am Ausgang und den anderen am Eingang des zu überprüfenden Geräts. Der Wirkungsgrad ist meistens in den Datenblättern angegeben, jedoch oft nur bei einem besonders günstigen Betriebspunkt, dem Nennbetrieb.

Um sich ein besseres Bild über das Verhalten über den gesamten Betriebsbereich zu machen, werden mehrere Messungen bei verschiedenen Betriebspunkten gemacht und diese – entsprechend dem statistischen Auftreten – unterschiedlich gewichtet, um dann einen gewichteten »Mittelwert« zu erhalten. Ein Beispiel dafür ist der sogenannte »europäische Wirkungsgrad« η_{Euro}, der eine Einstrahlungsstatistik in Mitteleuropa abbildet: Wie oft kommt überhaupt eine hohe solare Einstrahlung vor? Dieser Wirkungsgrad wird wie folgt gebildet:

$$\eta_{Euro} = 0{,}03 \cdot \eta_{5\%} + 0{,}06 \cdot \eta_{10\%} + 0{,}13 \cdot \eta_{20\%} + 0{,}1 \cdot \eta_{30\%} + 0{,}48 \cdot \eta_{50\%} + 0{,}2 \cdot \eta_{100\%}$$

Dabei bedeuten $\eta_{5\%}$ den Wirkungsgrad bei fünf Prozent der Nennleistung, $\eta_{10\%}$ bei zehn Prozent der Nennleistung bis zu $\eta_{100\%}$ bei Nennleistung. Der Faktor 0,03 bedeutet, dass der Wirkungsgrad bei fünf Prozent mit einer Wichtung von drei Prozent in die Berechnung eingeht. Für die anderen Faktoren gilt dies entsprechend.

Bei manchen US-amerikanischen Wechselrichtern finden Sie als Angabe in den Datenblättern die sogenannte »CEC Efficiency«, die den Wirkungsgrad entsprechend der California Energy Commission (CEC) darstellt. Dieser CEC-Wirkungsgrad η_{CEC} wird wie folgt berechnet:

$$\eta_{CEC} = 0{,}04 \cdot \eta_{10\%} + 0{,}05 \cdot \eta_{20\%} + 0{,}12 \cdot \eta_{30\%} + 0{,}21 \cdot \eta_{50\%} + 0{,}53 \cdot \eta_{75\%} + 0{,}05 \cdot \eta_{100\%}$$

Sie sehen, dass die Gewichtung schwerpunktmäßig stärker bei höheren relativen Leistungswerten liegt, was den höheren Einstrahlungswerten in Kalifornien geschuldet ist.

An der Universität Paderborn werden seit 2013 regelmäßig Messungen von Wirkungsgraden von am Markt befindlichen Wechselrichtern durchgeführt. Abbildung 8.4 und Abbildung 8.5 zeigen die Wirkungsgrade verschiedener Wechselrichter über die relative Leistung (100 Prozent entsprechen der Nennleistung).

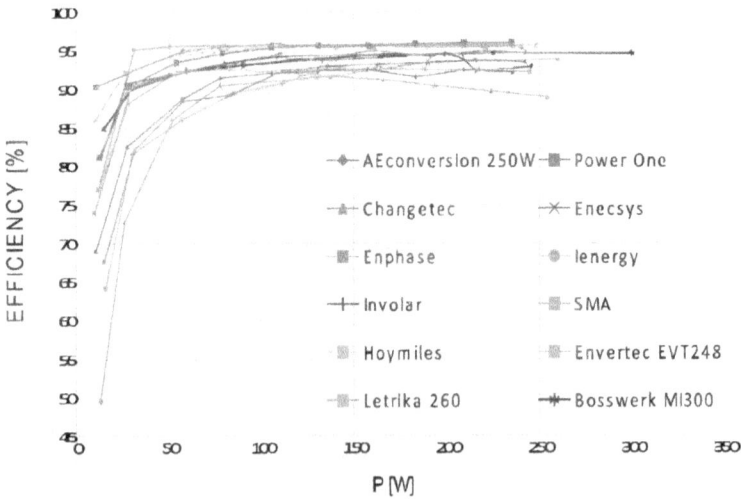

Abbildung 8.4: Gemessene Wirkungsgrade von zwölf Wechselrichtern (für jeweils ein Solarmodul) als Funktion ihrer Ausgangsleistung (Copyright: Stefan Krauter)

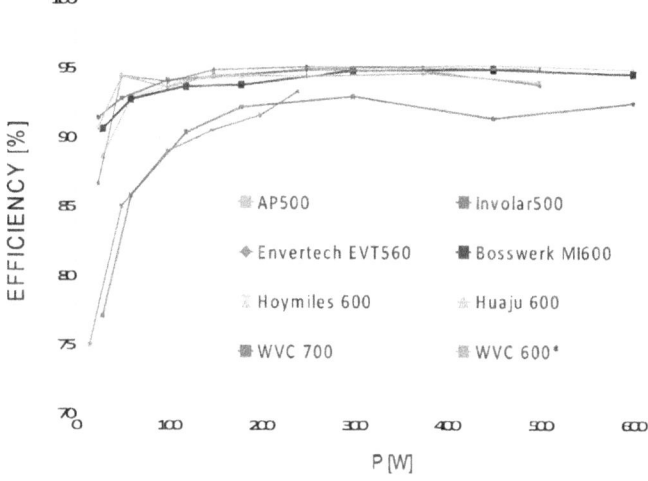

Abbildung 8.5: Gemessene Wirkungsgrade von acht Wechselrichtern (für jeweils zwei Solarmodule) als Funktion ihrer Ausgangsleistung (Copyright: Stefan Krauter)

Mit diesen Messwerten können Sie nun den η_{Euro} berechnen, in Tabelle 8.1 werden die Ergebnisse dargestellt, dabei ergab sich die Reihenfolge der Einträge nach erzieltem η_{Euro}. Auf der Website des Fachgebietes für Elektrische Energietechnik – Nachhaltige Energiekonzepte[1] werden die aktualisierten Messungen und Reihenfolgen in jährlichen Publikationen, zum Beispiel den Konferenzbänden der Europäischen Photovoltaikkonferenz (EU PVSEC) oder der IEEE-Photovoltaic Specialists Conference, dargestellt.

Die Rangfolge unter Berücksichtigung der europäischen Umwandlungseffizienz η_{Euro} ist in Tabelle 8.1 dargestellt.

Rang	Hersteller, Typ	η_{Euro}	rel. zu Rang 1
1	SMA Sunnyboy 240	95,4 %	100,0 %
2	Enphase M 215	95,2 %	99,8 %
3	Hoymiles MI 500	95,0 %	99,5 %
3	Technaxx TX-204 (2024)	95,0 %	99,5 %
5	Hoymiles MI 600	94,7 %	99,3 %

---

[1] https://ei.uni-paderborn.de/eet/

Rang	Hersteller, Typ	η_{Euro}	rel. zu Rang 1
6	Envertech EVT-560	94,6 %	99,2 %
6	Deye SUN-M80G4-EU-230	94,6 %	99,2 %
6	PowerOne/ABB Micro-0.25-i	94,6 %	99,2 %
9	Solarnative 350	94,5 %	99,0 %
9	Deye Sun 600 G3	94,5 %	99,0 %
9	Huaju HY 600	94,5 %	99,0 %
10	Involar MAC 500	94,3 %	98,8 %
10	Bosswerk Mi 600	94,3 %	98,8 %
10	Sako Sky800 M1-EU-230	94,3 %	98,8 %
13	Technaxx TX-204 (2023)	94,2 %	98,7 %
14	APSystems YC 500	94,1 %	98,6 %
14	Hatch Solar HSEU 800D	94,1 %	98,6 %
16	Anker Solix MI 60	93,6 %	98,1 %
16	TSUN TSOL MS 600	93,6 %	98,1 %
18	Bosswerk Mi 300	93,5 %	98,0 %
19	Envertech EVT-248	93,2 %	97,7 %
20	APSystems DS3-S	93,0 %	97,5 %
21	Ecoflow Powerstream 600	92,7 %	97,2 %
21	Involar MAC 250	92,7 %	97,2 %
23	Hoymiles HM 700	92,5 %	97,0 %
23	NEP BDM 600	92,5 %	97,0 %
25	Tsun TSOL-MS600	92,4 %	96,9 %
26	Growatt neo 800 m x	92,3 %	96,8 %
27	WVC 700 (bei 600 W)	91,6 %	96,0 %
27	Tezepower GT800tl	91,6 %	96,0 %
29	Changetech ELV 300-25	90,9 %	95,3 %
30	AEconversion INV 250-45	90,4 %	94,7 %
30	Enecsys SMI-S-240W	90,4 %	94,7 %
32	Ienergy GT 260	89,9 %	94,3 %
33	Parkside PBKW-300-A1	88,9 %	93,2 %
34	Letrika 260	88,7 %	93,0 %
35	Growatt Mic 600 tl x	87,0 %	91,3 %
36	WVC 700 (bei 700 W)	73,3 %	76,8 %
37	WVC 600 (ausgefallen)	0,0 %	0,0 %

Tabelle 8.1: Rangfolge aller getesteten Mikrowechselrichter entsprechend η_{Euro}

Bemerkung: Wenn mehrere Wechselrichter denselben Wirkungsgrad haben, so erhalten sie dieselbe Platzierung. Der Platzierung der darauf folgenden Wechselrichter verschiebt sich entsprechend der Anzahl nach unten.

Beispiel zur Nutzung der Tabelle: Sie sehen, dass zum Beispiel der Hoymiles 700 (97 Prozent relativ zu Rang 1) drei Prozent weniger Ertrag bringt als der bestmögliche Wechselrichter. In absoluten Werten wäre das bei einem Energieertrag von 700 kWh ein Verlust von 21 kWh. Bei einem Strompreis von 40 Cent/kWh sind das 8,40 Euro im Jahr. Bei einer Lebensdauer von 20 Jahren ergibt sich eine Differenz von 168 Euro.

Der WVC 600 schaltete bereits bei einer Leistung von 250 W ab. Nach einem Test bei höheren Temperaturen fiel der Wechselrichter dauerhaft aus. Da die Dokumentation der Wechselrichter WVC 600 und WVC 700 äußerst dürftig ist, wurde ihre Nennleistung entsprechend ihrer Bezeichnung angenommen. Aus diesem Grund wird der WVC 700 zunächst mit der angenommenen Nennleistung von 600 W und dann mit 700 W dargestellt. Die maximal gemessene Leistung des WVC-700-Wechselrichters betrug aber nur 600 W.

Es ist hilfreich, eine kurze Kosten-Nutzen-Betrachtung anzustellen: Eine Wirkungsgradsteigerung von einem Prozent bedeutet eine Ertragssteigerung von einem Prozent für ein Balkonkraftwerk im Wert von beispielsweise 500 Euro einen Geldwert von fünf Euro. Es ist daher, zumindest rational gesehen, nicht sinnvoll, für letzte Quäntchen an Wirkungsgrad sehr viel Geld zu investieren – außer natürlich, Sie hätten dabei »sportliche« Ambitionen, die selbstverständlich keinem versagt sein sollten.

Abschätzung des Stromertrags

Mit dieser Methode kann für eine Kombination von Mikrowechselrichter mit PV-Modulen der Ertrag abgeschätzt werden. Mit einer einfachen linearen Gleichung kann der mittlere tägliche Ertrag eines beliebigen Mikrowechselrichters in Kombination mit einem beliebigen PV-Modul (oder auch mit zwei Modulen) – auch mit unter- oder überdimensionierten Modulen – bestimmt werden. Da die Preise für PV-Module schneller sinken als die Preise für Mikrowechselrichter, werden wir in Zukunft immer häufiger Balkonkraftwerke mit Modulen mit höheren Leistungen als der Mikrowechselrichter sehen. Dies unterstreicht die Notwendigkeit einer Methode zur Extrapolation beziehungsweise Abschätzung des Energieertrags.

Um die Ertragsabschätzung für eine beliebige Kombination aus Mikro-Wechselrichter und PV-Modulen zu ermöglichen, wurde eine lineare Gleichung auf eine gut untersuchte Referenzcharakteristik eines guten Wechselrichters, der sowohl keine Probleme im Teillastbetrieb wie beim Finden des MPP und in der Sättigung hatte, angewandt. Als Referenzwechselrichter wurde der Enphase M 215 gewählt, der in unserer CEC-Effizienzrangliste den ersten Platz belegt hat.

Trägt man eine Funktion des tatsächlichen Ertrags (y) über dem Referenzertrag (x) auf, so ergibt sich y = a x + b mit den einfachen Koeffizienten a = 1 und b = 0 für die Referenzkonfiguration (Enphase M 215 mit einem 215-W_p-Modul von Q-Cells). Abbildung 8.6 zeigt die ursprüngliche Konfiguration mit den Wechselrichtern für Einzelmodule und den angeschlossenen 215-W_p-Modulen.

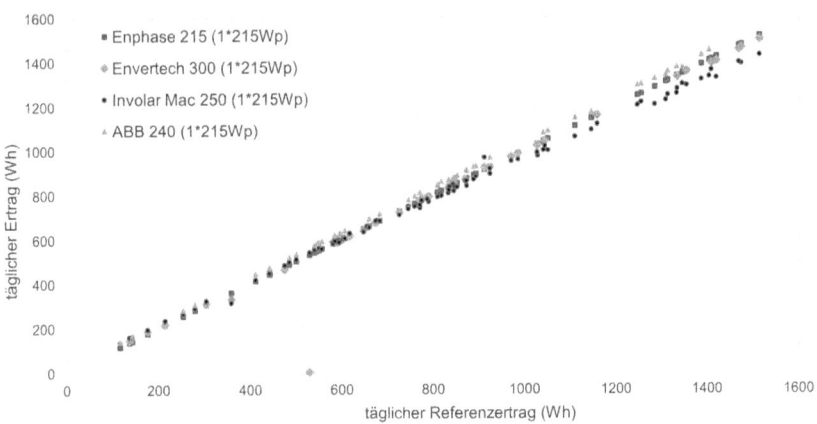

Abbildung 8.6: Elektrische Energieerträge verschiedener Wechselrichter für Einzelmodule mit einem angeschlossenen 215-W_p-Modul. Der tägliche Referenzertrag (x-Achse) ist der elektrische Energieertrag (AC), der von einem Enphase-M-215-Wechselrichter mit einem einzelnen 215-W_p-Modul erzielt wird.

Die Koeffizienten der verschiedenen Wechselrichter für die relative Ertragsgleichung y = a x + b sind in Tabelle 8.2 aufgeführt: Es ist beispielsweise zu beobachten, dass der Involar MAC 250 bei niedrigen Tageserträgen etwas besser abschneidet als das Referenzsystem, sodass dann b über 0 liegt. Bei hohen Erträgen nimmt seine Leistung (im Vergleich zur Referenz) jedoch ab, sodass a deshalb unter 1 liegt. Beim Envertech EVT 300 verhält es sich umgekehrt: An Tagen mit niedrigen Erträgen ist er schlechter als die Referenz, sodass b negativ ist. Die relative Performance steigt mit zunehmenden Referenzerträgen, was zu einem a > 1 führt.

Abbildung 8.7 zeigt die Eigenschaften verschiedener Mikrowechselrichter, die zwei Module versorgen können (mit zwei 215-W_p-Modulen, zwei 360-W_p- oder zwei 405-W_p-Modulen). Tabelle 8.3 zeigt die entsprechenden Koeffizienten a (für »Steilheit«) und b (für »Offset«) der relativen Tagesertragskurve.

Hersteller	Modell (Anzahl Module × Nennleistung)	a	b (in Wh)
APSystems	DS-L (1 × 360 W_p)	1,66	−17
Bosswerk	Mi 300 (1 × 215 W_p)	0,97	+4
Enphase	M 215 (1 × 215 W_p)	1.00	±0
Envertech	EVT 300 (1 × 215 W_p)	1,02	−33
Involar	MAC 500 (1 × 215 W_p)	0,92	+43
Lidl Parkside	PBKW-300-A1 (1 × 160 W_p)	0,67	−41
Power One /Aurora/ABB	Micro-0.25-i (1 × 215 W_p)	1,01	+25

Tabelle 8.2: Koeffizienten für den relativen Tagesertrag y = a x + b (bezogen auf Enphase M 215 mit einem 215-W_p-Modul), der Ertrag wird in mittlerer täglich eingespeister Wechselstromenergie (AC) angegeben, die Reihenfolge ist alphabetisch.

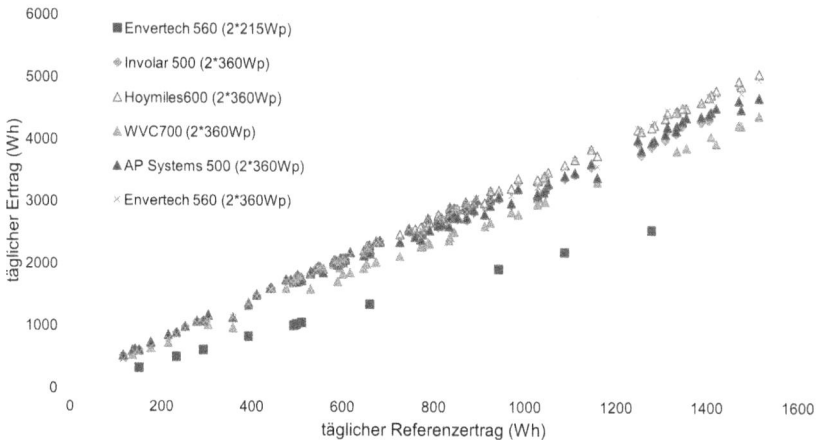

Abbildung 8.7: Tägliche Energieerträge (AC) verschiedener Wechselrichter für zwei Module mit zwei angeschlossenen 215-W_p- oder 360-W_p-Modulen. Der Referenzertrag (x-Achse) ist der Ertrag, der von einem Enphase M 215 mit einem einzelnen 215-W_p-Modul erzielt wird.

Hersteller	Modell (Anzahl × Modulnennleistung)	a	b (Wh)
APSystems	DS-M (2 × 405 W_p)	3,90	+112
APSystems	DS-S (2 × 360 W_p)	3,20	+63
APSystems	YC 500 (2 × 360 W_p)	2,95	+255
Bosswerk	Mi 600 (2 × 360 W_p)	3,12	+112
Deye	Sun 600 G3 (2 × 215 W_p)	1,88	+62
Deye	Sun 600 G3 (2 × 360 W_p)	3,12	+92
Deye	Sun 800 G4 (2 × 405 W_p)	3,68	+90
Envertech	EVT 560 (2 × 215 W_p)	1,98	+37
Envertech	EVT 560 (2 × 360 W_p)	3,23	+110
Hoymiles	MI 600 (2 × 360 W_p)	3,19	+168
Hoymiles	MI 700 (2 × 360 W_p)	3,25	+133
Huaju	HY 600 (2 × 360 W_p)	3,14	+154
Involar	MAC 500 (2 × 360 W_p)	2,89	+181
NEP	BDM 600 (2 × 360 W_p)	2,70	+276
Technaxx	TX 204 (2 × 360 W_p)	3,16	+190
WVC	WVC 700 (2 × 360 W_p)	2,75	+172

Tabelle 8.3: Koeffizienten für den relativen mittleren Tagesertrag $y = a\,x + b$ für Mikrowechselrichter, die zwei Module mit 215 W_p, 360 W_p, oder 405 W_p versorgen können (Daten bezogen auf Enphase M 215 mit einem 215-W_p-Modul). Der Ertrag wird in Wechselstromertrag angegeben.

Teil III
Installation

IN DIESEM TEIL ...

✔ Kurzanleitung – die Abkürzung fürs schnelle Erfolgserlebnis

✔ Angst vor Überlastung? Unnötig!

✔ Welche Modulleistung kann mein Wechselrichter aufnehmen? Und sollte er?

✔ Bei Wind und Wetter – auf die Befestigung kommt es an

> **IN DIESEM KAPITEL**
>
> Wie Sie Ihr Balkonkraftwerk sicher auspacken, montieren und anschließen
>
> Welche typischen Stolperfallen bei Montage und Verkabelung zu vermeiden sind
>
> Warum auch bei Steckverbindungen Genauigkeit zählt
>
> Welche Anschlussarten zulässig und normgerecht sind

Kapitel 9

Kurzanleitung

Jetzt geht's ans Eingemachte! Wo wir bisher recht theoretisch über das Balkonkraftwerk geschrieben haben, dreht sich ab jetzt alles um die Umsetzung Ihres Balkonsolar-Projekts. Wir stellen dabei diese kleine Kurzanleitung vorne an, damit die Schnellentschlossenen gleich zum Ergebnis kommen. Wir erklären dabei in aller Kürze, wie Sie ein Balkonkraftwerk schnell und sicher installieren. Dabei geht es um die elektrische Installation. Wenn Sie mehr Details zu einzelnen Fragestellungen dieser Kurzanleitung möchten, dann finden Sie viele davon in den späteren Kapiteln dieses Teils.

Auspacken

Der erste Schritt zur Installation eines Balkonkraftwerks ist das richtige Auspacken. Und ja, Sie können ein Balkonkraftwerk falsch auspacken. Falsch wäre zum Beispiel, den Karton mit den Solarmodulen mit spitzem Werkzeug zu öffnen. Nicht alle Anbieter sichern die Module im Karton so, wie man es sich wünschen würde. Gehen Sie beim Auspacken unvorsichtig mit der Schere oder einem Teppichmesser um, kann das zu Kratzern in der Moduloberfläche oder Schnitten in der Rückseitenfolie oder sogar zu Schäden an den Modulkabeln führen. Hier ist also Vorsicht geboten. Zudem sollten die Module liegend ausgepackt werden. Auch Wechselrichter und weiteres Zubehör können von scharfen Klingen beschädigt werden.

Wichtig: Beim Auspacken bitte immer darauf achten, ob gegebenenfalls bereits äußerliche Transportschäden zu sehen sind – insbesondere an den Modulen! Nicht alle Speditionen gehen mit ausreichender Sorgfalt an ihre Aufgabe heran und im Nachhinein ist es schwieriger, ihnen die Verursachung nachzuweisen. Machen Sie gegebenenfalls Fotos von Beschädigungen der Verpackung.

Lesen & Checken

Nach dem Auspacken sollte die Stückliste des Sets überprüft werden: Wurden alle und die richtigen Komponenten mitgeliefert? Wichtig: Die Gebrauchsanleitung sorgfältig lesen und auf der Webseite des Herstellers nach eventuellen Software-(Firmware-)Updates für den Wechselrichter suchen.

»Firmware-Update«

Heutzutage werden nahezu alle Mikrowechselrichter über einen kleinen, eingebauten Computer gesteuert. Das Steuerprogramm wird auch als »Firmware« bezeichnet, weil es eigentlich fest eingebaut ist. Nur durch einen relativ aufwendigen Prozess, dem »Firmware-Update«, kann das originale Programm überschrieben werden. Dieser Prozess darf keinesfalls unterbrochen werden, da dies zu einem Totalschaden des Mikrowechselrichters führen kann.

Teilweise gibt es zusätzliche Sicherheitsfeatures wie ein zusätzliches Relais, das an den Wechselrichter angesteckt wird: Wenn das Balkonkraftwerk sehr lange beim Händler lagerte, kann es sein, dass dieses nicht mitgeliefert wurde (sehr selten). Sehr oft gibt es Apps zur Bedienung und Datenerfassung des Balkonkraftwerks.

Montieren

Bei der Montage von Balkonkraftwerken mit Glasmodulen sollten Sie darauf achten, dass das Solarmodul als schwerste Komponente immer am sorgfältigsten befestigt wird.

Bei der Montage am Balkon ist dies von zentraler Bedeutung. Zur Vermeidung von Sicherheitsrisiken sollten Sie besonders in höheren Etagen auf eine Aufständerung von Modulen an der Brüstung verzichten. Durch Wind könnten andernfalls Schwingungen entstehen, die Modul, Montagesystem und/oder Brüstung überlasten können.

Bei leichten Kunststoffmodulen kommen häufig Kabelbinder oder Klettbänder zum Einsatz. Diese müssen Sie an allen dafür vorgesehenen Ösen befestigen. Andernfalls kann die Windlast hier ebenfalls zu Schäden an den Modulen oder gar zum Absturz führen.

Bei Aufständerungen für Flachdächer, Terrassen oder Gärten sollten Sie stets auf ausreichende Fixierung/Ballastierung achten, abhängig vom Montageort (Windzone, Aufstellungshöhe etc.).

Wichtig: Die mechanische Montage der Komponenten sollte immer genau nach Anweisung erfolgen. Diese liegt oft bei oder kann über die Webseite des Anbieters bezogen werden. Ist das nicht der Fall beziehungsweise beinhaltet die Anweisung keine ausreichenden Angaben, sollten Sie den Anbieter kontaktieren. Der Grund: Fallen Teile herab und verursachen diese Schäden, haftet sonst der Nutzer.

Zusammenstecken

Die elektrischen Verbindungen zwischen Modulen und Wechselrichter und zwischen Wechselrichter und Anschlusspunkt können unterschiedlich ausgeführt sein. Im Normalfall bestehen sie aber aus verwechslungssicheren Gegenstücken, sodass sie auch durch Laien problemlos zusammengesteckt werden können.

Zunächst sollten die Module mit dem Wechselrichter verbunden werden. Der Wechselrichter kann direkt am PV-Modul montiert oder sogar im Rahmen integriert sein. Er weist meist ein oder zwei Anschluss-Steckerpaare auf, die ihre jeweiligen Gegenstücke an den Solarkabeln am Solarmodul haben. Meist handelt es sich um sogenannte MC4- oder ähnliche Steckertypen. Erst wenn diese mit einem hörbaren Klicken verbunden sind, ist die Verbindung richtig hergestellt. Vereinzelt gibt es Modelle, die andere Stecker verwenden. Auch dort ist die Verbindung aber für gewöhnlich sehr einfach. Noch seltener werden Y-Verbinder verwendet, mit denen PV-Module parallelgeschaltet werden. Hier müssen Sie exakt auf die Angaben in der Installationsanleitung achten, damit es nicht zur Überlastung des Wechselrichters kommt.

Während das Zusammenstecken von MC-4-Steckverbindungen relativ einfach, ist das Lösen dieser Verbindung ungleich schwieriger: Hier müssen beim Lösen die beiden Kunststoffnasen an der Seite gleichzeitig eingedrückt werden. Es gibt aber dafür spezielle »Zangen« (sehen eher aus wie Schablonen), wodurch die Trennung wesentlich vereinfacht wird.

Je nach Länge der Solarkabel und deren Entfernung zum Wechselrichter kann ein Set von Verlängerungskabeln notwendig werden. Dies ist insbesondere der Fall, wenn es an der Außenseite des Gebäudes, etwa auf dem Balkon, keine Anschlussmöglichkeit gibt. Wenn in diesem Fall kein Loch durch die Wand, den Fensterrahmen oder die Balkontüre gebohrt werden soll, gibt es auch spezielle Flachkabel, die es ermöglichen, das Fenster oder die Balkontüre trotz Kabel relativ gut zu schließen. Abbildung 9.1 zeigt ein Beispiel mit MC4-Steckern und -Kupplungen. Hier sollte darauf geachtet werden, dass ein Fenster oder ein Türteil verwendet wird, das möglichst selten geöffnet und geschlossen wird, da die wiederholte Belastung der Durchführungen zum Kabelbruch und damit zu potenziell riskanten Erwärmungen führen kann. Allerdings ist eine solche Lösung nach den elektrotechnischen Normen nicht erlaubt. Der Hersteller hat die Dauerhaftigkeit und Sicherheit der Lösung nachzuweisen. Bis dahin sollten Sie darauf verzichten. Die sichere und bessere, aber auch teuerste Lösung ist das Nachrüsten einer Außensteckdose.

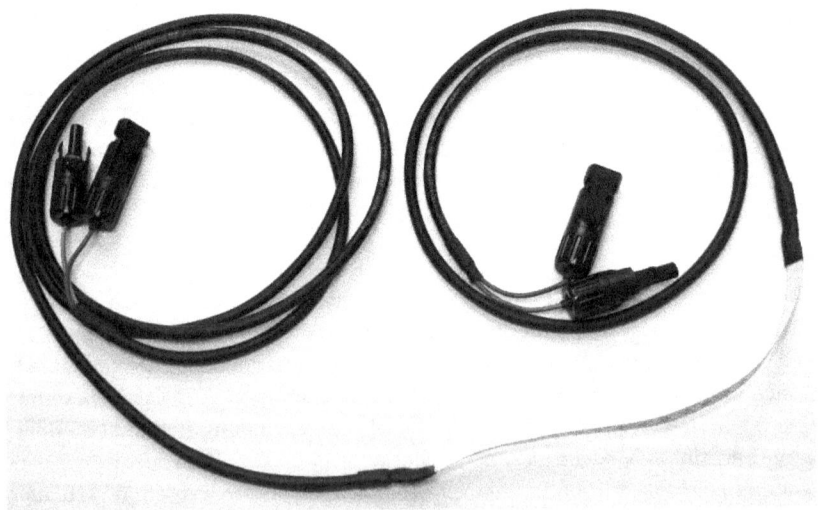

Abbildung 9.1: Solarkabel-Fensterdurchführung mit MC4-Steckverbindern von Sonnenrepublik (Photo: Sonnenrepublik, Berlin)

Zwischen Wechselrichter und Anschluss ist häufig eine weitere Steckerbindung zu finden. Diese ist entweder als »Betteri®«-Steckverbindung oder als eigenes System des jeweiligen Wechselrichter-Herstellers ausgeführt. Auch hier ist die Steckverbindung laienbedienbar. Sie können dabei nichts falsch machen.

 Die Ausnahme bilden Geräte mit einem Netzanschluss über den sogenannten »Wieland®«-Stecker. Dieser ist leider mit der bei Wechselrichtern häufig verwendeten »Betteri®«-Steckverbindung mechanisch kompatibel, weist aber eine andere Kontaktbelegung auf. Das kann tatsächlich gefährlich werden. Daher empfehlen wir, anhand der Wechselrichter-Dokumentation zu prüfen, welcher AC-Steckverbinder im Wechselrichter eingesetzt ist und ob die mitgelieferten AC-Anschlusskabel kompatible Steckverbinder besitzen.

Anschließen

Der Anschluss erfolgt in den meisten Fällen über einen simplen Haushaltsstecker, auch Schutzkontaktstecker genannt. Die Produktnorm (VDE 0126-195) für Balkonkraftwerke beschreibt die genauen Bedingungen und Anforderungen dafür. Wenn andere Anschlussarten wie zum Beispiel ein »Wieland«-Stecker oder ein Festanschluss gewählt werden, ist eine Elektrofachkraft erforderlich.

IN DIESEM KAPITEL

Was dran ist an der Sorge vor überlasteten Stromkreisen

Wie Labor- und Feldmessungen mit alten Elektroinstallationen ausgegangen sind

Warum selbst 60 Jahre alte Steckdosen kein Risiko darstellen müssen

Wie Steckersolargeräte in vielen Fällen sogar die Sicherheit erhöhen können

Kapitel 10

Kann der Stromkreis überlastet werden?

Bei der Frage der möglichen Überlastung von Stromkreisen durch Balkonkraftwerke gibt es viele Spekulationen, aber wenig Fachwissen. Wir können hier zum Glück mehr Auskunft geben, weil wir direkt in die Forschung zu dem Thema eingebunden sind. Also Topflappen raus, es wird heiß!

Eine Studie muss her

Wie kann es nun zu einer Überlastung und zu kritischen Situationen mit Steckersolargeräten kommen? Die Antwort auf diese Frage kann man bei der Normung nicht dem Bauchgefühl überlassen. Daher wurde im Rahmen eines durch das Wirtschaftsministerium geförderten WIPANO-Verbundprojekts (WIPANO steht für »Wissens- und Technologietransfer durch Patente und Normen«) nicht nur der Entwurf der Produktnorm Steckersolar erarbeitet, sondern auch die wissenschaftliche Begleitforschung vorgenommen. Die Verbundpartner in diesem Projekt waren neben der Deutschen Gesellschaft für Sonnenenergie Landesverband Berlin Brandenburg (DGS) die Deutsche Kommission Elektrotechnik Elektronik Informationstechnik (DKE), das Fraunhofer ISE, indielux, SolarInvert und SIZ. Assoziierte Partner des Projekts waren der Wechselrichterhersteller SMA und die Verbraucherzentrale Nordrhein-Westfalen. Im Forschungsprojekt übernahm es die DGS, die Belastbarkeitsreserven in bestehenden Elektroinstallationen zu bestimmen. Dazu wurden die Temperaturen bei Überströmen an gealterten Betriebsmitteln ermittelt sowie mögliche Gefährdungen vor Ort und im Labor analysiert.

Dazu wurden die Belastungsschwerpunkte in einem üblichen Haushaltsstromkreis ermittelt. Zunächst musste herausgefunden werden, welche Ströme dabei eigentlich entstehen können. Die Leistung des Steckersolargeräts ist auf 800 W begrenzt. Somit ist der maximale Strom an der Steckdose, an dem es (siehe Abbildung 10.1) gesteckt ist, auf 3,5 A begrenzt. Hier kann es zu keiner Überlastung kommen.

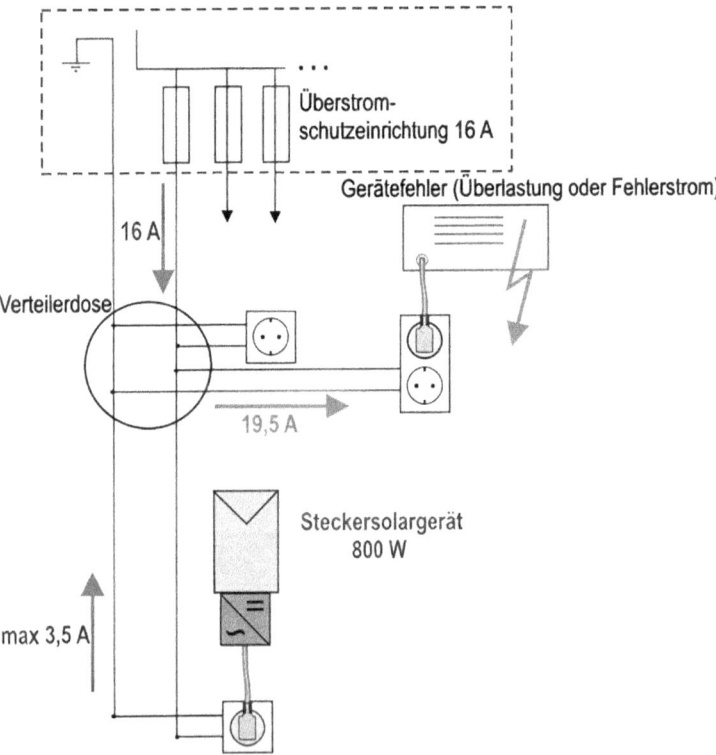

Abbildung 10.1: Ermittlung der Worst-Case-Strombelastung (Copyright: Ralf Haselhuhn)

Allerdings speist das Steckersolargerät hinter der Absicherung des Stromkreises den Strom mit maximal 3,5 A in den Haushaltsstromkreis ein. Übliche

Haushaltsstromkreise sind mit 10 A beziehungsweise 16 A abgesichert. Bei einem Gerätefehler beziehungsweise einem Überstrom in der Verbrauchersteckdose summieren sich die Ströme vom Steckersolargerät und vom Netz. Im Bild entstehen so 19,5 A an der Steckdose. Wenn der Strom zu hoch wird, lösen die Überstromeinrichtungen (Sicherung oder Sicherungsautomat) aus. Die Überlastung beziehungsweise der Fehlerstrom ohne Auslösung der Überstromeinrichtung muss demnach kleiner gleich dem jeweiligen Auslösestrom der Überstromeinrichtung sein. Daraus ergibt sich ein maximaler Strom ohne Auslösung bei 16-A-Sicherungsautomaten von: 21,58 A (kleiner Prüfstrom + Steckersolargerät (SSG) = 26,7 A und bei 16-A-Schmelzsicherungen von: 23,5 A (kleiner Prüfstrom + SSG) = 29,1 A. Sicherungsautomaten lösen nach Norm mindestens nach einer Stunde bei dem sogenannten großen Prüfstrom 1,45 x Nennstrom In aus. Dabei darf der bis zu 1,13-fache Nennstrom (= kleiner Prüfstrom) den Sicherungsautomaten nicht vor einer Stunde ausschalten, er muss diesen also eine Stunde anliegen lassen. Bei Schmelzsicherungen beträgt der Normwert zur sicheren Auslösung (großer Prüfstrom) nach einer Stunde 1,6 · Nennstrom I_n. Der bis zu 1,25-fache Nennstrom (= kleiner Prüfstrom) von Schmelzsicherungen darf nicht vor einer Stunde ausgeschaltet werden. Durch die Addition mit dem maximal eingespeisten Strom des Steckersolargeräts von 3,5 A ergeben sich die oben genannten Werte.

Im Unterschied zu einer Elektroinstallation ohne Steckersolargerät kann somit der betreffende Stromkreis bei einem Überstrom bis zur Sicherungsauslösegrenze zusätzlich mit dem Steckersolarstrom belastet werden. Somit kann ein Gerätefehler nur einen durch die Absicherung bestimmten Maximalstrom zur Folge haben. Das ist sehr unwahrscheinlich. Warum? Es muss zum Zeitpunkt des Gerätefehlers gleichzeitig eine sehr hohe Sonneneinstrahlung und eine sehr geringe Umgebungstemperatur vorliegen, damit der maximale Strom von 3,5 A eingespeist wird. Das Ganze muss zudem mindestens 1,5 Stunden vorliegen, sonst reicht die Zeit für eine kritische Erwärmung der Elektroinstallation nicht aus. Die entstehende Erwärmung wurde im Forschungsprojekt bei den Normverlegearten der Leitungen, aber auch bei gealterten Elektroinstallationen ermittelt. Die Strombelastbarkeit einer Installationsleitung ist neben dem Leitermaterial, dem Leiterquerschnitt, dem Isolierwerkstoff und der Umgebungstemperatur abhängig von der Verlegeart, also von der Beschaffenheit der Umgebung. Es wurden Versuchsaufbauten aller Referenzverlegearten nach DIN VDE 0298-4 untersucht. Das folgende Bild zeigt den Versuchsaufbau der Worst-Case-Verlegeart A2 im Labor, wobei die am stärksten wärmegedämmte Wand im Fertighausbau in Deutschland gemäß DIN VDE 0298-4 nachgebildet wird. Diese besitzt eine äußere Beplankung mit einer 10 mm starken Holzfaserplatte und eine innere Beplankung mit einer 25 mm starken Holzfaserplatte. Die dazwischen liegende Wärmedämmung besteht aus zwei 50 mm starken Mineralfaserplatten aus Steinwolle der Marke Rockwool Sonorock® mit der Wärmeleitfähigkeitsstufe (WLS) 040, was einer Wärmeleitfähigkeit von 0,040 W/(m K) entspricht. Zwischen der Wärmedämmung und der inneren Beplankung wird ein starres PVC-Elektroinstallationsrohr befestigt, in das die zu untersuchenden Installationsleitungen hineingezogen wurden. Die Öffnungen des Elektroinstallationsrohrs wurden thermisch abgedichtet.

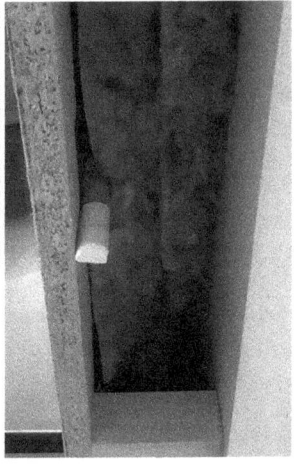

Abbildung 10.2: Versuchsaufbau der Verlegeart A2 (Copyright: DGS)

Der Maximalbelastungsstrom ergibt sich theoretisch aus:

I_{max} · 1,13 (kleiner Prüfstrom) + 3,5 A = 16 A · 1,13 + 3,5 A = 21,58 A

Bei der Messung von NYM 3 × 2,5 mm² in Verlegeart A2 stieg selbst bei einem Überstrom von 24,6 A die Temperaturdifferenz nicht über 80 Kelvin. Bei der Messung von NYM 3 × 1,5 mm² in Verlegeart A2 und bei einem Strom von 21,25 A stieg die Temperaturdifferenz nicht über 90 Kelvin. Bei 1,5 mm² Querschnitt muss diese Leitung den Installationsnormen nach so abgesichert sein, dass der zulässige Strom I_z nach DIN VDE 0298-4 geringer als 16 A ist, dann mit einer 10-A-Absicherung versehen werden. So kann dann nur ein maximaler Strom von:

I_{max} × 1,13 (kleiner Prüfstrom) + 3,5 A = 10 A · 1,13 + 3,5 A = 14,8 A

betragen.

Die Untersuchungen zeigten, dass für alle Verlegearten und bei einem 800-W-Steckersolargerät kein Brandrisiko zu erwarten ist.

So viel zur Theorie. Um das reale Risiko von Überlastungen zu ermitteln, muss die Altersstruktur von Elektroinstallationen in Gebäuden in Deutschland beachtet werden. 2011 führte die Fachhochschule Südwestfalen eine Studie dazu durch. Die Ergebnisse wurden in einer Studie des Zentralverbandes der Elektro- und Digitalindustrie (ZVEI) veröffentlicht. Als wesentliches Ergebnis ergab sich, dass mehr als zwei Drittel der Elektroinstallation in Gebäuden schon über 40 Jahre in Betrieb sind.

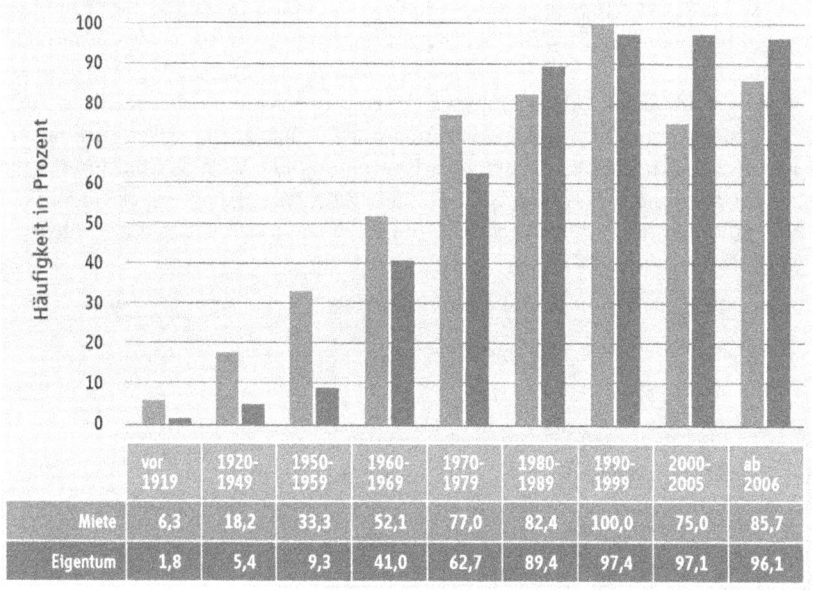

Abbildung 10.3: Gebäude, deren Elektroleitungen noch nicht saniert wurden; Datenerfassung 2011 (Copyright: FH Südwestfalen, Grafik ZVEI)

Aus dem grundsätzlichen Sanierungsstand sowie dem Gebäudealter konnten Rückschlüsse auf das Alter der Elektroleitungen gewonnen werden. Etwa 80 Prozent der älteren Gebäude bis 1950 sind saniert worden. Die übrigen Gebäude sind zum Teil stark sanierungsbedürftig. Gebäude der Jahre 1950 bis 1979 verfügen über die ältesten Elektroleitungen. Die Elektroinstallation wurde zumeist teilsaniert, wobei unterputzverlegte Elektroleitungen dabei nicht erneuert wurden. Durch den Bestandsschutz sind relativ viele historische Elektroinstallationen noch in Betrieb. In den neuen Bundesländern wurden überwiegend

Aluminiumleitungen verwendet, jedoch wurden mittlerweile viele davon durch Kupferleitungen ersetzt.

Um das Risiko auch bei alten Elektroinstallationen zu ermitteln, untersuchte die DGS ein Haus bei Pasewalk mit Aluminiumleitungen aus den 1970er-Jahren und eine Wohnung in München mit Kupferleitungen aus den 1960er-Jahren. Das alte Elektroinstallationsmaterial aus dem Haus bei Pasewalk konnte auch im Labor vermessen werden. Bei einer dritten Elektroinstallation in Bakelit®-Ausführung aus den 1940er-Jahren und Aluminiumleitungen mit Gummiisolierung in Aufputz-Verlegung bei einem Haus in Hohen Neuendorf konnte keine Vermessung vor Ort vorgenommen werden, sondern nur nach dem Ausbau im Labor. Zudem wurden noch weitere gealterte Steckdosen, Verteilerdosen mit angeschlossenen Aluminium- und Kupferleitungen verschiedener Baujahre im Labor systematisch vermessen. Insgesamt hat die DGS sechs Versuchsreihen mit insgesamt 109 relevanten Messungen im Labor durchgeführt. Die Versuchsobjekte werden mehrfach mit unterschiedlichen Stromstärken bis zum großen Prüfstrom zuzüglich dem Strom vom Steckersolargerät vermessen. Die Bestromung der Versuchsobjekte erfolgte über das Netzgerät MC Power MRGN–900. Dabei wurde die Temperatur mit einem Pt100-Sensor und zusätzlich noch mit einer Thermografiekamera ermittelt.

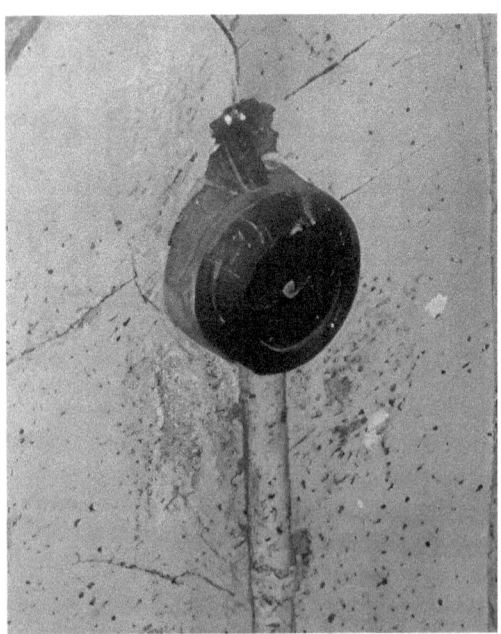

Abbildung 10.4: Alte Elektroinstallation vor Ort: Aluminiumleitungen und Bakelit-Steckdosen in Hohen Neuendorf (Copyright: DGS-Berlin.de)

KAPITEL 10 Kann der Stromkreis überlastet werden? 119

Abbildung 10.5: Alte Elektroinstallation vor Ort: Aluminiumleitungen und TGL-Verteilerdose aus der DDR bei Pasewalk (Copyright: DGS-Berlin.de)

Abbildung 10.6: Alte Elektroinstallation vor Ort: Kupferleitungen und Sicherungskasten in einer Wohnung in München (Copyright: DGS-Berlin.de)

Keine Steckdose erwärmte sich um mehr als 75 °C trotz maximaler Belastung und somit besteht kein Brandrisiko.

Abbildung 10.7: Vor-Ort-Messungen an einer 70er-Jahre-Aluminiumsteckdose mit Temperatursensor und Thermografiekamera (Copyright: DGS-Berlin.de)

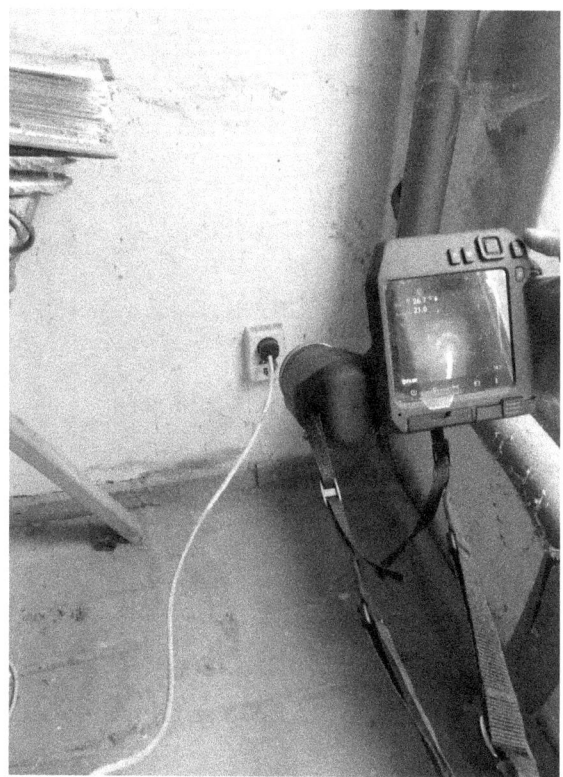

Abbildung 10.8: Vor-Ort-Messungen an einer 70er-Jahre-Aluminiumsteckdose mit Temperatursensor und Thermografiekamera (Copyright: DGS-Berlin.de)

Bei den untersuchten Verteilerdosen variieren die Temperaturen deutlich. Allerdings wiesen nur die ausgebauten Verteilerdosen und Schraubverbindungen mit Aluminiumleitungen Temperaturdifferenzen über 75 Kelvin auf. Durch Abbau, Transport und Präparation der Verteilerdosen wurden die Schraubverbindungen massiv in Mitleidenschaft gezogen. Diese sind in intakter Elektroinstallation so nicht vorzufinden. Das zeigt auch der Vergleich von Real- und Labormessungen. Die vor Ort vermessenen Verteilerdosen zeigten Temperaturdifferenzen unter dem Normwert von $\Delta T = 45$ Kelvin für neue Steckdosen beziehungsweise Schraubverbindungen.

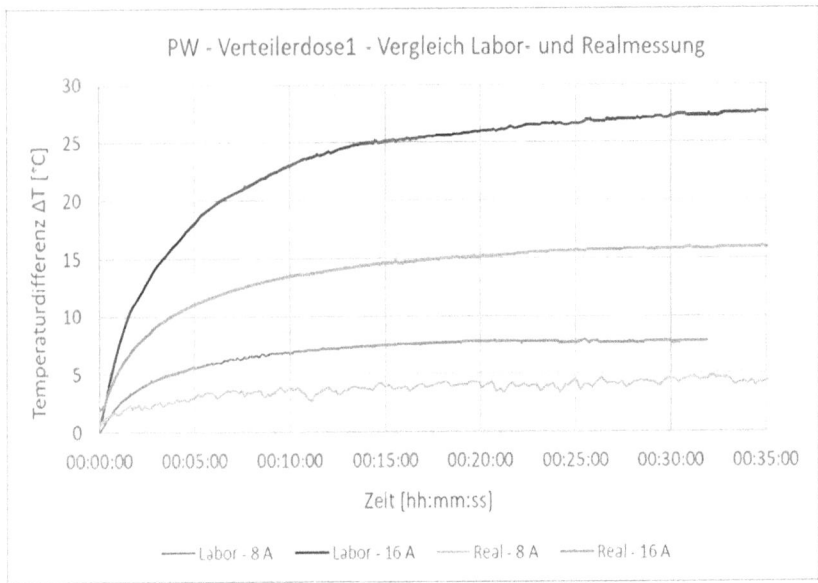

Abbildung 10.9: Vergleich von Labor- und Realmessungen der Elektroinstallation bei Pasewalk – Temperaturverlauf (Copyright: dgs-berlin.de)

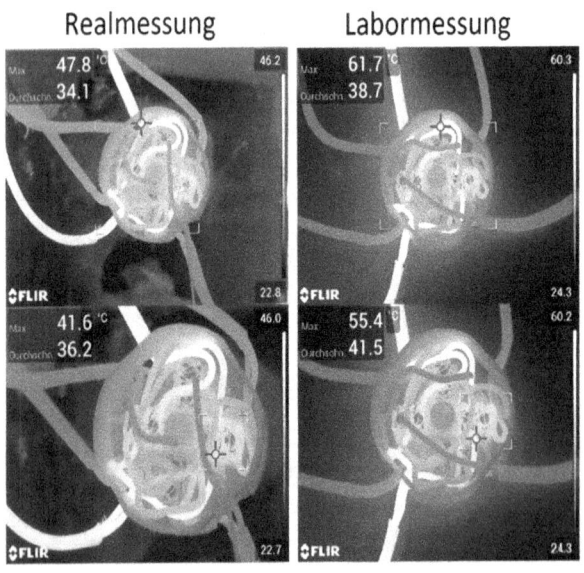

Abbildung 10.10: Vergleich von Labor- und Realmessungen der Elektroinstallation bei Pasewalk – Infrarotbilder (Copyright: dgs-berlin.de)

Ganz allgemein und unabhängig vom Einsatz von Steckersolargeräten sollten Elektroinstallationen, die ihre Lebensdauer von 40 Jahren überschritten haben, auf Beschädigungen überprüft und bedarfsweise saniert werden. Die Untersuchungen ergaben, dass Steckersolargeräte bis 800 W selbst bei 60 Jahre alter Elektroinstallation (auch mit Aluminiumleitungen = Worst Case) keine kritischen Zustände (Brand etc.) auslösen. Steckersolargeräte können sogar die Strombelastung der Kontaktstellen verringern oder durch die integrierte Fehlerstromschutzeinrichtung im Wechselrichter die Sicherheit in Haushaltstromkreisen erhöhen.

Erhöhung der Sicherheit durch Entlastung der Strombelastung

Mit Steckersolargeräten werden die Kontaktstellen nicht nur mehr belastet, sondern in manchen Situationen auch weniger belastet. Das ist in Abbildung 10.11 zu sehen: In diesem Beispiel können sich die Ströme an den zwölf grau gekennzeichneten Kontaktstellen erhöhen, während sie sich an 20 schwarz gekennzeichneten Kontaktstellen verringern. Somit sinkt insgesamt die Wahrscheinlichkeit von zu hohen Temperaturen an den Kontaktstellen.

An den grau gekennzeichneten Kontakten sind höhere Belastungen der Kontakte und Leitungen unwahrscheinlich, aber möglich. An den schwarz gekennzeichneten Punkten liegt eine niedrigere Belastung der Kontakte und Leitungen vor.

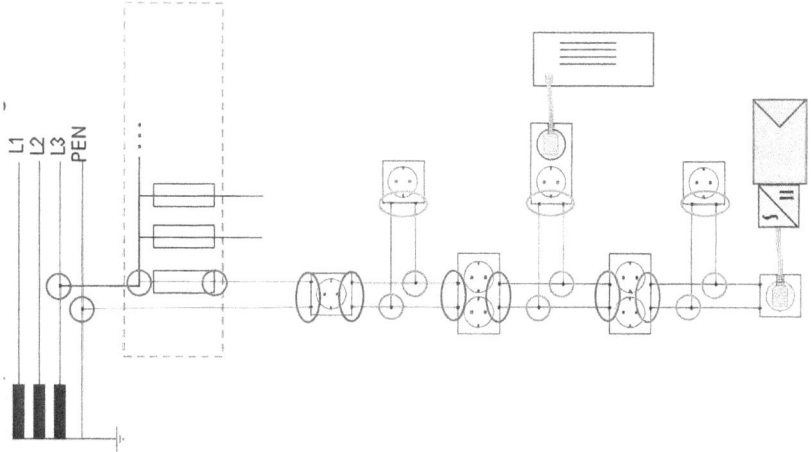

Abbildung 10.11: Entlastung von Strombelastung an Kontaktstellen durch Einspeisung mittels Steckersolargeräten (Copyright: dgs-berlin.de)

> **IN DIESEM KAPITEL**
>
> Wechselstrom: Schuko® vs. Wieland® – eine Frage der Sicherheit?
>
> Basiswissen Schukostecker
>
> Trotzdem verpolungssicher?!
>
> Wieland-Steckverbindung
>
> Vorsicht: Nichtkompatible Wechselspannungssteckerbinder
>
> Gleichstrom – Vorsicht vor nichtkompatiblen Modulsteckverbindungen a.k.a. »Kreuzverbund«
>
> Eine Hilfestellung: der DGS-Sicherheitsstandard

Kapitel 11
Steckverbindungen

Wechselstrom: Schuko® stecker vs. Wielandstecker – eine Frage der Sicherheit?

Wenn eine Außensteckdose, in der Regel eine Schutzkontakt- beziehungsweise kurz Schuko-Steckdose, am Balkon vorhanden ist, liegt es nahe, diese zu verwenden. Die meisten Steckersolargeräte werden mit Schukostecker angeboten. Allerdings besteht dann die Gefahr eines elektrischen Schlags beim unbeabsichtigten Abziehen und Berühren der blanken Kontakte des Steckers. Häufig weisen die Anbieter von Steckersolargeräten darauf hin, dass deren Wechselrichter die Netzeinspeisungsnorm VDE AR-N 4105 einhalten und somit nach 200 Millisekunden bei einem Netzausfall ausschalten müssen und somit kein Strom mehr fließt. Das ist nur zum Teil richtig. Einige Geräte haben zum Beispiel durch interne Kondensatoren im Wechselrichter noch Energie gespeichert und halten eine gefährliche Spannung im Sekundenbereich trotz Abschaltung der Einspeisung aufrecht. Es sind somit noch potenziell unsichere Geräte auf dem Markt. Diese dürfen nicht mit Schukostecker ausgestattet sein. Deshalb besteht für Geräte mit Schukostecker die normative Forderung der Norm VDE 0700-1 für elektrische Haushaltsgeräte, dass die Spannung an den Steckkontakten nach einer Sekunde kleiner als 34 Volt sein muss. Damit wird die Gefahr eines gefährlichen elektrischen Schlags vermieden. Diese Anforderung wird nach DGS-Sicherheitsstandard und nach der Steckersolar-Produktnorm VDE 0126-95 vorgeschrieben.

Fazit: Geräte mit Schukostecker müssen die beschriebenen Sicherheitsanforderungen einhalten und dies muss auf dem Gerät gekennzeichnet sein – dann besteht auch keine Gefährdung!

Basiswissen Schukostecker

Der Schukostecker ist international verbreitet, aber wird in unterschiedlichen Bauformen in den verschiedenen Ländern verwendet. In Deutschland ist der Typ F vorgeschrieben. Dieser besitzt zwei runde Kontaktstifte mit 4,8 mm Durchmesser und 19 mm Länge im Abstand von 19 mm. An diese Kontaktstifte sind der Außenleiter und der Neutralleiter angeschlossen. Die Schutzkontakte sind oben und unten am Steckerrand mit Federkontakten ausgestattet. Der Schukostecker (siehe Abbildung 11.2) ist so aufgebaut, dass beim Einführen des Steckers in die Steckdose (siehe Abbildung 11.1) zuerst der Schutzkontakt Kontakt bekommt, danach die beiden anderen Kontakte. Die Schutzkontaktverbindung leitet eine mögliche gefährliche Spannung ab, sobald der elektrische Stromkreis durch die beiden anderen Pole geschlossen wird.

Erklärung: In einer Steckdose ist ein Kontakt der Neutralleiter. Er besitzt kein Potenzial: Die Spannung gegen Erde ist null und der andere Kontakt (Pol) ist mit der Wechselspannung belegt. Zudem gibt es noch die Schutzkontakte, die sich oben und unten in der Steckdose befinden. Diese realisieren die Erdung von metallischem Gehäuse bei elektrischen Geräten und gewährleisten die Sicherheit. Bei einer falschen Belegung der Kontakte kann es zu einem elektrischen Fehler, Kurzschluss oder Spannung auf dem Wechselrichtergehäuse kommen. Das stellt eine Gefahr für Leib und Leben dar.

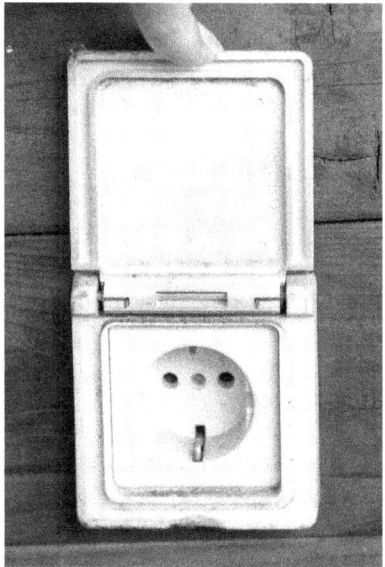

Abbildung 11.1: Schutzkontaktdose auf Balkon nach VDE-Norm VDE 0620

Abbildung 11.2: Schutzkontaktstecker mit Wieland-Steckverbindung für den Wechselrichter

Trotzdem verpolungssicher?!

Beim Anschluss mittels Schukostecker muss das Steckersolargerät verpolungssicher sein. Das bedeutet, dass der Schukostecker egal wie rum in die Steckdose gesteckt werden kann. Entweder das Gerät schaltet bei falscher Polung nicht ein oder es funktioniert sicher, unabhängig davon, wie herum er reingesteckt wird. Bei den meisten Wechselrichtern zeigt eine grüne Leuchtdiode an, wenn er einspeist – wenn dies nicht der Fall ist, den Stecker einfach mal umdrehen.

Wieland-Steckverbindung

Zudem gibt es spezielle berührungssichere Einspeise-Steckvorrichtungen nach VDE V 0628-1 (siehe Abbildung 11.3). Bei den durch Isolationsmaterial geschützten Steckkontakten ist eine Berührung der Steckkontakte nicht möglich. Die Steckervorrichtung der Firma Wieland erfüllt diese Norm bis zu einer Einspeisung von 3.600 Watt. Das Problem an dieser Lösung ist, dass ein Elektriker die entsprechende spezielle Wieland-Steckdose setzen muss, was natürlich zusätzliche Kosten verursacht. Im Neubau oder wenn keine Steckdose auf dem Balkon ist und eine nachgerüstet werden muss, ist dies eine akzeptable Lösung, aber im Bestand mit vorhandenen Außensteckdosen sicher nicht.

Verbinden   **Entriegeln**

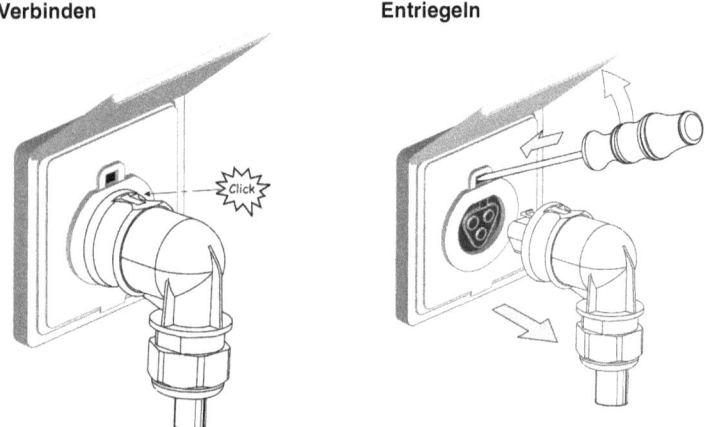

Abbildung 11.3: »Wieland«-Steckdose an der Wand (Energiesteckvorrichtung) und ein Verbindungskabel mit Wielandstecker zum Wechselrichter (Quelle: Wieland Electric GmbH)

Vorsicht: Nichtkompatible Wechselspannungssteckerbinder

Einige Wechselrichter sind mit berührungssicheren Steckverbindern vom Typ Wieland- oder auch Betteri®-Steckverbinder (siehe Abbildung 11.4) versehen. Beide Steckertypen haben ein ähnliches Steckergesicht und passen mechanisch zusammen. Allerdings können die Pole unterschiedlich belegt sein, sodass es auch hierbei zu einem Elektrounfall kommen kann. Die Hersteller der Steckersolargeräte mit diesen Steckkontakten haben darauf zu achten, dass die Belegung korrekt ausgeführt wird.

Abbildung 11.4: links: Betteri-Steckergesicht, rechts: Wieland

Die Steckersolar-Produktnorm VDE 0126-95 sieht daher vor, dass Wieland-Stecker nur noch dann verwendet werden dürfen, wenn auch alle anderen AC-seitigen Steckverbinder vom selben Typ sind und dieselbe Belegung der Kontakte aufweisen.

Gleichstrom – Vorsicht vor nichtkompatiblen Modulsteckverbindungen a.k.a. »Kreuzverbund«

Ein oft unterschätztes Sicherheitsproblem in der Photovoltaik ist der sogenannte »Kreuzverbund« oder auch »Kreuzverbau« von nicht kompatiblen Steckkontakten auf der Gleichstromseite, also zwischen Modulen und Wechselrichter. Es dürfen nur zugehörige Steckverbinder (bestehend aus Buchse/Stecker) vom gleichen Typ und gleichen Hersteller zusammengesteckt werden. Der Hersteller Stäubli-Multicontact® hat als Erster Steckerverbinder für den Solarmarkt hergestellt und besitzt somit ein »Quasimonopol« auf die Steckkontakte. Viele Modulhersteller benutzen allerdings andere Steckverbinder, die oft ähnlich aussehen oder sogar als MC-(also Multicontact-)kompatibel bezeichnet werden. Die Firma Stäubli bestreitet allerdings, dass diese vollständig kompatibel sind, und verweist auf das Sicherheitsrisiko. Diese besteht in der Tat. Im Vergleich zu Wechselspannung ist das Risiko sogar höher, da ein Lichtbogen im Gleichstromkreis dauerhaft besteht und erst verlöscht, wenn der Strom abgeschaltet wird. Ein Lichtbogen kann zum Beispiel entstehen, wenn die Steckverbindung nicht ganz dicht ist, sodass die Kontakte korrodieren oder wenn die Steckkontakte im Stecker andere Abmessungen haben, so dass die Steckverbindung nicht gut verbunden ist. Zudem kann sich der Kontaktwiderstand erhöhen, wenn das Leitermaterial von Buchse und Stecker nicht ganz genau zusammenpasst, und es kann wiederum ein Lichtbogen entstehen. Im Thermografiebild 11.5 ist deutlich die erhöhte Temperatur bei nicht kompatiblen Steckverbindern (Kreuzverbund) erkennbar. Dies kann zu Lichtbögen im Steckverbinder führen (siehe Bild 11.6) und diese können schlimmsten Fall einen Brand auslösen. Die Deutsche Kommission Elektrotechnik warnt davor auf ihrer Internetseite: https://www.dke.de/de/arbeitsfelder/core-safety/normenhinweise/kompatibilitaet-von-steckverbindern.

Abbildung 11.5: Erhöhte Temperaturen an nichtkompatiblen Steckverbindern in der Thermografieaufnahme (Bildquelle: DGS)

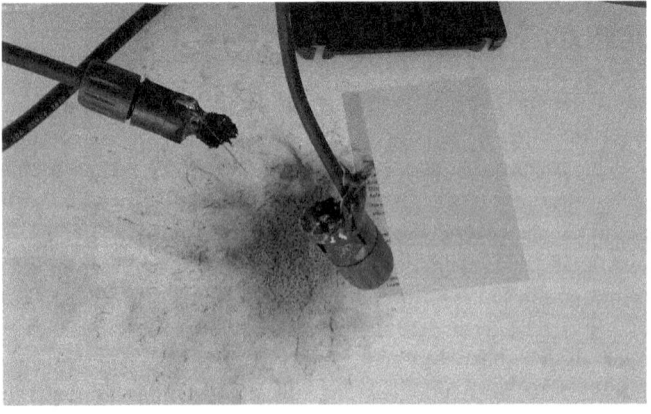

Abbildung 11.6: Ein Lichtbogen zerstörte die Steckersteckverbindung und schmorte auf der PV-Modulrückseitenfolie (Bildquelle: DGS)

Es sollte also unbedingt ein an das Modul angepasster Steckverbinder als Gegenstück eingesetzt werden, sonst besteht ein Lichtbogenrisiko. Das Problem daran ist, dass oft nur der Modulhersteller den genauen Typ kennt. Eine Lösung ist, den Modulhersteller anzufragen, ob er zu den Modulen passende Steckkontakte dazuliefert. Das wird er bei Installateuren, die häufiger Module bestellen, durchaus tun. Als Kunde, der nur ein bis vier Module bestellt, ist das fast unmöglich. Im Internet kursiert häufig die Meinung, das Risiko ist wegen der paar Module und der geringen Leistung nicht vorhanden. Doch das ist falsch: Zur Lichtbogenzündung kann es schon beispielsweise bei nur einem Modul mit einer Spannung von 36 Volt und bei einem Strom von 4 Ampere kommen, wie Abbildung 11.7 zeigt.

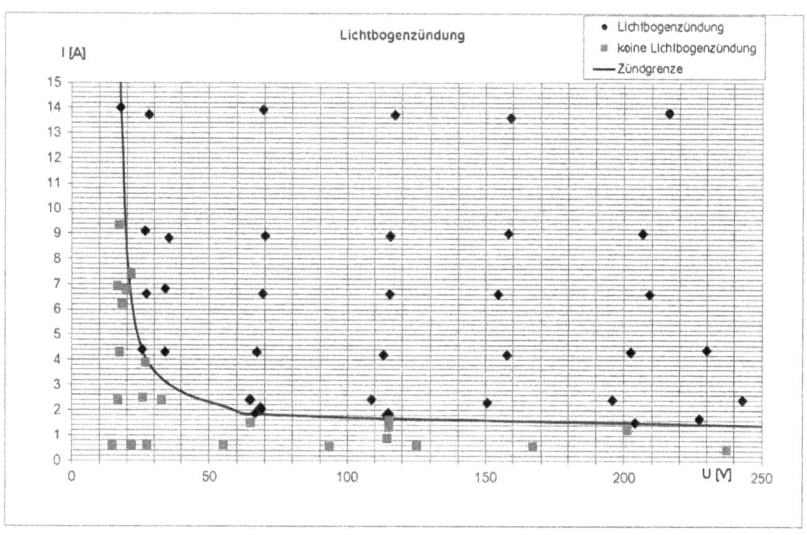

Abbildung 11.7: Zündgrenzen für Lichtbögen als Funktion von Spannung und Strom (TÜV Rheinland)

Wenn die passenden Steckverbinder beim Hersteller nicht erhältlich sind, sollten Sie die Modulsteckverbinder gegen andere Solarsteckverbinder austauschen. Dazu werden die Steckverbinder des Moduls mit einem Seitenschneider abgeschnitten und neue Solarsteckverbinder, typischerweise MC4 von Multicontact, angeschlossen. Das Problem: Dabei erlischt die Garantie für die Module. Die korrekte Verbindung erfolgt durch die Vercrimpung. Bei Multicontact ist dazu eine Spezialcrimpzange empfohlen. Das Problem ist, wenn die Crimpung nicht korrekt erfolgt, kann wieder ein Lichtbogen entstehen. Eine Lösung für die Steckerproblematik sowie das korrekte Crimpen stellen werkzeuglose Steckverbinder wie zum Beispiel von Weidmüller® oder Phoenix Sunclix® dar (siehe Abbildung 11.8 und Abbildung 11.9).

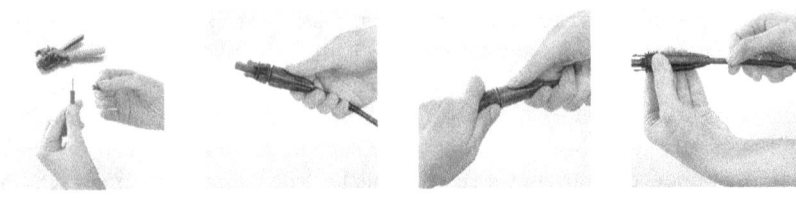

Abbildung 11.8: Werkzeuglose Steckverbinder: Weidmüller PV-Stick©

Abbildung 11.9: Werkzeuglose Steckverbinder: Phoenix Sunclix©

Das Problem mit dem nicht kompatiblen Kreuzverbund und den Crimpungen müssen die Hersteller von Steckersolargeräten lösen. Beim Verbinden der Module miteinander, möglicher Verlängerungskabel sowie der DC-Anschlüsse an den Wechselrichter müssen überall bei der Paarung gleiche Steckverbinder eingesetzt und die Crimpung qualitativ hochwertig ausgeführt werden. Der Königsweg ist, einfach Komplettpakete zu kaufen, bei denen alle Komponenten aufeinander abgestimmt sind und auch die Garantie erhalten bleiben (solange keine Modifikationen durchgeführt werden).

Eine Hilfestellung: der DGS-Sicherheitsstandard

Da es für Balkonkraftwerke zunächst keine allgemein anerkannten Regeln für Steckersolargeräte gab, entwickelte 2017 die Deutsche Gesellschaft für Sonnenenergie e.V. (DGS) einen Sicherheitsstandard für Steckersolargeräte. Ziel war und ist es, die Qualität und Sicherheit der Geräte durch abgestimmte Regeln sicherzustellen. Viele Forderungen des DGS-Sicherheitsstandards sind in die Steckersolarnorm VDE 0126-95 eingeflossen. Die Entwicklung von Normen ist ein langwieriger Prozess von etwa fünf Jahren. So lange wollte die DGS nicht warten, da eine hohe Nachfrage nach diesen Produkten bestand und unsichere Geräte eine Gefahr darstellen können.

Der DGS-Standard umfasst alle Sicherheitsaspekte des Steckersolargeräts. Damit Sie ein sicheres Steckersolargerät erwerben können, werden die Geräte auch inklusive der Befestigung geprüft und zertifiziert. Dabei werden die Zertifikate und Bescheinigungen der PV-Module, der Wechselrichter, der Kabel, der Stecker sowie die Sicherheit der mechanischen Befestigung (Wind- und Schneelasten bis zu einer maximalen Montagehöhe der Steckersolaranlage) und die Bedienungsanleitung bewertet (Logo siehe Abbildung 11.10).

Wird das Steckersolargerät mit einem Schukostecker angeschlossen, muss nach dem DGS-Sicherheitsstandard die Spannung an den Steckkontakten nach einer Sekunde kleiner 34 V sein, entsprechend der erwähnten Haushaltgerätenorm.

In der Bedienungsanleitung des Steckersolargeräts sollte auf die maximale Einbauhöhe in Bezug auf Wind- und Schneelasten sowie bei aufgeständerten PV-Modulen an der Fassade (Winkel größer als 10° aus der Senkrechten) auf die Regeln für Überkopfverglasungen hingewiesen werden. Für den Balkon, die Fassade oder im Überkopfbereich sollten die Hersteller zumindest die Resttragfähigkeit der PV-Module gemäß DIN 18008-1 Anhang B prüfen. Dazu wird das Modul mit den vorgesehenen Montageklemmen waagerecht befestigt und dann in der Mitte und an jedem Eckbereich das Modulglas mittels Körner beschädigt. Dieses beschädigte Modul wird dann mit der entsprechenden Prüflast zum Beispiel 100 kg mit Sandsäcken 24 Stunden belastet. Es darf zu keinem Durchbrechen kommen. Die restlichen mechanischen Prüfungen Druck und Sog werden im Rahmen der Modulprüfung nach IEC 61215 durchgeführt. Es müssen dabei die resultierenden Lasten in horizontaler und vertikaler Richtung, die durch das montierte Steckersolargerät auf die Befestigung (Balkongeländer) wirken, angegeben werden (siehe dazu Teil III, Kapitel 5).

Wenn Sie sich ganz intensiv mit der Materie beschäftigen wollen, finden Sie weitere Informationen auf den Internetseiten www.pvplug.de, wo auch der DGS-Sicherheitsstandard erläutert wird und Sie eine Liste der danach zertifizierten Steckersolargeräte finden.

Abbildung 11.10: Logo DGS-Zertifikat

Neue Regeln für den Stecker-Anschluss in der Produktnorm VDE V 0126-95

An dieser Norm wurde fast acht Jahre gearbeitet. Sie wurde lange erwartet, es gab viele Diskussionen in der Fachwelt und sie wurde endlich Ende 2025 veröffentlicht. Das Ergebnis kann sich jedoch sehen lassen. Es wurden insbesondere alle Sicherheitsbedenken zur Solarstromeinspeisung in den normalen Haushaltsstromkreis über einen Schukostecker ausgeräumt. Viele Anforderungen wurden auch schon im DGS-Sicherheitsstandard beschrieben. Die Norm ist die Grundlage für eine Typprüfung und die darauf basierende Konformitätserklärung des Herstellers. Wenn Sie sich ein Balkonsolargerät anschaffen wollen, sind Sie gut beraten, darauf zu achten, dass der Anbieter (Hersteller) sich an diese Norm gehalten hat. Noch besser ist es, wenn dieses eine anerkannte Prüforganisation wie der VDE oder TÜV etc. bescheinigt. Bei Untersuchungen im Rahmen des schon erwähnten Forschungsprojekts »Steckersolar« hat das Fraunhofer ISE 2023 festgestellt, dass einige Mikrowechselrichter nach Trennen der Netzspannung immer noch eine kleine, aber nicht ungefährliche Spannung produzieren. Das passierte durch Kondensatoren im Gerät, die nicht entladen wurden. Deshalb ist in der Norm festgelegt, dass bei Trennung des Schukosteckers an den Steckkontakten des Gerätes innerhalb von 1 Sekunde eine Spannung nicht über 34 Volt betragen darf. Zudem wurde festgelegt, dass sich das Relais im Wechselrichter bei Netztrennung innerhalb von 100 Millisekunden zu öffnen hat und ein sicherer Zustand herstellt wird. Neben der Einspeisung mit den Schukostecker werden in der Norm auch Möglichkeiten mit Energiesteckverbindungen. wie der Wieland-Steckverbindung oder dem Schukostecker mit zusätzlichen Hülsen genannt. Bei Letzterem schieben sich isolierende Hülsen über die Kontakte, wenn der Stecker getrennt wird. Zudem wird in der Norm auch auf die elektrische Sicherheit bei Steckverbindungen und Kabel eingegangen sowie auf die bauliche Sicherheit bei der Befestigung an das Gebäude. Zudem werden die Anforderungen an die verwendeten PV-Module und Wechselrichter und vieles mehr genannt. Mit der Norm können unsichere von sicheren Stecksolargeräten unterschieden werden. Allerdings sind die Sicherheitsanforderungen für Balkonsolargeräten mit Batteriespeicher in dieser Norm noch nicht beschrieben. Dazu wird eine neue Norm erarbeitet werden. Die wichtigsten Sicherheitshinweise finden sich in diesem Ratgeber in Kapitel 15 unter Sicherheit von Batteriespeichersystemen.

IN DIESEM KAPITEL

Wie Sie Solarmodule und Wechselrichter richtig aufeinander abstimmen

Worauf Sie bei Spannung, Temperatur und Strom achten müssen

Warum Über- oder Unterdimensionierung nicht immer ein Problem ist

Was Sie bei der Reihenschaltung und bei Strangwechselrichtern beachten sollten

Kapitel 12
Auslegung des Wechselrichters

Solarmodule und Wechselrichter müssen in ihren Leistungswerten aufeinander abgestimmt werden. In diesem Kapitel erklären wir Ihnen, welche Dinge Sie dabei beachten müssen. Das ist vor allem dann relevant, wenn Sie Ihr Balkonkraftwerk selbst zusammenstellen und noch wichtiger, wenn Sie dabei einen Strangwechselrichter (der eine Reihenschaltung – einen Strang – von Modulen nutzt) verwenden.

Grundlagen

Als Richtwert für die Auslegung wird zunächst ein Verhältnis zwischen Summe der Modulleistungen und AC-Wechselrichterleistung von 1:1 angesetzt. Wenn der Wechselrichter kleiner ausgelegt ist, regelt er die Leistung entsprechend ab. Da jedoch die Modulnennleistung nur bei STC, also bei maximaler Einstrahlung und moderater Temperatur am PV-Modul entsteht, kommt das relativ selten vor. Eine Modulleistung von 30 Prozent höher als die Wechselrichterleistung führt somit zu keinen relevanten Abregelverlusten beim Wechselrichter. Wenn die Ausrichtung der Solarmodule nicht ideal ist, so wie es an einem Balkon häufig der Fall ist, kann der Wechselrichter somit eine bis zu 30 Prozent kleinere Leistung besitzen, ohne dass signifikante Verluste auftreten.

Generell lassen die Hersteller zumeist höhere PV-Leistungen zu, da der Wechselrichter eine Leistungsüberschreitung (bis zu einem gewissen Grad) automatisch abregelt. Bitte prüfen Sie aber sicherheitshalber nochmals im Datenblatt des Wechselrichters, ob das bei Ihrem Wunschgerät auch so ist. Die Abregelung auf 800 Watt reduziert den Strom der PV-Module, wenn deren gemeinsame Leistung über 800 W hinausgeht (zum Beispiel 2000 W, nach EEG).

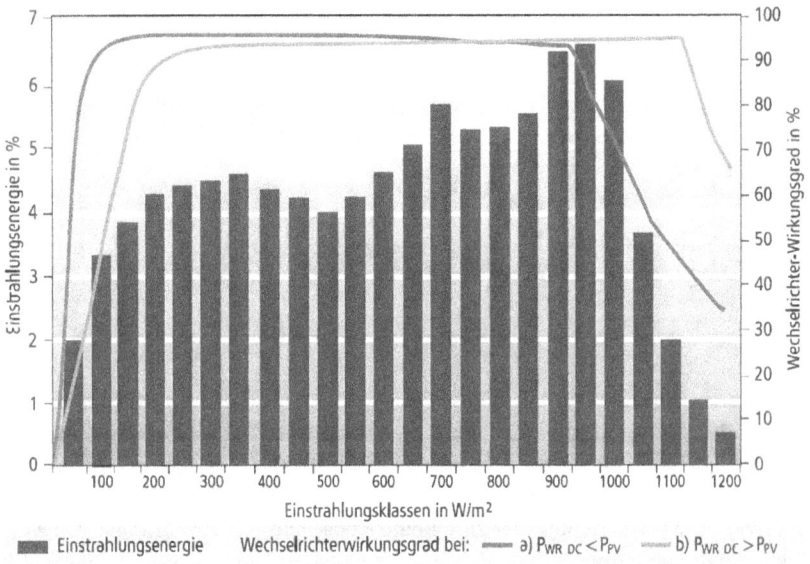

Abbildung 12.1: Verteilung der jährlichen Sonneneinstrahlung auf die Modulebene einer Anlage in München (30° / Süd) und Wirkungsgradkennlinien von einem kleiner dimensionierten (−10 Prozent) sowie einem größer dimensionierten Wechselrichter (+10 Prozent), Quelle: DGS Leitfaden Photovoltaische Anlagen (Copyright: dgs-berlin.de)

Die Eingangsspannung des Wechselrichters gibt vor, wie viele Module in Reihe und wie viele Stränge angeschlossen werden können. Bei Balkonkraftwerken sind das in der Regel maximal vier Module in Reihe oder zwei Stränge mit zwei Modulen in Reihe.

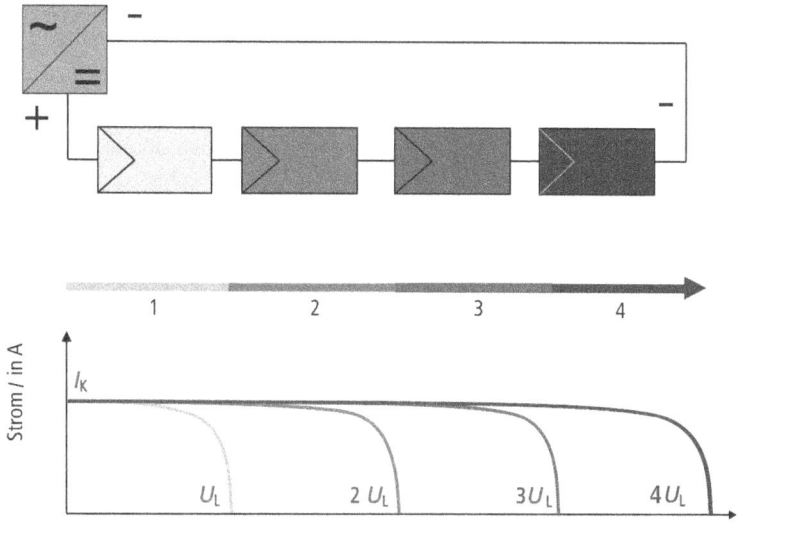

Abbildung 12.2: Vier PV-Module in Reihe an einen Wechselrichter geschaltet (Copyright: Ralf Haselhuhn)

Bei einer Reihenschaltung addieren sich die Modulspannungen. Somit ergibt sich die Höhe der Spannung am Wechselrichter aus der Summe der Modulspannungen der in Reihe geschalteten Module im Strang. Bei Steckersolargeräten werden es meist nur ein bis vier PV-Module im Strang sein. Bei derzeit üblichen PV-Modulen sind das STC-Leerlaufspannungen zwischen 40 und 80 Volt (in Summe bis zu 320 V). Da die Modulspannung und damit die Spannung der Module vor allem von der Temperatur abhängt, werden die Extremfälle Winter- und Sommerbetrieb zur Dimensionierung benutzt.

Der Arbeitsbereich des Wechselrichters muss mit der Solargeneratorkennlinie abgestimmt werden: Der MPP-Bereich des Wechselrichters sollte, wie Sie in Abbildung 12.3 sehen, die MPP-Punkte der Generatorkennlinie bei allen im Betrieb vorkommenden Temperaturen einschließen. Außerdem müssen Abschaltspannung und Spannungsfestigkeit des Wechselrichters insbesondere bei kalten klaren Wintertagen beachtet werden.

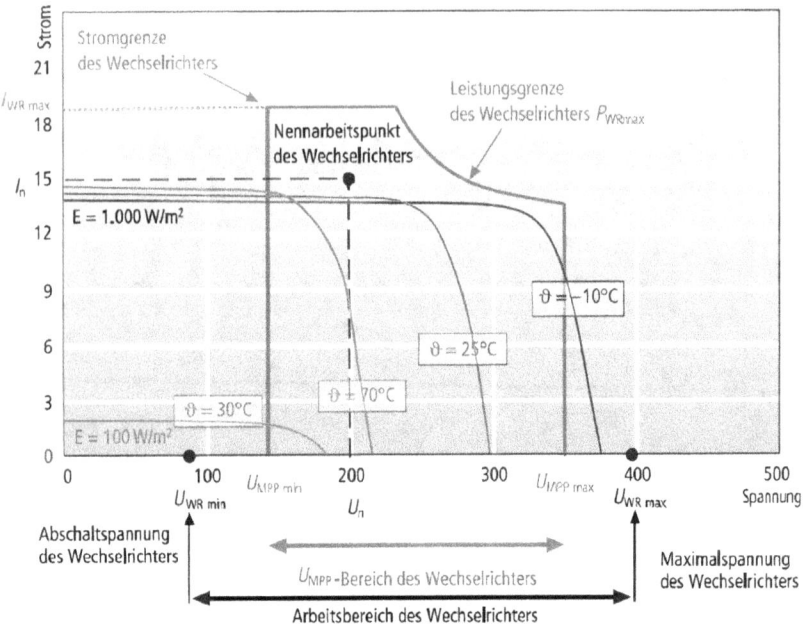

Abbildung 12.3: PV-Generatorkennlinien und Arbeitsbereich des Wechselrichters, Quelle: DGS Leitfaden Photovoltaische Anlagen (Copyright: Ralf Haselhuhn)

Maximale Modulanzahl in einem Strang

Der erste Grenzwert ergibt sich aus dem Winterfall bei einer Temperatur von −10 °C in gemäßigten Klimazonen. Bei niedrigen Temperaturen steigt die Spannung der Module an. Die höchste Spannung, die in einem Betriebszustand auftreten kann, ist die Leerlaufspannung bei minimalen Temperaturen. An einem sonnigen Wintertag kann es nach einer Wechselrichterabschaltung (zum Beispiel bei Netzfehlern) zu einer hohen Leerlaufspannung kommen. Diese Spannung muss kleiner als die maximal zulässige DC-Eingangsspannung des Wechselrichters sein, da dieser ansonsten beschädigt werden kann.

Somit darf die Summe der Leerlaufspannungen U_L der Module in einem Strang bei −10 °C nicht größer als die maximalen Eingangsspannung des Wechselrichters $U_{WR\,max}$ sein:

$$\sum U_{L(\text{Modul}-10\,°C)} \leq U_{WR\,max}$$

Somit ist die maximale Anzahl der Module in einem Strang durch den Wechselrichter vorgegeben.

Auf den Datenblättern der Modulhersteller ist die Leerlaufspannung des Moduls bei −10 °C nicht immer angegeben. Aber Sie können sie berechnen. Vorgeschrieben ist nämlich die Angabe der Temperaturkoeffizienten für Leerlaufspannung β_L, für den Kurzschlussstrom α_K und γ für die MPP-Leistung auf dem Moduldatenblatt. Der Spannungstemperaturkoeffizient β_L wird als Spannungsänderung in Prozent oder in mV pro °C angegeben. Daraus kann die benötigte Leerlaufspannung bei −0 °C aus der Leerlaufspannung unter STC-Bedingungen $U_{L(STC)}$ wie folgt berechnet werden (Hinweis: Der Temperaturkoeffizient wird einschließlich seinem negativen Vorzeichen in die folgende Formel eingesetzt):

bei Angabe β_L in Prozent pro °C:

$$U_{L(\text{Modul}-10\,°C)} = \left(1 - 35\,°C \cdot \beta_L / 100\%\right) \cdot U_{L(STC)}$$

bei Angabe β_L in V pro °C:

$$U_{L(\text{Modul}-10\,°C)} = U_{L(STC)} - 35\,°C \cdot \beta_L$$

Wenn keine der beiden Angaben gegeben ist, kann als Faustwert die Leerlaufspannung um ca. 13 Prozent gegenüber STC-Bedingungen erhöht werden:

$$U_{L(\text{Modul}-10\,°C)} = 1{,}13 \cdot U_{L(STC)}$$

Minimale Modulanzahl in einem Strang

Im Sommer können sich Solarmodule bis ca. 60 °C aufheizen. Damit der Wechselrichter effektiv arbeitet, darf die Summe der Modulspannungen im Strang bei 60 °C den unteren Wert des MPP-Arbeitsbereichs des Wechselrichters nicht unterschreiten:

$$\sum U_{MPP(\text{Modul}\,60\,°C)} \geq U_{WR\,MPP\,\min}$$

Somit ist die minimale Anzahl der Module in einem Strang ebenfalls durch den Wechselrichter vorgegeben.

In den meisten Fällen ist auf den Moduldatenblättern die MPP-Spannung des Moduls bei 60 °C nicht angegeben. Außerdem wird oft nur der Temperaturkoeffizient für die Leerlaufspannung β_L angegeben, sodass dieser in der Praxis oft zur Umrechnung auf den 60-°C-Wert benutzt wird. Der MPP-Temperaturkoeffizient β_{MPP} weicht aber zumeist deutlich vom Temperaturkoeffizienten β_L ab. Die Abweichung beträgt bei typischen Silizium-basierten Solarmodulen –0,1 % / °C. Mit dem Temperaturkoeffizienten beziehungsweise der Angabe zur Spannungsänderung β_{MPP} in Prozent oder in mV pro °C können Sie die MPP-Spannung bei 60 °C aus der MPP-Spannung unter STC-Bedingungen $U_{MPP(STC)}$ folgendermaßen berechnen:

bei Angabe β_{MPP} in Prozent pro °C:

$$U_{MPP(\text{Modul } 60\,°C)} = \left(1 + 35\,°C \cdot \beta_{MPP}/100\%\right) \times U_{MPP(STC)}$$

bei Angabe β_{MPP} in V pro °C:

$$U_{MPP(\text{Modul } 60\,°C)} = U_{MPP(STC)} + 35\,°C \cdot \beta_{MPP}$$

Wenn keine MPP-Temperaturkoeffizienten bekannt sind, können Sie auch statt β_{MPP} überschlägig den Leistungskoeffizienten γ in die Formel einsetzen. Im Allgemeinen können Sie davon ausgehen, dass die MPP-Spannung eines typischen Solarmoduls bei 60 °C um ca. 18 Prozent gegenüber STC-Bedingungen sinken wird:

$$U_{MPP(\text{Modul } 60\,°C)} = 0{,}82 \cdot U_{MPP(STC)}$$

Die maximal auftretende Temperatur wird vom Standort und Montageart der Anlage bestimmt. In der Regel passen die Werte von –10 °C für Winter und 60 °C für Sommer. Allerdings sollten für Standorte zum Beispiel in den Alpen –20 °C angesetzt werden. Für Standorte auf dunklen Flächen, zum Beispiel Bitumendächern, oder beim Einsatz ohne Hinterlüftung an eine wärmegedämmte Wand sollte eine maximale Temperatur von 70 °C angesetzt werden.

Sollten einzelne Solarmodule manchmal teilweise verschattet werden, dann sollte als minimale Spannung bei einer Temperatur von 60 °C nur ⅓ bis ⅔ der MPP-Spannung angesetzt werden.

Stromdimensionierung

Zum Abschluss der Dimensionierung sollten Sie überprüfen, ob der maximale PV-Generatorstrom den maximalen Eingangsstrom nicht übersteigt. Alle Strangströme am Wechselrichter werden addiert. Die Summe der Strangströme darf dabei den maximal zulässigen DC-Eingangsstrom des Wechselrichters nicht überschreiten.

Bei einen Balkonkraftwerk sind maximal zwei Stränge denkbar.

$I_{max\,WR} \geq \Sigma I_{max\,Strang} = 2 \cdot I_{max\,Strang}$

Als maximaler Strangstrom wird meist der Kurzschlussstrom bei STC angesetzt. Allerdings treten manchmal Einstrahlungen auch über 1.000 W/m² auf. Deshalb ist als maximaler Strangstrom der 1,25-fache MPP-Strom anzusetzen. Derzeitige PV-Module besitzen einen Kurzschlussstrom von 10 bis 20 Ampere.

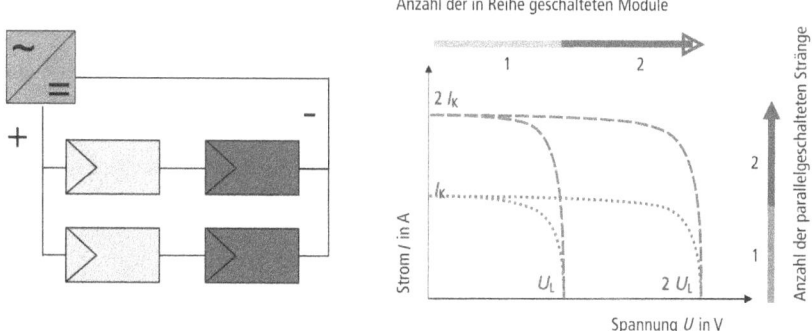

Abbildung 12.4: Zwei Stränge mit je zwei Modulen in Reihenschaltung (Copyright: Ralf Haselhuhn)

Bei einer Unterdimensionierung des Wechselrichters sollten Sie überprüfen, wie häufig und wie lange der Wechselrichter sich im Überstrombereich befindet. Dadurch können Sie einschätzen, ob sich eine geringfügige oder hohe Überlastung einstellt. Das kann mithilfe von geeigneten Simulationsprogrammen (PV*Sol oder PV-Syst) erfolgen. Eine häufige Überlastung der Wechselrichter kann trotz einer bei den meisten Wechselrichtern integrierten Strombegrenzung zu einer frühzeitigen Alterung des Wechselrichters oder auch zur Zerstörung von leistungselektronischen Bauteilen führen.

> **IN DIESEM KAPITEL**
>
> Übersicht vielfältiger Befestigungsmöglichkeiten für Balkon, Dach, Garten & Fassade
>
> Worauf Sie bei Windlast, Schneelast und Statik unbedingt achten sollten
>
> Was Bauordnungen, Normen und Brandschutz für Ihre Anlage bedeuten
>
> Warum professionelle Befestigungslösungen und korrosionsbeständige Materialien wichtig sind

Kapitel 13
Befestigung

Für die Befestigung eines Balkonkraftwerks gibt es sehr viele Lösungen und nicht immer reicht ein Montageset von der Stange aus. Jeder Balkon, jedes Garagendach, jede Fassade ist anders und erfordert eine individuelle Lösung. Wir beginnen dieses Kapitel daher mit einer Bildergalerie, damit Sie eine Vorstellung von den verbreiteten, aber auch einigen ausgefalleneren Möglichkeiten bekommen.

Abbildung 13.1: Solarmodule können wie Fensterläden anmuten. Wenn sie verschiebbar befestigt sind, können sie diese Funktion sogar übernehmen. (Copyright: dgs-berlin.de)

Abbildung 13.2: Solarmodule an der Fassade (Copyright: dgs-berlin.de). Zu erkennen ist die Unterkonstruktion mit den Modulschienen, die an die Fassade gedübelt wurden. Auf den Modulschienen werden die Modulklemmen befestigt, mit denen die PV-Module an vier Punkten festgeklemmt werden.

KAPITEL 13 Befestigung   145

Abbildung 13.3: Horizontale Befestigung von Solarmodulen an einer Holzfassade: Auf die Fassade wurden die Modulbefestigungsschienen mit Schrauben befestigt. Darauf wurden dann die Module mittels vier Modulklemmen befestigt. Der Wechselrichter ist unter dem Fassadenvorsprung vor Regen und Sonne geschützt. (Copyright: Ralf Haselhuhn)

146 TEIL III Installation

Abbildung 13.4: Für ein Solarmodul im Garten wird eine Aufständerung benötigt. Es ist möglich, das Modul dem Sonnenstand per Hand nachzuführen. (Copyright: DGS)

Abbildung 13.5: Ein Solarmodul ist mithilfe von Winkeln am Balkongitter montiert, um eine bessere Ausrichtung zur Sonne zu ermöglichen. (Copyright: Ralf Haselhuhn)

Abbildung 13.6: Bei der Installation von Solarmodulen auf Flachdächern kommen standardisierte Aufständerungssysteme mit entsprechender Ballastierung zum Einsatz. Dadurch kann auf eine Durchdringung der Dachhaut verzichtet werden. (Copyright: Ralf Haselhuhn)

Abbildung 13.7: Die senkrechte Montage der Solarmodule erfolgte direkt an der gemauerten Balkonfassade mittels Dübelbefestigung. (Copyright: Ralf Haselhuhn)

Abbildung 13.8: Praktisch doppelt genutzt: Die Solarmodule ersetzen hier die bisherige Holzbrüstung am Balkon. (Copyright: Ralf Haselhuhn)

KAPITEL 13 Befestigung   149

Abbildung 13.9: Zur Befestigung der Solarmodule am Balkongitter kamen passende Metallklemmen (aus Aluminium, verzinktem Stahl oder Edelstahl) zum Einsatz. (Copyright: Ralf Haselhuhn)

Abbildung 13.10: Die Solarmodule sind zur Ertragsoptimierung am Balkongitter geneigt montiert – dies ist insbesondere bei südlich ausgerichteten Balkonen sinnvoll. (Copyright: Ralf Haselhuhn)

Abbildung 13.11: Die Solarmodule wurden an der Markise montiert. Die obere Befestigung erfolgt mittels Dübeln und Modulklemmen an der Fensterlaibung, während die untere Lastaufnahme über die vorhandene Markisenbefestigung erfolgt. Diese muss statisch tragfähig ausgelegt sein und über ausreichende Sicherheitsreserven verfügen. (Copyright: Ralf Haselhuhn)

Grundsätzlich kommen viele verschiedene Befestigungs- und Aufständerungsarten infrage:

- ✔ senkrecht oder in einem Winkel abstehend an der Balkonbrüstung (Gitter oder gemauert) oder einer Fensterabsturzsicherung (französischer Balkon)
- ✔ an der Fassade, zum Beispiel unter dem Fenster lotrecht oder in einem Winkel
- ✔ auf einer Dachterrasse oder auf dem Balkon aufgeständert
- ✔ im Garten aufgeständert
- ✔ am Schrägdach befestigt
- ✔ am Flachdach befestigt oder beschwert aufgeständert

Mechanische und statische Anforderungen werden von Herstellern wie Nutzern häufig unterschätzt. Dabei sind heutige PV-Module oft größer als zwei Quadratmeter und wiegen mehr als 25 Kilogramm. Eine geeignete Konstruktion beziehungsweise Befestigung ermöglicht es, das Eigengewicht der Module mit überschaubarem Aufwand zuverlässig aufzunehmen. Allerdings werden sehr häufig die Windkräfte unterbewertet, gerade bei höheren Gebäuden und nahe einer Dachkante. Zudem kann bei Modulen, die mit geringer Neigung angebracht worden sind, auch der Schneedruck dazu kommen. Von der Horizontalen bis zu einer Neigung der Module von 60° kommt es nach der Norm DIN EN 1991-1-3 zum Schneedruck. Bei höheren Neigungswinkeln rutscht der Schnee ab. Wind- sowie Schneelasten und das Eigengewicht der Module mit Konstruktion müssen bei der Auslegung einer sicheren Befestigung beachtet werden. Die Grundlage für Lastberechnung an Gebäuden liefert die Norm DIN-EN-1991-1 »Einwirkungen auf Tragwerke«, insbesondere Teil 3: »Schnee- und Eislasten« und Teil 4: »Windlasten«. Nach dieser Norm wird Deutschland in bestimmte Wind- und Schneelastzonen eingeteilt.

KAPITEL 13 Befestigung 153

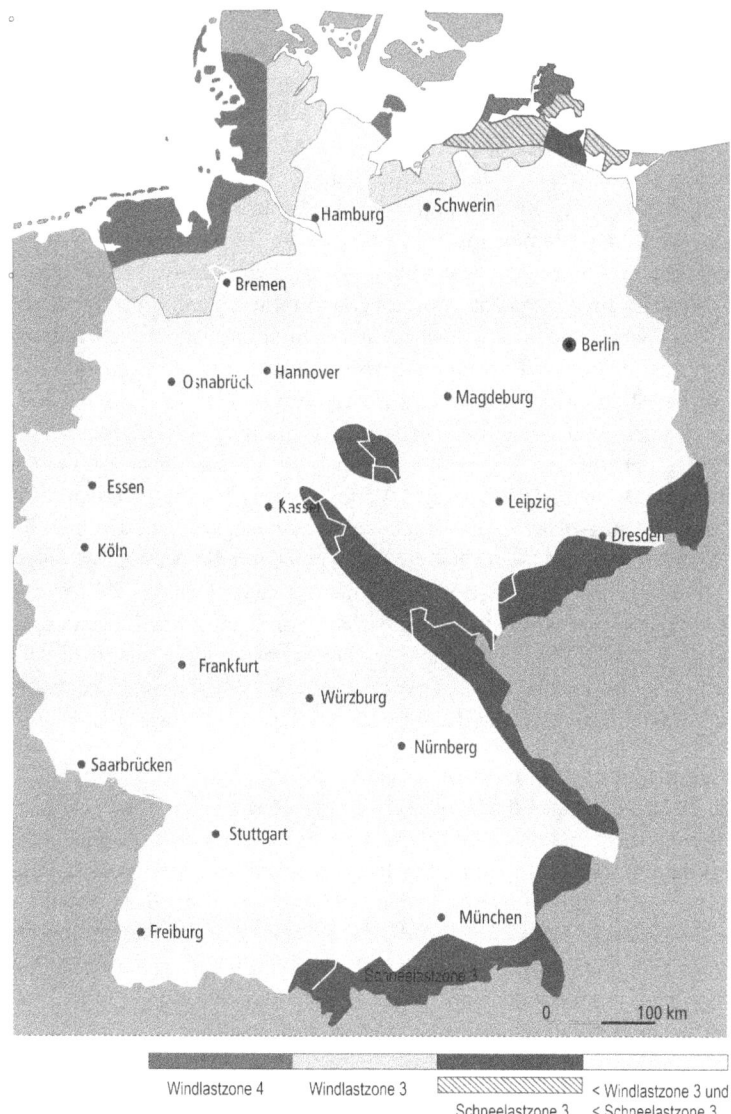

Windlastzone 4   Windlastzone 3   ▨▨▨▨▨▨▨ < Windlastzone 3 und
                                   Schneelastzone 3   < Schneelastzone 3

Abbildung 13.12: Gebiete in Deutschland mit den höchsten Wind- und Schneebelastungen. Zusätzlich zur dargestellten Schneezone geht die Höhe des Standorts in die Bestimmung der Schneebelastung ein. So können zum Beispiel aufgeständerte Standardmodule (mit einer Prüflast von 2,4 kN/m² nach DIN IEC 61215) bis zu einer Neigung von 30° als Überkopfverglasung in Schneelastzone 3 nur bis zu einer maximalen Höhenlage von 590 m eingesetzt werden. (Copyright: Ralf Haselhuhn)

Zu einer kompletten Statik gehört der Nachweis, dass die PV-Module und alle Befestigungselemente zwischen Gebäude und PV-Modul statisch geeignet sowie durch geeignete und ausreichende Verknüpfungspunkte mit dem Gebäude verbunden und in der Lage sind, die zusätzlichen Lasten und Kräfte aufzunehmen und abzuführen. Bei einem Teil dieser komplexen Betrachtung liefern die Montagesystemhersteller Hilfestellung, nämlich beim statischen Nachweis der Eignung der Befestigungselemente und der Systemstatik. Der Hersteller hat für seine Montagesystemlösungen Musterstatiken für verschiedene Befestigungssituationen und Standorte zu erstellen. Anhand von Montageanleitungen, Dimensionierungstabellen beziehungsweise Diagrammen für die verschiedenen Wind- und Schneelastzonen sowie speziellen Computerprogrammen können Anzahl, Art, Ausführung und Abstände der Modulklemmen, der Montageschienen und der Befestigungshaken oder -klammern bestimmt werden. Um die Auslegung und das geeignete System zu bestimmen, benötigen Sie die geografische Lage, die Geländekategorie für die Windlastermittlung, die Gebäudehöhe sowie Angaben zur Dach- beziehungsweise Wandkonstruktion und gegebenenfalls Dachdeckung. Eigengewicht, Schneedruck- sowie Windsogkräfte bestimmen somit die erforderliche Stabilität der Konstruktionsteile und die Anzahl der Befestigungspunkte zum Beispiel an den Balkon. Aufgeständerte geneigte PV-Module können wie Tragflächen von Flugzeugen wirken. Somit muss die Ballastierung von aufgeständerten PV-Modulen auf einer Dachterrasse ausreichend dimensioniert sein. Durch den Einsatz sogenannter Windleitbleche an der Rückseite der aufgeständerten Module kann die Windlast stark verringert werden.

Obwohl die Anlagen nach dem Baurecht nicht genehmigungspflichtig sind, müssen statische Anforderungen und Bauregeln eingehalten werden. Die Auslegung der Befestigungskonstruktion sollte durch einen Statiker erfolgen. Leider besitzen die auf dem Markt angebotenen Steckersolargeräte eher selten einen statischen Nachweis. Allerdings: Geräte, die den DGS-Sicherheitsstandard einhalten, besitzen einen statischen Nachweis für die angegebene Befestigungsart und die Produktnorm DIN-VDE V 0126-95 beinhaltet diese Verpflichtung ebenfalls. Aus der Montageanleitung sollte dann auch ein Laie erfahren können, wie er das Steckersolargerät statisch korrekt an- beziehungsweise aufbaut.

Abbildung 13.13: Windleitbleche an aufgeständerten Solarmodulen (Firma Donauer)

Bauregeln

Bei der Installation und insbesondere der Befestigung der Module über öffentlich zugänglichem Raum sind die allgemein anerkannten Regeln der Technik sowie die baurechtlichen Anforderungen insbesondere zur Statik und zum Brandschutz einzuhalten.

Musterbauordnung (MBO) und Technische Baubestimmungen (MVV TB)

 Wer es genau wissen will, hier der Originaltext: »Die Musterbauordnung (MBO) liefert eine einheitliche Basis für die Bauordnungen der Bundesländer. In Bezug auf PV-Anlagen ist sie insbesondere für den Brandschutz (Abstandsregeln) sowie den Verweis auf Bauarten und Bauprodukte relevant. Letztere werden durch die technischen Baubestimmungen des Deutschen Instituts für Bautechnik (DIBt) im

Einvernehmen mit den Bauaufsichtsbehörden der Länder geregelt. In der Muster-Verwaltungsvorschrift Technische Baubestimmungen (MVV TB) finden sich Anforderungen für PV-Module im Teil B 3 Technische Baubestimmungen für Bauteile und Sonderkonstruktionen. Danach sind PV-Module mit mechanisch gehaltenen Glasdeckflächen mit einer maximalen Einzelglasfläche bis 3,0 m^2 beim Einsatz im Dachbereich mit einem Neigungswinkel $\leq$ 75° und bei gebäudeunabhängigen Solaranlagen im öffentlich unzugänglichen Bereich geregelt. PV-Module müssen dann die Europäische Niederspannungsrichtlinie 2006/95/EG einhalten und dieses mit dem CE-Zeichen nachweisen. Das Konformitätszeichen CE erfordert die Prüfung und Zertifizierung nach der Norm IEC 61215 der Bauarteignung und Bauartzulassung der PV-Module sowie nach IEC 61730, der Sicherheitsnorm für PV-Module.«

Montagesysteme und Befestigungen müssen die Eigenlasten der PV-Module, die Wind- und Schneelasten, die auf das PV-Modul einwirken, sicher und dauerhaft aufnehmen. Für die Standsicherheit gelten dabei die technischen Regeln der Technischen Baubestimmungen Teil A.

So sind bei der Ausführung von Stahl- und Aluminiumkonstruktionen die Eurocodes DIN EN 1993-1 und DIN EN 1999-1 einschließlich ihrer nationalen Anhänge und die Ausführungsnorm DIN EN 1090-2 und DIN EN 1090-3 zu beachten. Da die Standsicherheit und die Ausführung von Tragkonstruktionen aus nichtrostendem Stahl derzeit nicht durch die geltenden technischen Baubestimmungen geregelt sind, ist die allgemeine bauaufsichtliche Zulassung Nr. Z-30.3-6 zu beachten. Montagesysteme und Befestigungsmittel dürfen ohne zusätzlichen Verwendbarkeitsnachweis eingesetzt werden, wenn der Nachweis auf Grundlage eingeführter Normen rechnerisch geführt werden kann.

Eine bauaufsichtliche Zulassung ist erforderlich, wenn:

- ✔ die Tragfähigkeit von Metallkonstruktionen im Versuch ermittelt wird,
- ✔ relevante Teile des Montagesystems aus Kunststoff bestehen,
- ✔ die Montageträger oder Aussteifungselemente des PV-Moduls (BackRails) geklebt werden.

Balkonmodule sowie Module an der Fassade oder als Überkopfverglasung

Bei Balkonmodulen sowie beim Einsatz an Fassaden oder als Überkopfverglasungen sind eigentlich zusätzlich die technischen Regeln des Glasbaus (vgl. Glasbaunormen beim Einsatz an Fassaden oder als Überkopfverglasungen) ab vier Metern von der Oberkante des PV-Moduls über öffentlichen Wegen oder Straßen baurechtlich zu beachten. Ausnahmen bilden an der Fassade befestigte Module, die vom Balkon umfasst werden, kleinformatige Module sowie Kunststoff- beziehungsweise Folienmodule (Module ohne Glas). Aber das DIBt veröffentlichte 2023 zu Steckersolargeräten Folgendes: »Da in diesem Fall die PV-Module nicht dauerhaft in die bauliche Anlage eingebaut werden, sind sie keine Bauprodukte i.S.d. § 2 Abs. 10 Nr. 1 MBO. Verwendbarkeitsnachweise scheiden demgemäß für PV-Module von ›Balkonkraftwerken‹ aus. Bauteile der baulichen Anlage, an denen die Montage der PV-Module von ›Balkonkraftwerken‹ erfolgen soll, müssen dafür geeignet sein (Aufnahme von Windlasten und anderem). Für die Befestigung am Balkon, der Fassade oder im Überkopfbereich sollten die Hersteller zumindest die Resttragfähigkeit der PV-Module gemäß DIN 18008-1 Anhang B prüfen (siehe auch DGS-Sicherheitsstandard). Zudem sollten die mechanischen Prüfungen der IEC 61215 und IEC 61730 für die Befestigung der Module nachgewiesen werden. Wenn die Module an höheren Gebäuden befestigt werden, sollten sie dabei mit einer Prüflast von 5,4 kN/m^2 geprüft worden sein.« Entsprechende Module werden auf dem Markt angeboten.

Folgende PV-Modul-Hersteller boten oder bieten PV-Module mit aBZ/ABg an: AVANCIS GmbH, Solarwatt AG, aleo Solar GmbH, Premium Solarglas GmbH, Sonnenkraft GmbH, CS Wismar GmbH, GSE und Kioto. Sie können solche PV-Module auf https://www.dibt.de/de/suche mit den Suchbegriffen »Photovoltaisch« oder »Solarmodul« finden.

Bei Fassaden oder Überkopfverglasung sollte der Anbieter des Balkonkraftwerkes einen Nachweis zur Restragfähigkeit nach DIN 18008-1 Anhang B führen. Dazu wird die Frontglasscheibe an fünf Stellen mit einem Glaskörner punktiert und dann mit der erforderlichen Last zum Beispiel mit Sandsäcken 4 × 25 kg über 24 Stunden belastet. Über dieser Zeit muss der PV-Modul-Glasverbund die Last tragen.

Weitere mechanische Anforderungen

Der Hersteller und Inverkehrbringer ist verpflichtet, Angaben zum Anwendungsbereich, zum fachgerechten Gebrauch und zur Ausführung des Steckersolargeräts zu tätigen. Berührbare Kanten, Vorsprünge, Ecken, Öffnungen und dergleichen müssen glatt und abgerundet sein, sodass keine Verletzungen von Personen oder Beschädigungen der Isolierung der Leiter auftreten können. Hierzu ist eine Sichtprüfung nach IEC 61730-2, Abschnitt 10.7, MST 06 erforderlich, die auf das gesamte Steckersolargerät angewendet wird.

Befestigungsmittel und Montagesysteme

Bei den Befestigungsmitteln und Montagesystemen sollten die Steckersolaranbieter die VDI-Richtlinie VDI 6012 Blatt 1.4 beachten und müssen die entsprechenden Baunormen und Richtlinien einhalten (vgl. Normen zu Befestigungsmittel und Montagesystem).

Statischer Nachweis

Für alle in der Bedienungsanleitung ausgewiesenen Einbausituationen beziehungsweise Montagearten ist durch ein Statik- und Tragwerksplanungsbüro ein statischer Nachweis zu erbringen, der die mechanische Festigkeit des Steckersolargeräts und der Bestandteile der Montagekonstruktion garantiert, sodass keine Personen gefährdet werden können. Des Weiteren ist ein Nachweis für die Eignung der Teilkomponenten zu führen. Bei Systemen, deren Montageart kein Risiko darstellen, wie zum Beispiel Aufstellungen auf dem Boden, kann dies entfallen.

Der Hersteller und Inverkehrbringer hat nachzuweisen, dass alle Bestandteile der Montagekonstruktion den Anforderungen der Belastung durch sich verändernde Einwirkungen wie Schnee- und Windlasten bezüglich der in der Bedienungsanleitung definierten, zulässigen Montagearten genügen.

Die Herstelleranweisungen und die örtlichen Vorschriften müssen beachtet werden. Für Geräte über öffentlichen Wegen und Zugangsbereichen gelten besondere baurechtliche Anforderungen. Die kommende Produktnorm DIN VDE V 0126-95 verpflichtet die Hersteller dazu, klare Angaben zum Anbringungsort und zu den beachtenden Regeln zu machen.

Korrosion

Die Unterkonstruktionen und Befestigungsmittel für Steckersolargeräte müssen aus korrosionsbeständigen Werkstoffen hergestellt werden, die für die Lebensdauer und den Betrieb des Geräts geeignet sind, wie zum Beispiel Aluminium,

Edelstahl oder verzinkter Stahl (feuerverzinkt Güteklasse a bis b nach DIN EN 14713). Elektrochemische Korrosion, die bei der Verwendung von galvanisch unterschiedlichen Metallen auftritt, kann durch geeignete und langzeitbeständige Abstandshalterwerkstoffe wie zum Beispiel Nylonunterlegscheiben verhindert werden.

Besondere korrosive Belastung gibt es am Meer sowie in der Landwirtschaft. Die verwendeten Materialien sollten ausreichend dagegen geschützt sein. Bei geringer Entfernung zu einem Meer (Salznebel) müssen die Module die »Salt-Mist-Corrosion«-Prüfung nach DIN EN 61701 aufweisen und die Konstruktion sollte aus Edelstahl bestehen. In einer anderen stark korrosiven Umgebung wie in der Landwirtschaft (Ammoniak) müssen die Geräte die Ammoniak-Prüfung nach DIN EN 62716 bestehen. Geräte, die dies nicht erfüllen, erfordern einen Hinweis in der Bedienungsanleitung. Auch die Wechselrichter müssen vor Korrosion geschützt sein. Durch eine Schutzart von mindestens IP 65 wird sichergestellt, dass keine Feuchtigkeit und kein Staub (auch aus landwirtschaftlichen Betrieben) in das Gerät eindringen kann. Für die Eignung der Wechselrichter für den Betrieb in Meeresnähe gibt es ebenfalls die Zertifizierung nach DIN EN / IEC 61701 (Salt Mist Corrosion Test), die deren Salznebelbeständigkeit überprüft.

Brandschutz

Bei der Planung und der Installation von PV-Anlagen sind die Belange des Brandschutzes zu beachten. Es sind die entsprechenden Brandschutzanforderungen der Musterbauordnung sowie gegebenenfalls weitere bauliche Anforderungen, die Fachregeln »Brandschutzgerechte Planung, Errichtung und Instandhaltung von PV-Anlagen« und die Norm VDE-Anwendungsregel VDE-AR-E 2100 einzuhalten.

Grundsätzlich gilt, dass die Installation von PV-Anlagen die Schutzfunktion von Dächern und Brandwänden nicht mindern darf. Damit sich ein Gebäudebrand nicht auf andere Gebäude oder Gebäudeteile ausbreitet, sind durch die jeweiligen Bauordnungen der Länder (LBO) sowie in der Musterbauordnung (MBO) verschiedene Anforderungen an Gebäude und Dächer festgelegt. Dazu zählt insbesondere die Verwendung von Materialien mit einer Einstufung von mindestens Baustoffklasse »Normalentflammbar«, Klasse B2 nach DIN 4102 (alt) oder Klasse E nach EN 13501. Die Modulanbieter sollten dieses mit einer Übereinstimmungserklärung des Herstellers (ÜH) nachweisen. Glas-Folie-Module erreichen nach der DIN EN 13501 die Klasse E, normalentflammbar beziehungsweise Klasse B2 nach der DIN 4102-1. Bei Glas-Glas-Modulen kann nach der EN 13501-1 die Klasse C-s2 erreicht werden: Schwerentflammbar entspricht B1 nach DIN

4102-1. Das Risiko der Brandweiterleitung sowie die Brandlast sind bei Steckersolaranlagen wegen der wenigen Module sehr gering. Trotzdem sollten die angesprochenen Regeln beachtet werden.

Nach der MBO § 32 muss eine Brandweiterleitung durch Flugfeuer oder durch Wärmestrahlung verhindert werden. Solaranlagen und andere Dachaufbauten sind so anzuordnen und herzustellen, dass Feuer nicht auf andere Gebäudeteile und Nachbargrundstücke übertragen wird. Nach der MBO 2022 werden deshalb PV-Anlagen wie folgt ausgeführt:

- ✔ ohne Abstand zu Brandwänden oder Wänden anstelle von Brandwänden, wenn die vorgenannten Wände mindestens 30 cm über die Bedachung geführt sind und sie die Solaranlagen vor einer Brandausbreitung schützen. Davon ist auszugehen, wenn die Konstruktion der Solaranlage die Höhe der Brandwand nicht überschreitet. Eine Brandwand erkennen Sie an dem Stahlblech, was über einem Gebäudeabsatz (Mauer) von ca. 30 cm auf dem Dach befestigt ist.

- ✔ mit mindestens 0,50 m Abstand zum Dachrand, wenn die Solaranlagen dachintegriert oder mit maximal 30 cm Höhe über der Dachhaut installiert sind und die Brandwände oder Wände anstelle von Brandwänden zulässigerweise nicht oder nicht mindestens 30 cm über die Dachhaut geführt werden. Das betrifft in der Regel Gebäude der Gebäudeklassen 1 bis 3 (zum Beispiel Reihenhäuser), bei denen Brandwände lediglich mindestens bis unter die Dachhaut zu führen sind.

- ✔ mit mindestens 1,25 m Abstand für alle übrigen Solaranlagen, die nicht unter die unter 1. oder 2. genannten Optionen fallen.

Bei kleinen oder langen Gebäuden, wie zum Beispiel Reihenhäusern, sind innere Brandwände (= das sind Brandwände im Gebäude, die nicht über das Dach ragen) zugelassen. Der Abstand der PV-Module zur inneren Brandwand ist dann 50 cm. Die Kabel und Leitungen dürfen Brandwände nicht überbrücken. Bei Gebäuden bis 22 Meter Höhe kann der Balkon der Zugangsweg der Feuerwehr zum Brandeinsatz der Wohnung sein. Beim Anbau an den Balkon eines mehrgeschossigen Hauses sollte ein Bereich von 80 cm für das Anlegen der Feuerwehrleiter freigelassen werden.

Weitere Quellen:

Fachregeln »Brandschutzgerechte Planung, Errichtung und Instandhaltung von PV-Anlagen« `https://www.dgs.de/fileadmin/bilder/Dokumente/PV-Brandschutz_DRUCK_24_02_2011.pdf`

DIBt-Merkblatt zu Solaranlagen:

```
https://ilzo.com/wp-content/uploads/2020/01/dbitmerkblatt-
solaranlagen.pdf
```

Blitz- und Überspannungsschutz

Es ist sehr unwahrscheinlich, dass der Blitz in ein Steckersolargerät einschlägt, da es im seltensten Fall exponiert aufgebaut ist. Eine etwa 50 cm hohe Aufständerung auf einer Dachterrasse führt zu keiner relevanten Erhöhung des Blitzeinschlagsrisikos. Zwischen dem Steckersolargerät und vorhandenen Blitzschutzsystemen, wie Blitzfangstangen oder Ableitungen an der Fassade, ist ein Trennungsabstand von mindestens 50 cm einzuhalten. Das ist an den üblichen Anbringungsorten von Steckersolargeräten gegeben. Die durch einen Blitzeinschlag in der Umgebung entstehenden Überspannungseinkopplungen sind aufgrund der geringen Leiterschleifenfläche des einzelnen Moduls beziehungsweise von maximal vier Modulen vernachlässigbar. Als Fläche der Leiterschleife ist die gedachte Fläche zu verstehen, die sich zwischen dem Plus- und Minuspol bei den Modulkabeln einschließlich der Module und des Wechselrichters aufspannt. Diese wirkt wie eine Antenne und »fängt« die atmosphärische Überspannung ein, die beim Blitzeinschlag in der Nähe entsteht. Um die Leiterscheifenfläche zu verringern, hilft es, die Kabel relativ eng aneinander zu führen.

Teil IV
Betrieb

IN DIESEM TEIL ...

✔ Was bringt ein Balkonkraftwerk finanziell?

✔ Lohnt sich die Anschaffung eines Speichers?

✔ Muss ich mein Balkonkraftwerk anmelden und wenn ja, wie?

> IN DIESEM KAPITEL
>
> Wann und warum sich ein Balkonkraftwerk finanziell lohnt
>
> Welche Faktoren den Stromertrag und die Amortisation beeinflussen
>
> Wie Eigenverbrauch, Ausrichtung und Verschattung die Rendite verändern
>
> Was realistische Beispielrechnungen über Ersparnis und Wirtschaftlichkeit zeigen

Kapitel 14

Rentabilität

»**M**oney makes the world go round!« Liza Minelli und Joel Grey landeten mit diesen Worten im Film-Musical »Cabaret« von 1972 nicht nur einen Hit, sondern sie hatten auch einfach recht. Ohne Geld läuft wenig. Und das ist beim Balkonkraftwerk nicht anders. Natürlich schadet es nicht, wenn man damit auch noch einen Beitrag zum Klimaschutz leistet und sich insgesamt etwas unabhängiger fühlt. Aber zum Erfolgsrezept des Balkonkraftwerks gehört eben auch, dass es sich finanziell lohnt. Aber wie kann man das garantieren? Darüber geben wir im Folgenden Auskunft.

Wann rechnet sich ein Balkonkraftwerk?

Es ist kein Geheimnis, dass Geld sparen einer der wesentlichen Gründe für die Anschaffung eines Balkonkraftwerks ist. Wer sich auf den Weg macht und Informationen für ein eigenes Steckersolar-Projekt recherchiert, der stößt dabei jedoch schnell auf sehr unterschiedliche Angaben zum Zeitraum, innerhalb dessen sich die Anschaffung rentiert. Es ist auch verständlich, dass die Anbieter der Geräte in ihren Prospekten und Webshops von möglichst großen Erträgen ausgehen, um Kunden zu locken. Bei einigen gehen die Werbeversprechen sogar so weit, dass Verbraucherschützer sich genötigt sahen, dagegen juristisch vorzugehen.

Spezifisch klagte die Verbraucherzentrale Sachsen 2023 gegen den Discounter Aldi Nord wegen völlig überzogener Werbeversprechen. Ein Balkonkraftwerk mit 350 W_p an Solarleistung wurde als »600-W-Balkonkraftwerk« angeboten. Beim Discounter Lidl hingegen wurde in Prospekt und Webshop ein Jahresertrag von 195 kWh für ein Balkonkraftwerk mit gerade einmal 150 W_p angegeben. Ein Wert, der in unseren Breitengraden niemals dauerhaft möglich wäre.

Ertragsfaktoren

Tatsächlich ist der erwartbare Ertrag von mehreren Faktoren abhängig und daher können unterschiedliche Balkonsolar-Projekte auch sehr unterschiedliche Erträge einbringen. Um eine realistische Einschätzung davon zu erhalten, welche »Rendite« das eigene Kleinkraftwerk einfahren kann, ist ein Grundverständnis dieser Faktoren unerlässlich.

Geräteleistung

Die erste Angabe, auf die Sie bei einer Sichtung von Balkonkraftwerks-Angeboten stoßen, ist die Leistung. Dabei unterscheiden viele, aber nicht alle Anbieter deutlich genug zwischen der Modul- und der Wechselrichterleistung. Beides ist für die Ertragsberechnung relevant, aber auf unterschiedliche Weise.

Die Modulleistung (auch PV-Nennleistung genannt) gibt, wie vorangehend beschrieben, die Leistung an, die ein Modul im optimalen Fall (unter »STC« = »Standard-Test-Conditions« mit künstlicher Sonne, optimaler Betriebstemperatur etc.) erzeugen kann. Daher wird sie auch in »Watt peak« (W_p), also Watt-Spitzenleistung, angegeben. Neben Modulleistung ist der angegebene Wirkungsgrad des Moduls wichtig, um den oft begrenzten Platz bei Balkonsolaranlagen effizient zu nutzen. Dieser steigt durch die stetig voranschreitende technische Weiterentwicklung sowohl im Bereich der Zellchemie als auch im Bereich der Verbindung und Verarbeitung seit Jahren kontinuierlich an. Aus derselben Fläche kann immer mehr Leistung generiert werden. Lag der übliche Wirkungsgrad 2018 etwa noch bei 17 bis 18 Prozent, so liegt er 2025 bereits bei durchschnittlich 23 bis 24 Prozent. Hinzu kommt, dass die durchschnittlichen Abmessungen der Module in den letzten Jahren ebenfalls größer geworden sind. Auch dies trägt natürlich zu größeren möglichen Leistungen bei. In den letzten fünf Jahren ist die Durchschnittsleistung der für Balkonkraftwerke üblichen Solarmodule so um über 30 Prozent gestiegen und liegt heute bereits bei über 400 W_p pro Modul. Wenn genug Fläche zur Verfügung steht, ist allerdings der Wirkungsgrad weniger entscheidend.

Eine hohe Modulleistung nützt allerdings nichts, wenn der eingesetzte Wechselrichter diese Leistung nicht weitergeben kann. Daher empfahlen die Experten bisher meist, dass die Modulleistung nur ca. 20 Prozent über der Wechselrichterleistung liegen sollte. Das gewährleistet, dass der Wechselrichter nur in seltenen Fällen an sein Leistungsmaximum kommt. So verpufft wenig der im Solarmodul erzeugten elektrischen Energie. Diese Empfehlung hat sich jedoch mittlerweile verändert. Einerseits liegt das an den sinkenden Preisen für Solarmodule, andererseits am Leistungshunger im Markt. Dies hat besonders ab 2023 zur Verbreitung von abregelbaren oder »gedrosselten« Wechselrichtern geführt. Selbige sind eigentlich für größere Leistungen gebaut und halten diese gut aus, werden aber in ihrer Wirkleistung, die sie ans Netz weitergeben, auf die für Steckersolargeräte erlaubte Leistung begrenzt. Hierdurch machen auch größere Unterschiede zwischen Modul- und Wechselrichterleistung (»PV-Überdimensionierung«) ökonomisch Sinn.

Anbringungsart/Ausrichtung

Wie im vorigen Kapitel beschrieben, gibt es sehr viele verschiedene Arten, ein Balkonkraftwerk zu befestigen. Die Montagelösung an sich hat im Normalfall keinen Einfluss auf den Ertrag, denn sie befindet sich ja auf der Modulrückseite. Allerdings ermöglicht sie meist nur eine fixe Ausrichtung der Solarmodule. Die Ausrichtung wiederum hat den größtmöglichen Einfluss auf die mögliche Sonnenernte und damit auch auf Ersparnis und Rentabilität.

Ein perfekt nach Süden ausgerichtetes Solarmodul erreicht pro Watt Peak im Durchschnitt etwa eine Kilowattstunde an erzeugter elektrischer Energie im Jahr (Fachleute sprechen dann auch von 1000 »Volllaststunden«). Bei einem Modul mit 420 W_p etwa entspricht dies also 420 kWh pro Jahr. Das ist aber ein Optimalwert, bei dem das Modul in der Zeit, in der die Sonne am stärksten scheint beziehungsweise das Modul am meisten Ertrag erwirtschaftet (die Temperatur spielt ja auch eine Rolle), im optimalen Winkel zur Sonne steht. Dies erreicht man durch eine Ausrichtung nach Süden und eine Anwinkelung auf 20° bis 50° zur Waagerechten (siehe Abbildung 14.1).

Warum ein Von-bis-Wert? Weil der optimale Winkel vom Breitengrad abhängt und innerhalb Deutschlands variiert. Im Norden ist ein etwas steilerer Anstellwinkel sinnvoll, im Süden ein etwas flacherer. Aber selbst wenn Sie das beherzigen, werden Sie aus demselben Modul im Norden der Republik immer etwas weniger (ca. zehn Prozent) Sonne ernten können als im Süden. Das liegt am niedrigeren Sonnenstand im Norden: Die Sonnenstrahlen müssen dort eine dickere Atmosphärenschicht durchdringen, die – selbst bei wolkenlosem Himmel – einen Teil ihrer Energie absorbiert (siehe Abbildung 14.2).

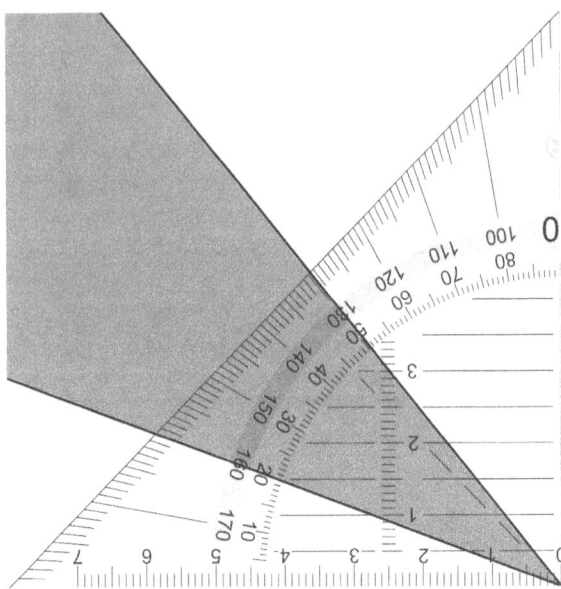

Abbildung 14.1: Bandbreite der optimalen Aufstellungswinkel eines Solarmoduls in Deutschland, dargestellt an einem Geodreieck (Copyright: EmpowerSource)

Die genauen Werte für die je nach Ausrichtungswinkel möglichen Erträge können Sie Abbildung 4.2 entnehmen.

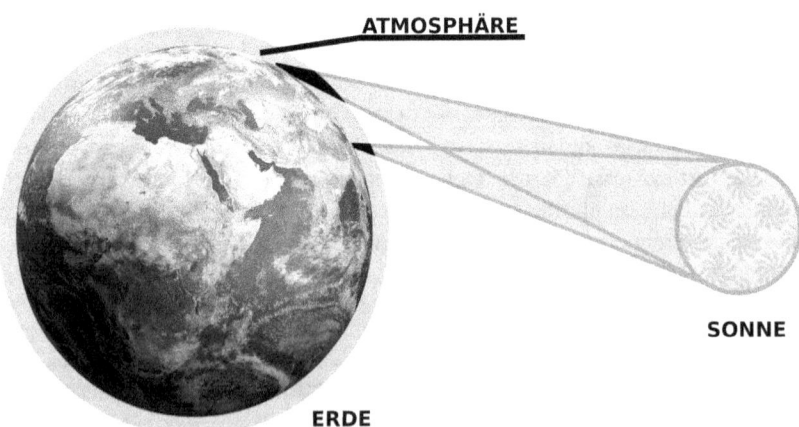

Abbildung 14.2: Schematische Darstellung des Einstrahlwinkels der Sonne auf zwei verschiedene Breitengrade der Nordhalbkugel der Erde (vom Weltraum aus gesehen) mit Hervorhebung der zu durchdringenden Atmosphärenschicht (Copyright: EmpowerSource und Weltkugel: 1xpert - stock.adobe.com)

Anbringungsort

Noch gravierender als die Art der Anbringung kann der Einfluss des Anbringungsorts auf den möglichen Ertrag und damit auf die Rentabilität sein. Das liegt daran, dass ein suboptimaler Einstrahlungswinkel deutlich weniger Energieverluste verursacht als eine Verschattung des Solarmoduls durch ein Objekt zwischen Sonne und Modul. Auch wenn einige Modultypen besser mit Verschattungen umgehen können als andere, gilt doch das Grundprinzip: ohne Sonneneinstrahlung keine Sonnenenergie. Schatten sind also generell zu vermeiden. Das Risiko von regelmäßigen Verschattungen kann sich je nach Gebäude, Umgebung und allgemeinen Wetterbedingungen ganz unterschiedlich gestalten. Bei der Frage nach der Rentabilität gilt also dasselbe wie bei Immobilien: Die Location ist das, was zählt.

Abbildung 14.3: Verschattung auf Balkonen (Copyright: Robert Poorten - stock.adobe.com)

Dabei müssen Sie sich Fragen stellen wie: »Zu welchen Tages- und Jahreszeiten zieht der Schatten vom Nachbargebäude über den geplanten Anbringungsort?«, »Wo will ich hohe Stauden in den Garten setzen?«, aber auch »Sammeln sich am Gebirge in meiner Umgebung häufig Wolken?« oder »Ist es in meiner Umgebung oft neblig?« Es gibt für all diese Fälle durchaus technische Lösungen. Halbzellen- oder Hotspot-Free-Module können bei klar abgezeichneten Verschattungen wie durch Häuserecken oder Fahnenmasten einen Teil des Ertrags retten. Moderne Solarmodule können oft auch aus dem bei leichtem Nebel oder leichter Bewölkung vorherrschendem Diffus- und Schwachlicht noch mehr herausholen als ältere Modelle. Dennoch können all diese Gründe für Verschattung die Rentabilität eines Balkonkraftwerks schmälern oder sogar zunichtemachen.

Es versteht sich von selbst, dass Beispielrechnungen zumindest an dieser Stelle keinen Sinn machen, denn kaum ein Montageort ist von der Verschattung her wie der andere und meist haben Sie nur wenig Einfluss darauf. Hier hilft nur ein gesundes Augenmaß und eventuell einfach Ausprobieren weiter. An der folgenden Stellschraube haben Sie zum Glück mehr Kontrolle über den möglichen finanziellen Ertrag eines Balkonkraftwerks.

Eigenverbrauchsanteil

Noch vor einigen Jahren, als das Balkonkraftwerk noch unreguliert und als »Guerilla-PV« betrieben wurde, hatte das einen zentralen Vorteil: Wenn das Balkonkraftwerk mehr erzeugte, als gerade im Haushalt verbraucht wurde, lief der Stromzähler meist rückwärts. Früher war das verboten, wird jedoch im Rahmen des *Solarpakets 1* (2024) vorübergehend geduldet – bis der Netzbetreiber den Zähler austauscht. Der gesamte vom Kraftwerk erzeugte Strom wurde dadurch von der Stromrechnung abgezogen, inklusive eigentlich auf den tatsächlich verbrauchten Strom anfallender Gebühren und Abgaben. In manchen Ländern ist dieses sogenannte »Net-Metering« zulässig. Kritiker in Deutschland warfen hierbei schnell mit Begriffen wie »Steuerhinterziehung« und »Betrug« um sich, die allerdings nie juristisch auf die Probe gestellt wurden. Das zeitweise Rückwärtsdrehen führt heute dank neuer Gesetzesregelungen (Duldung bis Austausch) nicht mehr zu Problemen. Damit ist die Vermeidung von Stromüberschüssen nun zumindest zeitweise nicht mehr so wichtig – bis der Zähler durch den Netzbetreiber pflichtgemäß getauscht wird. Das ist auch gut, denn sie können im Normalfall und unabhängig von der Anlagengröße nicht vollständig verhindert werden. Eine Studie der Hochschule Rosenheim in Zusammenarbeit mit der Deutschen Gesellschaft für Sonnenenergie zeigte 2017, dass die Überschussmengen zwischen 5 Prozent und fast 30 Prozent der Gesamterzeugung liegen, allerdings basierend auf den damals verfügbaren Balkonkraftwerksmodellen. Zwischenzeitlich sind die Leistungen der Geräte stark gestiegen. Eine neuere Studie der HTW Berlin aus 2021 mit Fokus auf Balkonkraftwerken mit leistungsstärkeren Solarmodulen wies Überschussquoten zwischen 10 Prozent und 40 Prozent nach.

Die Überschüsse beziehungsweise der Eigenverbrauchsanteil variieren je nach Verbrauchsverhalten stark. Wer mit einem Balkonkraftwerk eigenen Strom erzeugt, merkt schnell: Die direkte Ersparnis führt oft ganz nebenbei zu einem bewussteren Umgang mit Energie.

Achtung: Bestimmte Verbraucher haben eine hohe Leistungsaufnahme, wenn sie aktiv sind, aber eine geringe Durchschnittsleistung, wie zum Beispiel ein Kühlschrank: Während der Kühlkompressor läuft, ist der Stromverbrauch hoch; anschließend bleibt er bis zur oberen Temperaturgrenze ausgeschaltet. Das Balkonsolargerät kann unter Umständen während der Einschaltzeit die volle benötigte Leistung nicht bereitstellen. Während der Ausschaltzeit hingegen speist das Balkonsolargerät nur in das Netz ein (wenn keine weiteren Verbraucher vorhanden sind) – dadurch reduziert sich der Eigenverbrauchsanteil und die Netzeinspeisung steigt.

Nutzer von Balkonkraftwerken neigen dazu, den Energieverbrauch ihrer Haushaltsgeräte wie Beleuchtung, Unterhaltungselektronik und Ähnliches genauer zu überwachen, und passen ihren Verbrauch oft an die Stromerzeugung an. Moderne Haushaltsgeräte wie Waschmaschinen, Trockner und Geschirrspüler erlauben es, die Startzeit so zu programmieren, dass sie in sonnenreiche Zeiten fallen. Einige Nutzer verzichten auch abends auf warme Mahlzeiten 😉, um den Energieverbrauch von Elektro- und Induktionsherden außerhalb der Betriebszeiten des Balkonkraftwerks zu vermeiden. Solche Maßnahmen können die Eigenverbrauchsquote tatsächlich verbessern, sind aber natürlich nicht für jeden das Richtige. Abbildung 14.4 zeigt ein Beispiel, bei dem die Waschmaschine zur Mittagszeit betrieben wird und damit den Sonnenstrom so weit wie möglich nutzt.

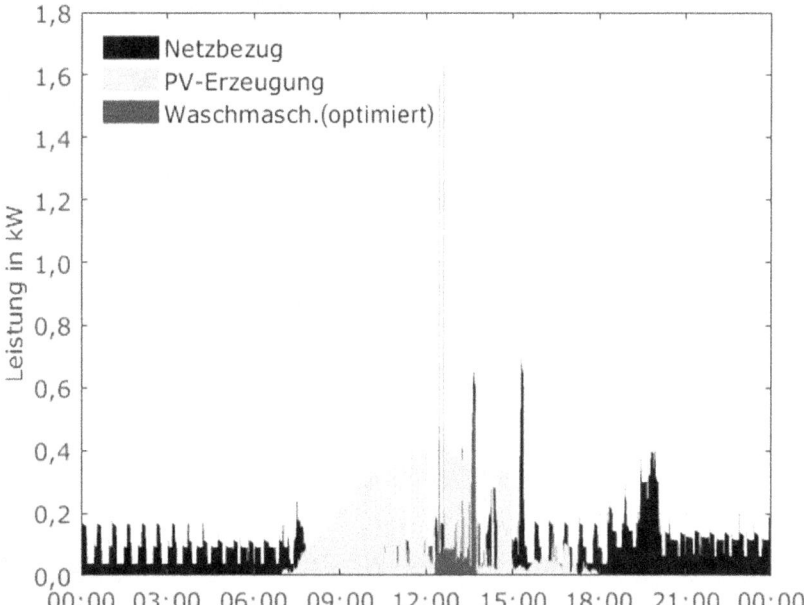

Abbildung 14.4: Erzeugungs- und Verbrauchskurve eines Haushalts mit Balkonkraftwerk mit Verbrauchsspitze durch Heizphase einer Waschmaschine in der Mittagszeit (Copyright: EmpowerSource, Bildquelle: Nico Orth)

Um den Stromverbrauch clever zu gestalten, ist es wichtig, den eigenen Verbrauch während der sonnenreichen Zeit zu kennen. Neben teuren Smart-Home-Systemen und intelligenten Stromzählern gibt es auch einfache, preiswerte Energiemessgeräte, die einfach zwischen Steckdose und Gerät gesteckt werden – eine effektive Möglichkeit, den Stromverbrauch einzelner Haushaltsgeräte zu messen und zu optimieren. Im Zusammenhang mit einem Balkonkraftwerk sind diese Geräte eine praktische und wirtschaftlich sinnvolle Ergänzung.

Beispielrechnungen: Es lohnt sich!

Die vorangehenden Punkte verdeutlichen, dass die Berechnung des tatsächlichen Ertrags eines Balkonkraftwerks von zahlreichen Variablen abhängt. Daher muss häufig mit Schätzungen gearbeitet werden, um Aussagen über Jahresertrag und Eigenverbrauchsquote zu machen. Diese Erkenntnis bringt zunächst einmal eine realistischere Sicht auf die eingangs erwähnten, mitunter recht reißerischen Werbeversprechen zum Balkonkraftwerk mit sich. Eine wesentliche Grundlage für eine Berechnung sind die Anschaffungskosten pro Watt Peak (W_p). Aktuelle Durchschnittswerte gibt es hierzu nicht, denn größere Marktübersichten werden aufgrund der stark gestiegenen Angebotsvielfalt schon seit mehreren Jahren nicht mehr erstellt. Die Website **MachDeinenStrom.de** hat 2021 die Kosten für mehr als 100 verschiedene Balkonkraftwerke aufgelistet und Durchschnittswerte für den Preis pro Watt Peak berechnet. Diese lagen damals bei Modellen mit einem Wechselrichter von bis zu 400 W_p Leistung – meist mit einem Modul – bei durchschnittlich 1,45 €/W_p. Modelle mit Wechselrichtern zwischen 400 W_p und 600 W_p und mehreren Modulen lagen bei etwa 1,06 €/W_p. 2025 konnten auch Angebote mit 0,60 bis 0,70 €/W_p und darunter gefunden werden. Wird zunächst mit einem Durchschnittspreis von 1,00 €/W_p gerechnet, so können die Ergebnisse der Berechnungen später sehr einfach auf den tatsächlichen Preis umgerechnet werden. Daher wurde dieser Wert in den folgenden Berechnungen zugrunde gelegt.

Basierend auf einem durchschnittlichen Ertrag in Deutschland von 1 kWh/W_p und einem Strompreis von 30 Cent/kWh lassen sich mit den Formeln Berechnungen für die jährliche Ersparnis, Amortisationsdauer und Jahresrendite für verschiedene Modelle durchführen:

> Leistung in W_p · Ertragsquote (abh. v. Breitengrad, Ausrichtung, Verschattung etc.) · Eigenverbrauchsquote · Strompreis = jährliche Ersparnis
>
> Anschaffungskosten / jährliche Ersparnis = Amortisationsdauer in Jahren
>
> (jährliche Ersparnis - Wertverlust des Kraftwerks pro Jahr) / Anschaffungskosten = Jahresrendite

Bei 425 W_p, einer unverschatteten und optimalen Ausrichtung in Süddeutschland, 70 Prozent Eigenverbrauch, einer Nutzungsdauer von 25 Jahren und ohne Restwert für das Balkonkraftwerk beträgt die jährliche Ersparnis rund 100 €. Damit ergibt sich eine Amortisationsdauer von rund 4,3 Jahren und eine Jahresrendite von rund 20 Prozent.

 Bei 390 W_p, einer lotrechten Montage in Mitteldeutschland und 60 Prozent Eigenverbrauch ergibt sich eine jährliche Ersparnis von nur 49 € und damit eine Amortisationsdauer von fast acht Jahren. Die Jahresrendite beträgt hier immerhin noch fast acht Prozent.

 Bei einem großen Balkonkraftwerk von 890 W_p mit guter Ausrichtung in Mitteldeutschland und 60 Prozent Eigenverbrauch liegt die Ersparnis hingegen bei immerhin rund 144 €. Die Amortisationsdauer beträgt rund 6,2 Jahre und die Jahresrendite rund 16 Prozent.

Der Optimalfall, also ein optimal ausgerichtetes Kraftwerk in Süddeutschland mit 960 W_p (800 W + 20 Prozent Überlast) und 100 Prozent Eigenverbrauch, würde jährlich satte 345 € einsparen und hätte sich so bereits nach unter drei Jahren amortisiert. Allerdings wird dieser Fall, der mit einer Rendite von irren 36 Prozent lockt, in der Realität kaum auftreten. Um die gesamte hier erzeugte Energie direkt zu verbrauchen, müsste der entsprechende Haushalt einen enormen Stromverbrauch aufweisen. Noch vor Kauf eines Balkonkraftwerks böte sich hier die Investition in Stromsparmaßnahmen wie neue Beleuchtung und energieeffiziente Verbrauchsgeräte an.

Gerade bei größeren Modulleistungen kommt man stattdessen realistisch betrachtet häufig in einen Bereich signifikanter Überschüsse, die ja bei Balkonkraftwerken ohne Vergütung ins Stromnetz abgegeben werden. Das leistet zwar einen Beitrag zur Erhöhung des Anteils erneuerbarer Energien im Stromnetz und kommt finanziell als Bilanzüberschuss beim Netzbetreiber aufs EEG-Konto, wo es allen zugutekommt, ist aber dennoch oft nicht gewollt. Hier kommen Möglichkeiten zur Nutzung dieser Überschüsse zum Tragen, wie etwa Batteriespeicher.

> **IN DIESEM KAPITEL**
>
> Welche Speicherarten es gibt – und wie sie sich unterscheiden
>
> Was bei Auswahl, Installation und Sicherheit zu beachten ist
>
> Wie sich Speicher wirtschaftlich rechnen – oder eben nicht
>
> Überblick aktueller Speicherlösungen auf dem Markt

Kapitel 15
Speichersysteme

Solarstrom ist nicht immer zur Stelle, wenn man ihn braucht. Die Waschmaschine läuft selten genau dann, wenn die Sonne scheint. Und das Licht will nachts auch nicht warten, bis es wieder hell wird. Natürlich lohnt es sich, den eigenen Strom dann zu verbrauchen, wenn das Balkonkraftwerk ihn liefert – doch im Alltag ist das nur bedingt machbar.

Gerade bei guter Sonneneinstrahlung liefern moderne Balkonkraftwerke bis zu 600 oder sogar 800 Watt. Für viele Haushalte ist das mehr, als die Grundlast abnimmt. Der überschüssige Strom fließt dann ins öffentliche Netz.

Wäre es da nicht sinnvoller, diesen Strom für später zu speichern? Genau hier setzen Speicher an: Sie nehmen den nicht genutzten Solarstrom auf und stellen ihn dann bereit, wenn er wirklich gebraucht wird – etwa am Abend oder bei einem plötzlichen Verbrauchssprung.

In den letzten Jahren hat sich auf diesem Gebiet viel getan. Es sind verschiedene Speichertypen entstanden – mit unterschiedlichen Ansätzen, Stärken und Schwächen. Batteriespeicher für das Balkonkraftwerk unterscheiden sich dabei in erster Linie nach der Art, in der der Strom nach Speicherung wieder verfügbar gemacht wird. Hier kann man nach der Einspeisung von Fixwerten, der verbrauchergesteuerten und der gesamtverbrauchsgesteuerten Einspeisung unterscheiden.

Fixwerteinspeisung

Balkonsolarspeicher, die die gespeicherte Leistung nach einem voreingestellten Fixwert einspeisen, sind die einfachste Form der Speicher. Sie funktionieren im Grunde wie ein Staubecken an einem Flusslauf. Die variierende Sonnenenergie aus den Modulen läuft direkt in den Speicher, dieser gibt aber nur eine konstante Leistung an/über den Wechselrichter weiter. Das tut er so lange, bis er »leergelaufen« ist. Die Fixleistung kann je nach Modell stufenweise oder stufenlos eingestellt werden. Damit ist es möglich, den Grundverbrauch des Haushalts annäherungsweise zu bedienen und damit die Tagesüberschüsse teilweise oder vollständig in die Abend- und Nachtstunden zu übertragen. Allerdings können mit diesen Speichern keine Lastspitzen bedient werden und sie speisen auch dann stur weiter ein, wenn man doch mal die Kühl-Gefrier-Kombo abtaut oder aus anderen Gründen keinen ausreichenden Verbrauch hat, um die voreingestellte Einspeisung zu verbrauchen. Daher kommt es bei diesen Speichern auch weiterhin zu Netzrückspeisungen und damit verschenktem Strom, wenn auch in geringeren Mengen als ohne Speicher.

Verbrauchergesteuerte Einspeisung

Auch bei der verbrauchergesteuerten Einspeisung wird mit Fixwerten für die Einspeisung gearbeitet. Darüber hinaus bieten solche Systeme aber die Möglichkeit, über die Messung der Leistung von einzelnen Verbrauchern die Einspeiseleistung des Speichers ins Hausnetz kurzfristig zu erhöhen. Energiehungrige Verbraucher, die auch eine Weile laufen, wie Waschmaschinen, Trockner, Kaffeemaschinen, Heizlüfter, Föns (bei langen Haaren), Beamer etc. eignen sich hierfür besonders gut. Deren Leistung wird in verbrauchergesteuerten Systemen über Zwischenstecker mit Sendern, sogenannte »Smart-Plugs«, erkannt und schnell an die im Speicher beziehungsweise in einer zwischengeschalteten Kommunikationseinheit befindliche Speichersteuerung weitergeleitet. Die Einspeiseleistung des Speichers wird dann über den vorab eingestellten Fixwert hinaus um die vom Verbrauchsgerät benötigte Leistung erhöht. Liegt die Leistung des Verbrauchers über der maximalen vom Speicher zur Verfügung stellbaren Leistung, dann bleibt es bei der Maximaleinspeisung, bis der Verbraucher wieder ausgeschaltet wird.

Es gibt bei den aktuell verfügbaren Modellen solcher Speicher für gewöhnlich eine gewisse Verzögerung zwischen dem Erkennen des erhöhten Verbrauchs und der Erhöhung der Einspeiseleistung des Speichers. Daher können Verbraucher mit sehr kurzfristigen Leistungsspitzen, wie zum Beispiel Bohrmaschinen, damit nicht gut versorgt werden. Verbraucher mit Drehstrom-/Festanschluss wie Herd und Backofen und auch sämtliche Deckenleuchten bleiben im Normalfall ebenfalls außen vor, da sie keine Möglichkeit für einen Zwischenstecker bieten. Verbraucher mit Stecker, aber geringem Leistungsbedarf wie Leselampen, Handyladegeräte oder Drucker bleiben auch meist außen vor. Das liegt daran, dass sich deren Einbindung nicht immer lohnt, denn die »Smart-Plugs« liegen im Preis zwischen 20 und 50 Euro pro Stück. Jeden Verbraucher im Haushalt damit auszustatten, ist daher ein teures Unterfangen. Die Vorstellung hingegen, immer einen Smart-Plug mit sich zu führen und ihn jedes Mal vorher dazwischenzustecken, wenn man im nächsten Raum eine Stehlampe oder den Rasierapparat betätigt, ist nur für wenige Menschen attraktiv.

Gesamtverbrauchsgesteuerte Einspeisung

Eine Lösung für diese Anwendungsgrenzen bietet eine Einspeisung, die sich am Gesamtverbrauch des Haushalts orientiert. Hier muss nicht mehr unterschieden werden zwischen den Verbrauchern, bei denen sich die Einbindung lohnt oder möglich ist, und denen, bei denen dies nicht der Fall ist. Stattdessen wird an zentraler Stelle, nämlich im Sicherungskasten, der Gesamtverbrauch aller Geräte ermittelt und wiederum an die Steuerung des Speichers übermittelt. Dieser passt seine Einspeisung dann dynamisch an den tatsächlich vorliegenden Haushaltsbedarf an.

Hierzu muss allerdings zunächst eine gedankliche Barriere überwunden werden: die Angst vor dem Zugang zum eigenen Wohnungsanschluss. Bei Smart-Home-Systemen und klassischen Energiemanagern erfolgt die Messung des Haushaltsverbrauchs oft über sogenannte »Hutschienenzähler«, die von einem Elektriker mit den Leitungen der Wohnung verbunden werden müssen. Bei aktuellen Balkonsolar-Speichersystemen ist das häufig nicht notwendig. Stattdessen kommen nämlich sogenannte »induktive Signalklammern« zum Einsatz. Das sind kleine Klammern oder Schellen aus Kunststoff, in denen sich Leitungen befinden. Diese Klammern werden um die Strom-Zuleitung der Wohnung gelegt. Hierfür muss keine der bestehenden Leitungen verändert oder gar gelöst werden. Alles bleibt, wie es ist. Allerdings ist die Zuleitung nicht immer direkt zugänglich. In vielen Haushalten ist sie hinter Abdeckungen im Sicherungskasten verborgen. Es ist auch nicht verboten, diese vorübergehend zu entfernen, allerdings haben viele Menschen eine gesunde Scheu davor. Gesund ist diese Scheu darum, weil die Zuleitung selbst nicht mit denselben Sicherungseinrichtungen ausgestattet ist wie die Leitungen in den Wohnungen. Arbeiten an der Zuleitung sind ausschließlich Fachkräften vorbehalten. Das Setzen einer Signalklammer ist jedoch in der Regel bei achtsamer Vorgehensweise ungefährlich. Dennoch gilt es, die Sicherheitshinweise zum Produkt zu beachten und im Zweifel immer einen Elektriker hinzuzuziehen.

Wenn die Klammer sitzt, kann sie sich nun ein einfaches physikalisches Gesetz zunutze machen, um den Gesamtverbrauch zu messen: Fließender Strom erzeugt um die Leitung herum, durch die er fließt, ein elektromagnetisches Feld. Je mehr Strom, desto stärker das Feld. Dieses Feld regt wiederum in der Leitung der Signalklammer einen eigenen, kleineren Strom durch die sogenannte Induktion an. Je stärker das Feld, desto stärker der induzierte Strom. Dieser wird nun in ein Messgerät mit Sender geleitet, das aus den Daten den tatsächlichen Gesamtverbrauch errechnet und diesen dann wiederum an die Steuereinheit des Speichers sendet. So kann der Speicher stets den jeweiligen Verbrauch des Haushalts bereitstellen (natürlich nur bis zu seiner maximalen Einspeiseleistung). Solche Systeme machen den maximalen Eigenverbrauch von selbst erzeugtem Strom möglich.

Einige Speicher bieten die Option, dass das Laden nur um die Mittagszeit erfolgt, wenn sowieso viel (oft zu viel) PV-Strom im Netz vorhanden ist. Dadurch wird eine Einspeisung um die Mittagszeit vermieden (»Netzdienlichkeit«) – vorbildlich!

Weitere Unterscheidungsmerkmale (Zellchemie, Anschlussart, Kapazität)

Unabhängig von den Einspeisearten unterscheiden sich Balkonsolar-Speicher auch nach der chemischen Zusammensetzung der Speichereinheiten, nach der Anschlussart und selbstverständlich nach der Kapazität.

Bei der chemischen Zusammensetzung hat sich Lithium-Eisenphosphat (auch »LFP« oder »LiFePo4«) bei Balkonsolar-Speichern mittlerweile durchgesetzt. Nur selten findet man noch andere Lithium-Ionen-Technologien oder gar Bleigel- oder sonstige Speichersysteme (Natrium zum Beispiel). Das liegt an der hohen Zuverlässigkeit und Sicherheit bei zugleich annehmbarer Lebensdauer von 10 bis 15 Jahren bei normaler Betriebsweise (keine vollständige Be- und Entladung) und Betriebsbedingungen (nicht in die Sonne stellen, Frost vermeiden).

Der Anschluss erfolgt bei den meisten Systemen DC-seitig. Dafür gibt es zwei Methoden:

1. Die Solarmodule werden direkt an die entsprechenden, bereits im Speichergehäuse integrierten Stecker mit dahinterliegendem Lademanagement angeschlossen, oder

2. Speicher und Module hängen beide an einem gemeinsamen Steuermodul.

Erst nach dem Speicher beziehungsweise nach dem Steuermodul kommt dann der Wechselrichter. AC-seitig gekoppelte Speicher, also solche, die unabhängig von den Solarmodulen betrieben werden und mit einem separaten Wechselrichter ausgestattet sind, finden sich nur extrem selten. Sie können zwar einfacher im Innenraum aufbewahrt und betrieben werden (keine DC-Leitungen der Module notwendig), was die Lebensdauer mitunter erhöht. Aber durch den zusätzlichen Wechselrichter, die zusätzlichen Wandlungsverluste und die erforderliche Steuerungstechnik, um eine Kommunikation mit dem Wechselrichter zu gewährleisten, sind sie meist weniger wirtschaftlich.

Ein weiteres Unterscheidungsmerkmal ist die Speicherkapazität. Diese liegt bei Balkonkraftwerk-Speichern meist zwischen 1 und 2,5 kWh.

Ein Grund für die Verwendung solch kleiner Speicher ist, dass die Speicherkapazität und die mögliche Ausgangsleistung eines Speichers oft in einem direkten Verhältnis zueinander stehen. Je größer die Kapazität, desto größer die mögliche Leistung. Nun sind Balkonkraftwerke ja selbst in ihrer Leistung begrenzt. Das gilt nicht nur für die Ausgangsleistung des Wechselrichters, sondern auch für seine maximale Eingangsleistung (zum Beispiel maximale Modulleistung). Diese liegt aktuell meist bei unter einem kW oder um diesen Wert herum. Daher ergibt es meist keinen Sinn, gemeinsam mit dem Balkonkraftwerk einen Speicher mit einer hohen möglichen Ausgangsleistung zu verwenden, da der Wechselrichter diese nicht aufnehmen kann. Daher stehen meist nur Speichersysteme mit kleinerer Kapazität zur Auswahl.

Der wesentlichere Grund ist allerdings die überschaubare Menge an Überschüssen, die ein Balkonkraftwerk erzeugt. Studien und Praxiserfahrung belegen, dass im Durchschnitt über die Hälfte der erzeugten Energie eines Balkonkraftwerks direkt im Haushalt verbraucht wird. Selbst bei einem Kraftwerk mit 850 W_p können also von den potenziell erzeugten 850 kWh pro Jahr (Durchschnittswert für Deutschland bei optimaler Ausrichtung der Module) maximal rund 425 kWh im Jahr zur Speicherung verwendet werden. Davon fallen 70 Prozent auf Frühling und Sommer und nur 30 Prozent auf Herbst und Winter. Von April bis Juli wird die Hälfte des gesamten Jahresertrags erzielt, in November bis Februar zusammengerechnet unter 15 Prozent. Bei einer Kapazität von einer kWh ist also einige Wochen des Jahres mehr Strom da, als verbraucht UND gespeichert werden kann, während der Speicher in den dunklen Monaten überflüssig ist, da die wenige Energie aus den Modulen direkt im Haushalt verbraucht wird. Bei größeren Kapazitäten wird zwar in der sonnenreichen Zeit mehr von den Überschüssen gespeichert, aber die Zeit der Nichtnutzung bleibt dieselbe. Dabei ist aber natürlich der Preis für größere Speicher auch entsprechend höher. Das schlägt sich auf die Wirtschaftlichkeit nieder (wird im entsprechenden Abschnitt behandelt).

Sicherheit von Batteriespeichersystemen

Steckersolargeräte in Verbindung mit Batteriespeichern haben Brände ausgelöst. Das Sicherheitsproblem von Batteriespeichersystemen ist nicht zu unterschätzen, insbesondere von Systemen auf Basis von Lithium-Ionen-Batterien. Aber auch Blei-Säure-Batterien sind wegen der Säure und des eventuellen Ausgasens von explosivem Wasserstoff nicht ohne Gefährdungspotenzial. Lithium-Ionen-Batterien haben für das Laden und Entladen einen sicheren, aber engen Betriebsbereich für Spannung und Strom. Außerhalb des sicheren Betriebsbereichs kann es zu einem sogenannten »Thermal Runaway« kommen (»Thermisches Durchgehen«). Die mögliche Folge ist die Entstehung von giftigen Gasen, Lichtbögen, Explosionen sowie Bränden. Das wichtigste Element, um dies zu verhindern, ist neben qualitativ hochwertigen Lithium-Ionen-Zellen ein abgestimmtes Batteriemanagementsystem (BMS) und übergeordnetes Lademanagement (das auch die aktuell geforderte »Netzdienlichkeit« bereitstellen kann). Die Systeme sollten über weitere Schutzelemente wie Temperaturüberwachung und Rauchdetektoren etc. verfügen. Die Systeme müssen unbedingt die Europäische Batterieverordnung (EUBat) und insbesondere die Sicherheitsnormen IEC 62619 sowie VDE AR 2510-50 einhalten. Für eine gute Performance, Langlebigkeit und Betriebssicherheit sorgen gleichmäßige Temperaturen zwischen 10 °C und 25 °C. Minustemperaturen führen zu einer verminderten Leistungsfähigkeit (speziell beim Laden) oder führen zur Abschaltung oder können Zellfehler hervorrufen. Auch Temperaturen weit über 25 °C können dies verursachen und sollten vermieden werden. Sie führen abhängig vom Ladezustand zu einer beschleunigten Alterung. Unbedingt müssen auch das Eindringen von Wasser und eine hohe Luftfeuchtigkeit (zum Beispiel nicht über 80 Prozent) vermieden werden. Bei der Innenaufstellung sollten Wärmequellen am Aufstellort wie Heizkörper etc. vermieden werden. Brennstoffe oder leicht entzündliche Materialien sollten sich nicht in der Nähe befinden. Lüftungsschlitze und -öffnungen müssen frei und unbehindert sein. Die Systeme sollten über einen inneren Überstrom- und Fehlerstromschutz verfügen sowie gegen Überspannung geschützt sein. Ein DC-Batteriesystem muss mit einem DC-Überspannungsschutz ausgestattet sein. Bei AC-Batteriesystemen muss ein FI-Schalter und Überspannungsschalter integriert sein. Alternativ muss der Hersteller separate FI-Schalter sowie einen Überspannungsschutz für die Steckdose liefern. Mehr Informationen zur Sicherheit von PV-Speichern unter:

https://www.dgs-berlin.de/publikationen/broschueren-zeitschriften/fachregeln-von-lithium-solarstromspeichern/

Wirtschaftlichkeit von Speichersystemen

Grundsätzlich dient ein Balkonkraftwerk dem Ausgleich des Grundverbrauchs der Wohnung, also der Versorgung aller Dauerverbraucher wie Kühl- und Gefrierschrank, Router, Geräte im Standby etc. Ein Speicher kann die Versorgung dieser Geräte über eine längere Dauer gewährleisten, sofern er ausreichend mit Energie versorgt wird. Das führt zu einer Zusatzersparnis, aus der sich eine Amortisierungsdauer errechnen lässt. Dabei ist aber zu beachten, dass es Speicherverluste durch Standbybetrieb und Verluste durch die elektronischen Komponenten sowie durch die Batterie selbst gibt. Insgesamt können diese Verluste 15 bis 30 Prozent ausmachen und die Wirtschaftlichkeit entscheidend beeinträchtigen.

Praxisbeispiel: Ein Balkonkraftwerk mit 950 W_p erzeugt täglich im Schnitt 2,3 kWh und insgesamt rund 850 kWh im Jahr (fast optimal ausgerichtet), wovon im Haushalt ohne Speicher etwa 60 Prozent direkt verbraucht werden (ein üblicher Wert). Das bedeutet, 340 kWh Überschüsse sind vorhanden. Diese sind bei einem Strompreis von 35 Cent je kWh rund 120 € wert.

Die Anschaffungskosten für einen heute üblichen Speicher belaufen sich aktuell auf ca. 500 €/kWh, fallen aber. Die Ladeverluste sollen hier mit rund fünf Prozent beziffert werden. Damit lassen sich schon einige Berechnungen durchführen.

Rechenbeispiel 1 – Fixwerteinspeisung

Ein Speicher mit zwei kWh Kapazität nimmt von den gesamten 850 kWh im Schnitt etwa 90 Prozent auf. Der Rest wird erzeugt, wenn der Speicher schon voll ist (das kann im Sommer schon vor der Mittagszeit sein) und wird entweder abgeregelt oder durchgeschleift und geht im letzteren Fall fast komplett und ohne Vergütung ins öffentliche Netz. Der Speicher gibt den Grundverbrauch (in diesem Beispiel 200 W) in den Haushalt ab, der dort vollständig verbraucht wird. Das entspricht bei Fixwerteinspeisung 850.000 Wh · 0,9 · 0,95 / 200 W = 3.600 Betriebsstunden im Jahr, also im Schnitt zehn Stunden am Tag oder genauer durchschnittlich 15 Stunden an Sommertagen und drei Stunden an Wintertagen.

Das bedeutet in diesem Fall eine Ersparnis von 850 kWh · 0,9 · 0,95 · 0,35 €/kWh = 254,36 €. Im Verhältnis zur Ersparnis eines Balkonkraftwerks derselben Größe von 850 kWh · 0,6 · 0,35 €/kWh = 178,50 € sind das ca. 75 € Differenz. Die reinen Speicherkosten von ca. 500 €/kWh · 2 kWh = 1.000,00 € rechnen sich also erst in (1.000 € / 75 €) etwas über 13 Jahren. Die Lebensdauer eines LFP-Speichers wird mit etwa 15 Jahren angegeben, die Garantie beträgt meist zehn Jahre. Es kommt also nur mit Glück zur Amortisierung.

Rechenbeispiel 2 – Gesamtverbrauchssteuerung

Ein Speicher mit einer kWh Kapazität und Gesamtverbrauchssteuerung nimmt von den gesamten 850 kWh nur etwa 70 Prozent auf. Er ist für die Größe des Balkonkraftwerks eigentlich unterdimensioniert. Dafür gibt er alles verbrauchsgerecht ab und sorgt so für 100 Prozent Eigenverbrauch. Hier ergibt sich eine Differenz zwischen der Ersparnis mit Speicher von (850 kWh · 0,7 · 0,95 · 0,35 €/kWh = 197,83 €) und der ohne (850 kWh · 0,6 · 0,3 €/kWh = 178,50 €) von gerade einmal 19,33 € pro Jahr. Stellt man die Anschaffungskosten von über 500,00 € sowie die Lebensdauer daneben, ist klar, dass auch hier eine Amortisierung nie erreicht werden kann. Die Anschaffung des Speichers lohnt sich in diesem Fall also nicht.

Rechenbeispiel 3 – hoher Verbrauch

Anders sieht es jedoch aus, wenn Sie einen besonders hohen Energieverbrauch haben. Rechnet man für dieses Szenario einen Drei-kWh-Speicher mit 2.000 W_p installierter PV-Leistung mit einer verbrauchergesteuerten Einspeisung (entspricht hier einer Erhöhung der Eigenverbrauchsquote auf insgesamt 90 Prozent für Balkonkraftwerk und Speicher zusammen) durch, dann kommt man auf eine jährliche Ersparnis von (1.800 kWh · 0,9 · 0,95 · 0,35 €/kWh =) 538,65 €. Ein solches System liegt aufgrund der zusätzlichen Module und der etwas komplexeren Steuerung aktuell bei rund 2.000,00 €. Dennoch wäre die Amortisierung hier aufgrund der hohen Ersparnis nach nur knapp vier Jahren erreicht. Ohne Speicher wäre Selbige bei einer Eigenverbrauchsquote von 70 Prozent (1.800 kWh · 0,7 · 0,35 €/kWh = 441,00 €, Anschaffung etwa 800 €) aber bereits nach zwei Jahren erreicht.

Damit diese letzte Rechnung allerdings aufgeht, muss der Stromverbrauch, insbesondere der dauerhafte, wirklich sehr hoch sein. Wenn Sie nicht gerade ein Serverzentrum, eine Bitcoin-Mining-Farm oder einen kleinen Reptilienzoo in den eigenen vier Wänden betreiben, ergibt auch diese spannende Lösung ökonomisch wenig Sinn.

Die zusätzlichen Abstriche durch den Eigenverbrauch des Batteriemanagementsystems und Standby-Verbräuche sind hier noch gar nicht eingerechnet. Man darf also schlussfolgern, dass der rein finanzielle Anreiz nicht genügen kann, um sich einen Batteriespeicher für das Balkonkraftwerk anzuschaffen. Oft zählt allerdings der Gedanke, seinen selbst erzeugten Strom auch wirklich selbst zu verbrauchen, eben mehr als das reine Ersparnis-Argument. Daher wächst der Markt für Steckersolar-Speicher seit einigen Jahren dennoch beständig an.

Modelle (Auswahl)

Es gibt bereits eine Vielzahl an Balkonkraftwerk-Speichern, die mitunter mit sehr unterschiedlichen Technologien an die optimale Nutzung des Sonnenstroms herangehen. Im Folgenden stellen wir eine Auswahl davon vor. Eine größere Liste finden Sie unter https://machdeinenstrom.de/balkonkraftwerk-speicher-im-vergleich/.

SOLMATE von EET

SOLMATE von EET aus Graz ist ein bereits seit Jahren im Markt etabliertes Produkt. Das Unternehmen bietet auch eine Auswahl an hochwertigen Balkonkraftwerken an. SOLMATE ist ein formschön designter Speicher mit integriertem Netz- und Inselwechselrichter und damit auch notstromfähig. Die Steuerung der Einspeiseleistung erfolgt über eine Hochrechnung der auf der Anschlussphase gemessenen Impedanz. Es handelt sich also um eine eingeschränkte gesamtverbrauchsgesteuerte Einspeisung. Mittlerweile ist die dritte Produktgeneration am Markt.

Abbildung 15.1: SOLMATE 3 von EET (Copyright: EET)

Solarflow von Zendure

Das Solarflow-System vom Silicon-Valley-Unternehmen Zendure geht einen anderen Weg. Die Steuerung des Speichers erfolgt entweder über einen »PV-Hub«, eine Steuereinheit, die zwischen Modulen, Speicher und Wechselrichter sitzt, oder einen »Hyper«-Aufsatz, der mit einem Hybrid-Wechselrichtersystem ausgestattet und damit auch inselnetzfähig ist. Die Basis-Speichereinheit verfügt über eine Kapazität von rund zwei kWh, kann aber durch Kopplung auf knappe zwölf kWh erweitert werden. Zendure bietet mittlerweile nicht nur verbrauchs- und gesamtverbrauchsgesteuerte Einspeisung, sondern auch KI-Funktionen und die Einbindung von vielen verschiedenen dynamischen Stromtarifen. Der Speicher ist wasserdicht und daher uneingeschränkt für den Außeneinsatz geeignet.

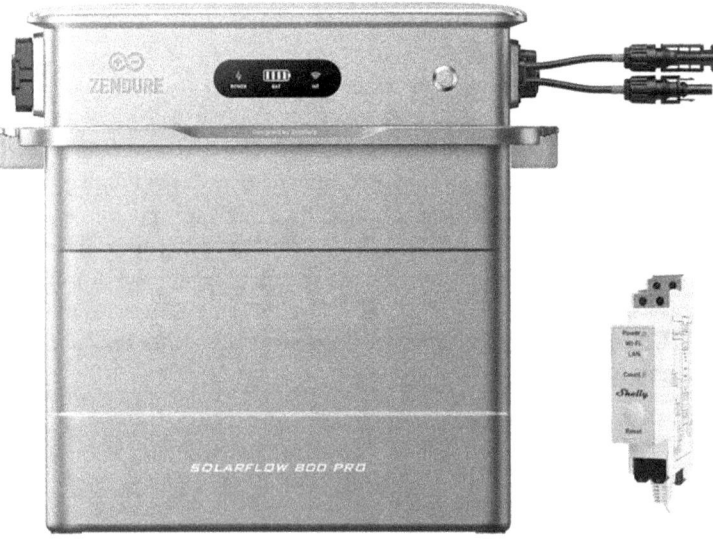

Abbildung 15.2: Zendure Solarflow 800 PRO, mit einem externen Shelly-Smartmeter/Einspeisemesser (Copyright: Zendure)

STREAM von EcoFlow

Das STREAM System von EcoFlow gibt es in drei Varianten, »Ultra« mit großer Kapazität, »Pro« für den üblichen Bedarf und »AC Pro«, wobei Letzteres kein reiner Balkonsolar-Speicher, sondern lediglich ein AC-gekoppelter Steckerspeicher ist. Allerdings kann man mit ihm die 800-Watt-Grenze legal überschreiten. Das Konzept dahinter ist aber so einfach wie genial: Da die Speicher im Wohnbereich verteilt jeweils zwischen einzelnen Verbrauchern und der Steckdose hängen und sich die Solarüberschüsse über besagte Steckdose ziehen, bilden sie quasi jeweils Inselsysteme.

Diese unterliegen nicht der 800-W-Begrenzung. Die Information, wann Überschüsse da sind, die gespeichert werden können, erhalten sie drahtlos vom Wechselrichter. Bei Stromausfall werden die Geräte weiterversorgt, bis der Speicher leer ist. Die Speicher lassen sich auch drahtlos koppeln, sodass beim Bedarfsfall auch der Speicher im Nachbarraum seinen gespeicherten PV-Strom beisteuert.

Auch bei den STREAM-Speichern ist zudem eine KI-Steuerung dabei, die den Verbrauch antizipiert und intelligent Reserven vorhält beziehungsweise dynamische Stromtarife zur Einsparungsoptimierung nutzen kann. Auch hier erfolgt eine Verbrauchs- oder Gesamtverbrauchssteuerung.

Abbildung 15.3: STREAM AC Pro von EcoFlow (Copyright: EcoFlow)

TRIOS von der Sonnenrepublik

TRIOS ist eine deutsche Erfindung, entwickelt von der Sonnenrepublik aus Berlin. Das in schlichtem Weiß gehaltene Speichersystem ist teilweise an

Powerstations orientiert. Daher ist es auch für Inselbetrieb und Notstrom gemacht und kann dank Griff einfach dahin getragen werden, wo es gebraucht wird. Zudem verfügt es über ein robustes Metallgehäuse, USB-Anschlüsse zum Laden von Smartphones und anderen Geräten und kann neben PV und Netz auch per Zigarettenanzünder-Anschluss im Auto geladen werden.

Die Einspeisesteuerung erfolgt über selbst einpflegbare Lastprofile. Sie können dabei zwischen mehreren bereitgestellten Standardlastprofilen oder individuell erstellten Profilen wählen. Damit bietet es eine Mischung zwischen Fixwerteinspeisung und gesamtverbrauchsgesteuerter Einspeisung.

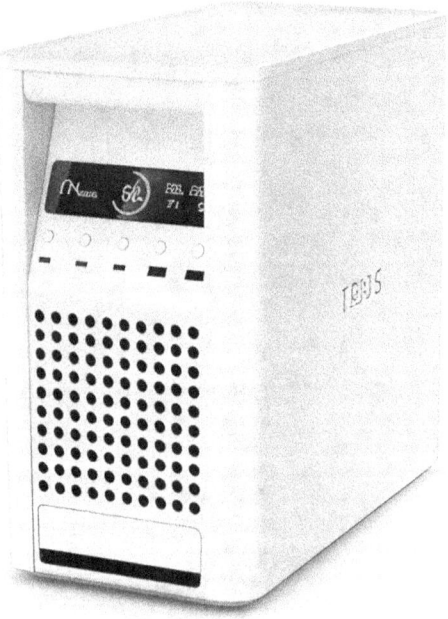

Abbildung 15.4: TRIOS von der Sonnenrepublik (Copyright: Sonnenrepublik)

Anker Solix

Anker, die bekannte Heimelektronikmarke aus Asien, bietet mit den Anker-Solix-Solarbank-Modellen ein äußerst beliebtes Speichersystem an. Hier sind keine Zusatzgeräte wie ein »Power-Hub« oder Smart-Plugs vorgesehen. Vielmehr werden bis zu vier Module direkt an den Speicher angeschlossen. Auch hier ist ein

Wechselrichter bereits integriert und auch ein Inselwechselrichter für eine Notstromsteckdose am Gehäuse ist enthalten. Die Solarbank 3 bietet dabei die Kopplung des 2,6-kWh-Basisspeichers mit bis zu fünf Ergänzungsspeichern und damit eine Gesamtkapazität von 16 kWh. Künftig soll sogar die parallele Kopplung mit weiteren Stacks auf bis zu 64,5 kWh möglich sein. Auch bei der Solarbank 3 ist sowohl die verbrauchs- als auch gesamtverbrauchsbasierte Steuerung möglich. Anker bietet hierfür einen eigenen Smart-Meter für die Unterverteilung an, das System ist aber auch mit anderen gängigen Modellen kompatibel. Anker bietet mit Anker Intelligence™ ebenfalls eine intelligente Steuerung, die Verbrauchsverhalten, Wettervorhersagen und dynamische Stromtarife nutzt, um die Einsparungen zu maximieren.

Abbildung 15.5: Anker Solix Solarbank 3 (Copyright: Anker)

Maxxisun Maxxicharge

Wiederum aus deutscher Entwicklung stammt das Maxxicharge-System von Maxxisun aus Leipzig. Dieses gibt es in den Größen 2,0 und 5,0 kWh. Das letztere Modell verfügt gleich über sechs Anschlüsse für Module und verträgt 3.000 W_p an Modulleistung, während das kleinere Modell mit vier Anschlüssen das gesetzliche Maximum von 2.000 W_p aufnehmen kann. Auch hier können mehrere Speicher gekoppelt werden, und zwar auf eine theoretische Gesamtkapazität von 80 kWh und einer PV-Leistung von bis zu 48 kW_p (!). Die Leistungsregelung des Systems übernimmt unabhängig von dessen Größe eine Steuerbox

(Maxxicharge CCU), die mit verbreiteten Messeinrichtungen für den Haushaltsverbrauch (IR-Lesegeräte wie Iometer oder ECO tracker IR, aber auch Smart-Meter wie Shelly PRO 3EM) gekoppelt werden kann, um gesamtverbrauchsgesteuerte Einspeisung zu ermöglichen. Wie bei anderen Systemen üblich, bietet das System bidirektionales Laden und daher die Nutzung dynamischer Stromtarife für maximale Ersparnis.

Die aktuelle Version der CCU (V2) wird in Deutschland hergestellt und unterscheidet sich deutlich von Vergleichsprodukten. So bietet sie etwa eine unterbrechungsfreie Notstromversorgung (Ersatzstromsystem), die in Verbindung mit einem Netztrennschalter tatsächlich den gesamten Haushalt bei Stromausfall weiter versorgen kann. Zudem bietet sie die Option, das integrierte »ready2plugin«-Stromwächter-System freizuschalten, das sowohl eine Erhöhung der Ausgangsleistung von den geltenden 800 Watt auf bis zu 2.300 Watt ermöglicht, ohne die Leitungen zu überlasten, als auch eine Erhöhung der Modulleistung auf quasi unbegrenzte Höhe. Damit lassen sich dann auch größere Verbrauchsgeräte im Haushalt vollständig bedienen. Dennoch bleibt das System ohne Elektriker anschließbar.

Abbildung 15.6: Maxxisun Maxxicharge V2 (Copyright: Maxxihandel GmbH)

Fazit

Auch wenn sich wie gezeigt bereits ein bunter Markt für Balkonsolar-Speicher entwickelt hat, zeigen die obigen Berechnungen und auch die Praxiserfahrung, dass ein Speicher für das Balkonkraftwerk aus rein ökonomischen Gesichtspunkten heutzutage nur selten Sinn ergibt. Aber langfristig ist es absehbar, dass Speicher sehr preisgünstig werden – die relative Preissenkung ist ähnlich wie die von PV-Modulen. Wenn es darum geht, sich etwas mehr energetische Unabhängigkeit zu schaffen, dann haben Speicher bereits heute durchaus etwas für sich. Sie genügen zwar nicht, um den Haushalt vollständig autark zu machen – hierzu wären neben einer fachgerechten Umrüstung der Hauselektrik und einer wesentlich höheren PV-Leistung (pro Person mindestens fünf kW_p), als ein Balkonkraftwerk leisten kann, auch eine wesentlich größere Speicherkapazität notwendig (pro Person mindestens acht bis zehn kWh), um insbesondere die sonnenarmen Tage im Winter zu überstehen. Balkonsolar-Speicher erhöhen jedoch in jedem Fall den Autarkiegrad des Haushalts. Wenn sie zudem einen Inselwechselrichter beinhalten – was bei einigen der gängigen Modelle der Fall ist –, dann sind sie sogar in der Lage, bei Stromausfall über eine gewisse Zeit Notstrom für einzelne Verbraucher zu liefern. (Auch hier gilt wie bei der Autarkie: Den gesamten Haushalt mit Notstrom zu versorgen, erfordert wesentlich größere Speicher und eine Umrüstung der Hauselektrik.) Solche (meist tragbaren) Speichersysteme mit Inselfähigkeit bieten vor allem dann, wenn Sie gerne hin und wieder etwas abseits vom Netz unterwegs sind und dennoch nicht auf Elektrizität verzichten wollen – etwa bei der Strandparty, in der Hütte oder Gartenlaube ohne Netzanschluss oder im Camper –, genau den elektrischen Komfort, den Sie suchen. Auch hier gilt natürlich: Die Sicherheitshinweise sollten Sie dabei auf keinen Fall außer Acht lassen.

IN DIESEM KAPITEL

Welche gesetzlichen Regeln für Balkonkraftwerke gelten

Welche Pflichten weggefallen oder vereinfacht wurden

Was bei Anmeldung, Zählerwechsel & Co. zu beachten ist

Warum Balkonkraftwerke nun auch in Miet- & Eigentumswohnungen erlaubt sind

Kapitel 16
Pflichten eines Balkonkraftwerk-Nutzers

»Where there is great power, there is a great responsibility.« Wo viel Macht sei, da läge auch große Verantwortung, sagte einst Winston Churchill. Er fügte aber auch gleich an: »Where there is less power, there is less responsibility.« Weniger Macht reduziert also auch die Pflichten. Nun lässt sich das englische »power« ja auch mit »elektrische Leistung« übersetzen und macht auf diese Weise auch im Zusammenhang mit dem Balkonkraftwerk viel Sinn, denn durch die geringere Leistung sind hier auch wesentlich weniger Pflichten zu erfüllen als bei großen PV-Anlagen. Um diese Pflichten geht es im Folgenden.

Rechtsgrundlagen

Das Energierecht in Deutschland hat sich über viele Jahre hinweg entwickelt und ist heute ein breites Netz aus Gesetzen, Verordnungen und Richtlinien. Einige der Regeln stammen noch aus einer Zeit, in der die dezentrale Erzeugung und Einspeisung von Energie undenkbar waren. Während sich das in Hinsicht auf größere Photovoltaikanlagen in den letzten Jahren bereits verändert hat, wurden Balkonkraftwerke bis vor sehr kurzer Zeit nicht in der Rechtsprechung erwähnt. Das änderte sich erst im Jahr 2022/23. In dieser Zeit wurden in kurzer Abfolge und von mehreren Institutionen wie dem Bundesrat, der Justizministerkonferenz oder auch dem Umweltbundesamt Vereinfachungen für Balkonkraftwerke beziehungsweise Steckersolargeräte, wie die Rechtsnomenklatur die Geräte nennt, gefordert. Dem ging jahrelange Arbeit hinter den Kulissen voraus, bei der Aktivisten und Solarpioniere die Hürden für die Durchsetzung der Balkonphotovoltaik erlebten, benannten und sich in Foren, auf Plattformen und Veranstaltungen darüber austauschten, Lösungen fanden und sich organisierten. Das Projekt PVPlug der Deutschen Gesellschaft für Sonnenenergie etwa wurde für seine erfolgreichen Bemühungen um eine normative Freigabe der Einspeisung ins Wohnungsnetz 2018 mit dem Georg-Salvamoser-Preis ausgezeichnet, die Plattform **MachDeinenStom.de** erreichte für die Schaffung des ersten länderübergreifenden einheitlichen Anmeldeverfahrens für Balkonkraftwerke 2020 einen Platz auf dem Siegertreppchen beim Green Product Award und der Solarpionier Holger Laudeley erhielt 2021 den Werner-Bonhoff-Preis für seinen Einsatz gegen die bürokratischen Hürden für das Balkonkraftwerk.

Abbildung 16.1: Auszeichnung der Mitwirkenden des Projekts PVPlug mit dem Georg-Salvamoser-Preis auf der Photovoltaik-Fachmesse Intersolar im Jahr 2018, Quelle: EmpowerSource

Zuletzt war es die »Arbeitsgemeinschaft Balkonkraftwerk«, die über die #PetitionBalkonSolar Anfang 2023 konkrete Forderungen für Gesetzesänderungen zum Bürokratieabbau für Balkonkraftwerke an den Bundestag richtete. Die unter dem Dach der Initiative organisierten Akteure, wie der Verein Balkon.Solar, die Balkonsolar-Beratungsagentur EmpowerSource, der bekannte YouTuber Andreas Schmitz (»der Akkudoktor«) und weitere, konnten über 100.000 Unterschriften einsammeln und gelangten damit in die Top 10 der stärksten jemals beim Bundestag eingereichten Petitionen.

KAPITEL 16 Pflichten eines Balkonkraftwerk-Nutzers 193

Abbildung 16.2: Die Vertreter der Balkonsolar-Petition Christian Ofenheusle von EmpowerSource (links) und Dr. Andreas Schmitz (rechts) bei der Anhörung im Bundestag im Mai 2023

Ihre Forderungen waren:

✔ die Erhöhung der freigegebenen Leistungsgrenze von 600 auf 800 Watt,

✔ der Wegfall der Anmeldepflicht beim Netzbetreiber,

✔ der Wegfall der Pflicht zum Zählerwechsel,

✔ die Vereinfachung der Anmeldung beim Marktstammdatenregister, sowie

✔ die Privilegierung und damit grundsätzliche Freigabe von Balkonkraftwerken in Wohneigentums- und Mietrecht.

Schon kurze Zeit nach deren Einreichung veröffentlichte das Bundesministerium für Wirtschaft und Klimaschutz (BMWK) 2024 seine Solarstrategie und sie beinhaltete beinahe alle geforderten Punkte. In den folgenden Monaten wurden durch das BMWK sowie das Justizministerium entsprechende Gesetzesentwürfe zur Umsetzung der Forderungen veröffentlicht und in die Parlamente eingebracht. Sie beinhalten Anpassungen von Erneuerbare-Energien-Gesetz (EEG), Marktstammdatenregisterverordnung (MaStRV), Wohneigentumsgesetz (WEG) und Bürgerlichem Gesetzbuch (BGB). Alle diese Gesetzesänderungen sind inzwischen umgesetzt worden.

Diese Entwürfe enthalten auch erstmals eine Definition des Balkonkraftwerks unter dem Rechtsbegriff »Steckersolargerät«. Diese lautet: »ein Gerät, das aus einer Solaranlage oder aus mehreren Solaranlagen, einem Wechselrichter, einer Anschlussleitung und einem Stecker zur Verbindung mit dem Endstromkreis eines Letztverbrauchers besteht« (Zitat aus dem neuen §3 des EEG im Solarpakets I, a.k.a. »Entwurf eines Gesetzes zur Änderung des Erneuerbare-Energien-Gesetzes und weiterer energiewirtschaftsrechtlicher Vorschriften zur Steigerung des Ausbaus photovoltaischer Energieerzeugung«). Dabei dürfen Sie sich an der irreführenden Verwendung des Begriffs »Solaranlage« nicht stören. Mit diesem werden im Gesetz Solarmodule bezeichnet.

Hier die weiteren Änderungen durch die beiden Gesetzesentwürfe im Überblick:

Anmeldepflicht beim Netzbetreiber

Der Wegfall der Anmeldung beim Netzbetreiber wird im neuen Absatz 5a des § 8 EEG geregelt. Dort heißt es: »Ein Steckersolargerät oder mehrere Steckersolargeräte mit einer installierten Leistung von insgesamt bis zu 2 Kilowatt und einer Wechselrichterleistung von insgesamt bis zu 800 Voltampere, die hinter der Entnahmestelle eines Letztverbrauchers betrieben werden und der unentgeltlichen Abnahme zugeordnet werden, können unter Einhaltung der für die Ausführung eines Netzanschlusses maßgeblichen Regelungen angeschlossen werden. Registrierungspflichten nach der Marktstammdatenregisterverordnung bleiben unberührt; zusätzliche gegenüber dem Netzbetreiber abzugebende Meldungen von Anlagen nach Satz 1 können nicht verlangt werden.«

Hier fällt neben der neuen Grenze von 800 Voltampere (Watt) gleich die zusätzliche Begrenzung der Modulleistung ins Auge. Zunächst scheint es nicht nachvollziehbar, die Leistung der Module auf zwei Kilowatt zu beschränken, denn schließlich ist es doch die Leistung des Wechselrichters, der auf die elektrischen Leitungen wirkt. Der Grund, warum diese Angabe dennoch ihren Weg in das Gesetz gefunden hat, ist einfach: Das EEG kannte bis zu dieser Änderung keine Wechselrichterleistung. Auch die Regelungen für Aufdach- und Freiflächen-Solaranlagen wurden bisher stets an der Modulleistung festgemacht. Eine vollständige Abkehr von dieser Praxis war daher auch bei Balkonkraftwerken nicht möglich. Allerdings dürfte das für die meisten Steckerkraftwerke keine Probleme bereiten, denn gängige Systeme kommen aktuell nicht einmal auf die Hälfte dieser Modulleistung. Das wiederum hat allerdings auch technische Gründe.

KAPITEL 16 Pflichten eines Balkonkraftwerk-Nutzers

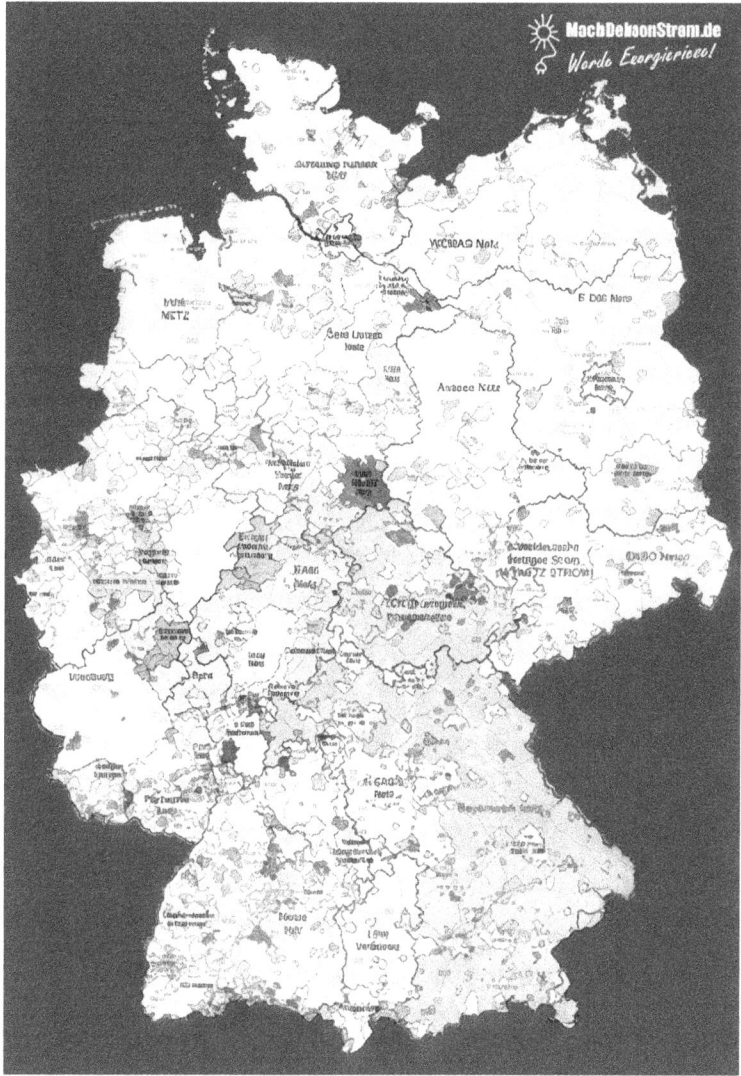

Abbildung 16.3: Karte der Netzgebiete in Deutschland (2022) (Copyright: MachDeinenStrom.de)

Anmeldung beim Marktstammdatenregister

Der Wegfall der Anmeldung beim Netzbetreiber bedeutet keine Anmeldefreiheit. Auch heute gilt nämlich zusätzlich die gesetzliche Pflicht zur Registrierung des Balkonkraftwerks und seines Betreibers im Marktstammdatenregister (MaStR). Was es damit genau auf sich hat, klärt das nächste Kapitel. Der Eintrag dort ist im Grunde recht schnell erledigt und bringt meist wesentlich weniger Abstimmungsaufwand mit sich als die bald hinfällige Auseinandersetzung mit dem Netzbetreiber. Dennoch ist er für viele Nutzer eine Hürde, da er zum Teil mit Begriffen aufwartet, mit denen sich Laien zum Glück für gewöhnlich nicht beschäftigen müssen. Nicht jeder weiß auf Anhieb, ob bei einem Balkonkraftwerk Voll- oder Teileinspeisung gilt oder auf welcher Spannungsebene es betrieben wird. Daher forderte die Petition auch eine Vereinfachung der Nutzerführung bei der Registrierung von Balkonkraftwerken. Der Gesetzesentwurf für das Solarpaket I schlägt auch tatsächlich Änderungen in dieser Hinsicht vor, aber nicht im vollen Umfang der Petitionsforderungen. Das ist allerdings eher eine Randnotiz im Vergleich zu den übrigen Punkten, da die Registrierung auch so bereits recht einfach ist, wie am Ende des Kapitels gezeigt wird.

Abbildung 16.4: Logo Marktstammdatenregister MaStR (Copyright: Bundesnetzagentur)

Zählerwechsel

Über Jahre wurde behauptet, dass eine unkontrollierte Bagatelleinspeisung von Überschüssen aus dem Balkonkraftwerk rechtswidrig sei. Dabei bezog man sich auf die bei Rückspeisung zum Teil rückwärtslaufenden »Ferraris-Zähler« mit Drehscheibe, die bis vor einigen Jahren der Standard bei den Stromzählern waren. Die Balkonsolar-Petition forderte, dieses Rückwärtslaufen (sogenannte »Net-Metering«) zu erlauben, konnte dies aber nicht vollständig durchsetzen. Allerdings sieht der Entwurf dennoch eine wesentliche Vereinfachung vor und ist dabei überraschend kreativ. Zwar hat nach dem neuen § 10a des EEG auch weiterhin

»der Messstellenbetreiber Messstellen an Zählpunkten von Steckersolargeräten [...] mit einer modernen Messeinrichtung als Zweirichtungszähler [...] auszustatten«

(die Petition hatte hier auf eine Duldung bis zum ohnehin verpflichtenden Einbau im Rahmen des »Smart-Meter-Rollouts« gehofft), aber der Nutzer muss nicht mehr darauf warten, bis der Tausch erfolgt ist. Er kann sein Balkonkraftwerk sofort einstecken und Sonne ernten, auch wenn ein alter Zähler dann rückwärtsläuft. Warum das nicht zu Problemen führt, wie jahrelang behauptet? Weil man einfach so tut, als würde es nicht passieren! In Juristen-Deutsch:

»Die Richtigkeit der von der Messeinrichtung ermittelten Messwerte wird [...] vermutet.«

Wer hätte gedacht, dass es so einfach geht, wenn man nur will? In der Praxis haben bereits einige Netzbetreiber von sich aus damit begonnen, auf den Zählerwechsel unmittelbar nach Anmeldung eines Balkonkraftwerks zunächst zu verzichten, da dieser aufgrund der anstehenden Modernisierung der Zähler in Deutschland ohnehin in den nächsten Jahren ansteht und die separate Bearbeitung bei immer stärker steigenden Anmeldezahlen eine enorme Mehrarbeit bedeuten würde.

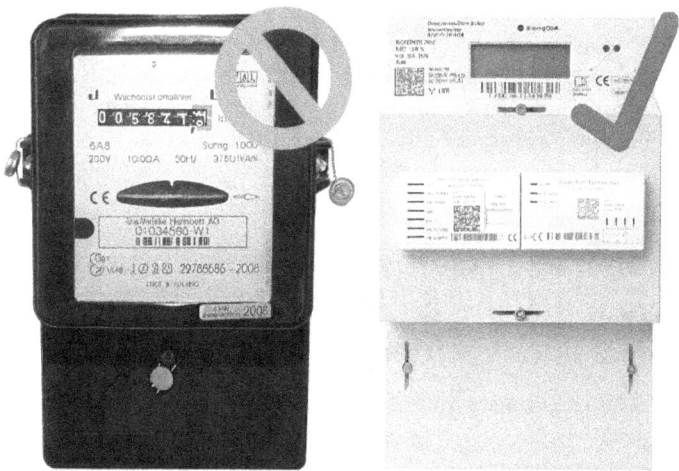

Abbildung 16.5: links: Ferraris-Zähler, rechts: digitaler Zähler (Copyright: MachDeinenStrom.de)

Balkonkraftwerke und steuerbare Verbraucher

Dies war ursprünglich keine Forderung der Petition. Dennoch soll der neue Absatz 1 des § 9 EEG bestimmen, dass die Pflicht zur Auslesbarkeit/Fernsteuerbarkeit von Solaranlagen in Verbindung mit steuerbaren Verbrauchsgeräten nach dem erst seit 2024 in Kraft getretenen neuen § 14a EnWG nicht für Balkonkraftwerke gilt. Das ist dennoch sinnvoll, denn solche steuerbaren Verbrauchsgeräte werden in Zukunft häufiger werden. Sie können nämlich durchaus attraktiv sein. So kann künftig etwa vereinbart werden, dass die heimische Wallbox zu Zeiten mit weniger Energie im Netz das E-Auto langsamer lädt, um das Stromnetz zu entlasten. Der Netzbetreiber verzichtet im Gegenzug dann auf einen Teil der Netzentgelte. Wer solche Möglichkeiten nutzt und zugleich eine Solaranlage betreibt, der muss eigentlich zusätzlich Technik zum Auslesen der Einspeiseleistung oder gleich zur Abregelbarkeit der Solaranlage (im Fall von zu viel überschüssigem Strom im Netz) einbauen. Bei einem Balkonkraftwerk wäre das übertrieben, daher wurde eine gesetzliche Ausnahme geschaffen.

Balkonkraftwerke und andere PV-Anlagen

Gleiches gilt für den Absatz 3 desselben Paragrafen. Dort geht es um die Zusammenlegung mit anderen PV-Anlagen auf demselben Grundstück oder Gebäude, etwa auf dem Dach. Das ist wichtig, denn andernfalls könnte ein zusätzliches Balkonkraftwerk mit seiner Leistung zur Leistung der bestehenden Anlage gezählt werden und diese damit über bestimmte Grenzwerte kommen, was zum Beispiel wieder die Pflicht zur Fernsteuerbarkeit für die Anlage mit sich brächte. Auch hier braucht es also eine Ausnahme für das Balkonkraftwerk, die die Gesetzesänderungen auch vorsehen.

Freigabe von Balkonkraftwerken in Eigentums- und Mietwohnungen – auch bekannt als das »Recht aufs Balkonkraftwerk«

Dies war die Kernforderung der Petition, denn sie entscheidet über den wesentlichen Faktor für die Durchsetzung des Balkonkraftwerks: die mögliche Nutzung von Balkonen, Fassaden, Dachteilen, Terrassen, Vorgärten und anderen Bereichen mit Sonneneinstrahlung in Miet- und Eigentumswohnungen. Konkret geht es um die Erweiterung der Liste an »privilegierten Maßnahmen«, die das Wohneigentumsrecht und das Mietrecht vorsieht. Die Liste beinhaltete zuvor lediglich den Anspruch, bauliche Veränderungen vornehmen zu dürfen, die dem Gebrauch durch Menschen mit Behinderungen (Rampen, Geländer, Treppenlifte etc.), dem Laden elektrisch betriebener Fahrzeuge (insbesondere Wallboxen), dem Einbruchschutz (Schlösser/Riegel/Alarmanlagen etc.) und dem

Anschluss an ein Telekommunikationsnetz mit sehr hoher Kapazität (insbesondere Glasfaser-Anschluss) dienen. Diese Freigaben wurden erst 2020 eingeführt. Die Nutzung von Photovoltaik wurde damals allerdings nicht integriert. Zumindest für Balkonkraftwerke wurde das nun aber durch eine Gesetzesnovelle des Justizministeriums realisiert. Die Zustimmung zu dieser Änderung kam damals nicht nur aus Kreisen der Ampelregierung (2021–2024). Auch die CDU/CSU hatte bereits mit einem eigenen, ähnlich lautenden Gesetzesentwurf aufgewartet, der allerdings im Parlament keine Zustimmung fand. Der Regierungsentwurf hingegen schon. Er wurde dann im Juli 2024 vom Bundestag verabschiedet.

Abbildung 16.6: Mietwohnung mit Balkonkraftwerk (Montage über 4 m Höhe) (Copyright: MachDeinenStrom.de)

Die Auswirkungen dieser Änderung sind fundamental. Die Privilegierung bedeutet hier nichts anderes als eine Beweislastumkehr. Während Vermieter und Wohnungseigentümergemeinschaften sowie die durch sie beauftragten Hausverwaltungen vorher auch ohne Angabe von Gründen die Erlaubnis zur Montage eines Balkonkraftwerks verweigern konnten, bedeutet die Privilegierung nun eine grundsätzliche Freigabe. Eine Erlaubnis muss dennoch eingeholt werden. Sollten dann Argumente gegen das Balkonkraftwerk sprechen, müssen diese stichhaltig begründet werden. Denkbar wären etwa kurzfristig anstehende Instandsetzungsarbeiten an den Balkonen oder der elektrischen Anlage. Befindet sich direkt unter den Balkonen ein Verkehrsweg, dann kann auch dies ein Grund sein, die Freigabe zunächst juristisch abzuklären. Das gilt bereits für Blumenkästen genauso.

Die Hürden, die der Denkmalschutz, Erhaltungssatzungen oder ähnliche baurechtliche Regelungen aufwerfen, sind hiervon übrigens nicht betroffen. Diese gelten weiterhin uneingeschränkt und können Balkonsolar-Projekte verhindern. Auf regionaler Ebene gibt es aber immer häufiger Regelwerke, die diese Beschränkungen reduzieren, wie etwa Klimaschutzrichtlinien. So werden zunehmend Solaranlagen auf Kirchendächern und eben auch Balkonkraftwerke an geschützten Häusern möglich.

Es lohnt sich also, sich selbst vor Ort für solche Anpassungen einzusetzen, falls sie nicht bereits vorhanden sind.

Offene Fragen

Trotz der umgesetzten und geplanten Änderungen gibt es auch weiterhin noch einige letzte Fragen. So ist etwa unklar, was passiert, wenn ein Netzbetreiber trotz gesetzlicher Verpflichtung über Jahre den Zähler nicht tauscht. Das käme im Falle eines für das Rückwärtslaufen anfälligen alten Zählers einer Art »Net-Metering« gleich, also dem direkten Abzug von eingespeisten Überschüssen vom tatsächlichen Verbrauch – eine Abrechnungsart, die in Deutschland nicht zulässig ist. Insbesondere ist noch nicht abschließend geklärt, welche Vorgaben zur Umsetzung eines Balkonkraftwerk-Projekts durch Vermieter und Wohnungseigentümergemeinschaften beziehungsweise Hausverwaltungen überhaupt gemacht werden dürfen. Wie exakt können etwa Modulfarbe und -größe vorgeschrieben werden? Ab wann kommen die durch die Vorgaben entstehenden Mehrkosten einer unzulässigen Verhinderung gleich? Kann vorgeschrieben werden, dass das Kraftwerk nur im Innenbereich des Balkons betrieben werden darf, wo wesentlich weniger Sonne hinkommt? Entsprechende Klarstellungen wurden bereits von vielen Experten angemahnt, und zwar vor Inkrafttreten des Gesetzesentwurfs. Andernfalls befürchten sie eine Klagewelle, die die ohnehin überlasteten Gerichte über Jahre hinweg mit der Klärung dieser Detailfragen beschäftigen wird. In Teilen ist diese bereits eingetreten. Bislang gingen die Urteile meist zugunsten der Nutzer aus.

Abbildung 16.7: Justitia (Copyright: U. J. Alexander - stock.adobe.com)

Der Registrierungsprozess im Marktstammdatenregister

Das Marktstammdatenregister ist eine Online-Datenbank der Bundesnetzagentur, der obersten Aufsichtsbehörde des deutschen Stromnetzes. Sie ist zugleich der einzige Ort, an dem sämtliche registrierten Anlagen zur Erzeugung erneuerbarer Energie erfasst sein müssen – vom gigantischen Windpark in der Nordsee bis zum Steckersolargerät am heimischen Balkon. Der Eintrag ist gesetzlich verpflichtend (Marktstammdatenregisterverordnung/EEG). Diese Datenbank wurde 2019 eingeführt und ersetzte gleich mehrere bis dahin parallel geführte Anlagenverzeichnisse. Jeder hat Zugriff auf einige der gespeicherten Daten wie Anlagenleistung und Adresse, nicht jedoch auf Daten der Betreiber. Diese sind Behörden vorbehalten, wie etwa dem Statistischen Bundesamt und dem Wirtschaftsministerium. Bei Eintragung eines Kraftwerks erhält zudem der Netzbetreiber, der dabei anzugeben ist, eine Benachrichtigung über die Eintragung. Das macht verständlich, warum eine separate Anmeldung beim Netzbetreiber entfallen kann, denn diese Benachrichtigung enthält bereits alle relevanten Daten.

Wenn Sie allerdings in den öffentlich zugänglichen Daten nach PV-Anlagen mit bis zu 600 Watt Leistung suchen, so erhalten Sie nur ein paar Hunderttausend Treffer. Anhand der im Markt bekannten Absatzzahlen lässt sich jedoch bereits auf weit über eine Million tatsächlich in Betrieb befindliche Balkonkraftwerke schließen. Die Dunkelziffer der nicht gemeldeten Anlagen ist also noch immer recht hoch. Die Ursachen hierfür liegen einerseits darin, dass gerade in den Anfangsjahren in erster Linie Pioniere, Tüftler und Technikbegeisterte die Geräte einsetzten, denen eher an der Machbarkeit als an der Konformität gelegen war. Ein weiterer Faktor ist, dass bislang kaum Sanktionen bei einer Nichtanmeldung ausgesprochen wurden, obwohl diese durchaus gesetzlich vorgesehen sind. Die Nichtverhängung kann nicht verwundern, da der nicht angemeldete Betrieb bei Vorhandensein eines Zählers mit nur einem Zählwerk ja nicht nachzuweisen ist (falls der Zähler nicht beim Ablesen gerade rückwärtsläuft). Da, wo es aufgrund eingebauter Zweirichtungszähler Sanktionen gab, waren diese mit 10 € pro installiertem kW_p Modulleistung pro Monat (zum Beispiel bei einem 750-W_p-Modell also 90 € pro Jahr) in den meisten Fällen zudem niedriger als die Ersparnis durch den Betrieb.

Da sich das Balkonkraftwerk zunehmend als Massenprodukt etabliert und damit auch andere Bevölkerungsschichten erreicht, führen jedoch anteilig immer mehr Nutzer die Anmeldung durch. In den letzten Jahren ist dies zudem wesentlich einfacher geworden. Auch die Netzbetreiber hatten, zum Teil durch Überzeugungsarbeit, zum Teil durch Eigeninitiative, nach und nach ein Einsehen und reduzierten die Anmeldeformulare auf ein schlichtes DIN-A4-Blatt oder eine Online-Eingabemaske. Auf Plattformen wie **MachDeinenStrom.de** und bei einigen Anbietern wurden sogar kostenlose Anmeldedienste angeboten. Nach den Regelungen des Solarpakets I der Bundesregierung werden die bis dahin bestehenden Meldepflichten beim Netzbetreiber jedoch wie oben beschrieben wegfallen und es wird lediglich eine vereinfachte Anmeldung im Marktstammdatenregister verbleiben. Noch ist nicht klar, ob damit auch eine separate Benutzerführung in dieser Datenbank einhergeht, wie die Balkonsolar-Petenten es gefordert hatten. Im Folgenden wird der Anmeldeprozess anhand der vor Verabschiedung des Solarpakets gültigen Benutzerführung beschrieben:

Die Registrierung müssen Sie in zwei Stufen durchführen. Sie als Betreiber des Geräts melden sich zunächst als sogenannter »Marktakteur« an. Dabei sind Name, Geburtsdatum und Adresse ebenso anzugeben wie auch Telefonnummer und Mail-Adresse für eventuelle Klärungsanfragen.

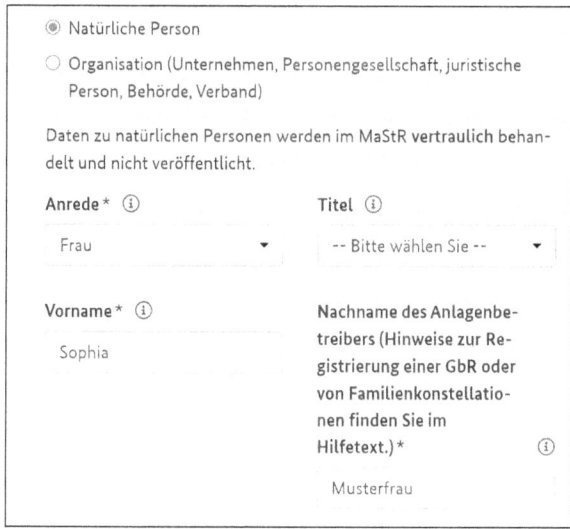

Abbildung 16.8: Online-Registrierung im MaStR: Person

Die weiteren möglichen Angaben wie Faxnummer, Webadresse, »ACER-Code« und Umsatzsteuer-ID können Sie als »nicht vorhanden« abwählen. Die zum Ende auftauchende Frage danach, ob Sie als Betreiber Einkünfte aus selbstständiger Arbeit beziehen, ist keine Pflichtangabe und kann unbeantwortet bleiben.

Hierauf folgt die Anmeldung des Steckersolargeräts beziehungsweise der »Einheit«.

Registrierung einer Anlage

Was möchten Sie registrieren?

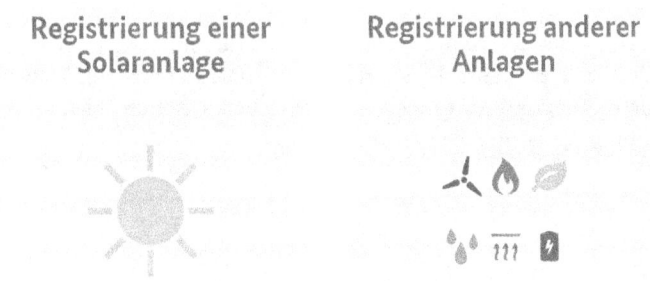

Welche Art einer Solaranlage soll registriert werden?

Registrierung einer Solaranlage

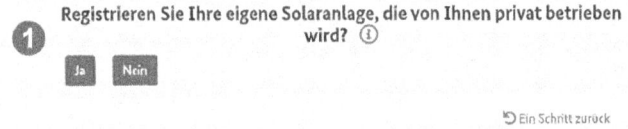

Abbildung 16.9: Online-Registrierung im MaStR: Art der Anlage

Hier geben Sie zunächst die grundlegenden Daten an. Dazu gehören die Art der Einheit (Solaranlage) und die spezifische Unterart (Steckerfertige Solaranlage).

Aber auch die Frage, ob es sich um eine privat betriebene Anlage handelt, wird gestellt. Hier empfiehlt sich, immer »Ja« zu wählen. Tun Sie dies nicht, dann verlassen Sie den geführten Anmeldepfad für Steckersolargeräte und müssen sich durch eine ältere, umständlichere Anmeldemaske navigieren.

Sollten Sie die Anmeldung also für eine andere Person vornehmen, legen Sie diese immer als separaten »Marktakteur« an, damit Sie hier »Ja« auswählen können.

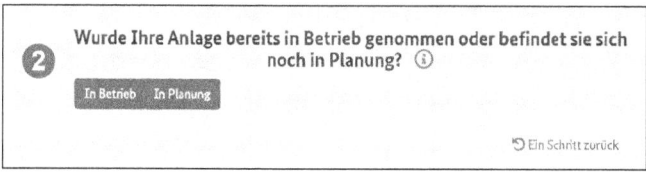

Abbildung 16.10: Online-Registrierung im MaStR: BKW in Planung oder in Betrieb?

Danach ist der Betriebsstatus anzugeben. Dabei können Sie auch eine geplante Anlage anmelden. Um sich aber Arbeit zu sparen, empfiehlt es sich, die Anmeldung erst nach der Inbetriebnahme durchzuführen.

Sie haben nach dem Inbetriebnahmedatum vier Wochen dafür Zeit. In dem Fall können Sie »in Betrieb« wählen.

An dieser Stelle steigen Sie mit »Registrierung starten« in den zum Glück sehr kurzen technischen Teil der Anmeldung ein.

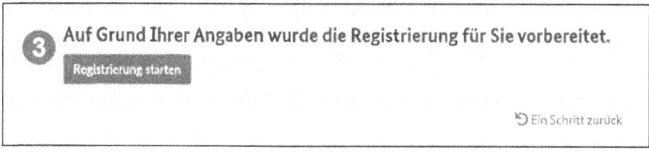

Abbildung 16.11: Online-Registrierung im MaStR: Start

Zunächst braucht das Balkonkraftwerk einen Namen. Hier empfiehlt sich eine möglichst genaue Beschreibung mit Typenbezeichnung oder Anbringungsort. Das macht das Gerät unterscheidbarer.

Registrierung einer steckerfertigen Solaranlage (sog. Balkonkraftwerk)

Technische Daten

Anzeige-Name der Solaranlage im MaStR *

Balkonkraftwerk 1. OG

Datum der erstmaligen Inbetriebnahme der steckerfertigen Solaranlage *

01.08.2024

Anzahl der Module **

2 Anzahl

Gesamtleistung der Module (Angabe in Watt-peak) *

850 Wp

umgerechnet in kWp *

0,85 kWp

Abbildung 16.12: Online-Registrierung im MaStR: Name BKW & technische Daten

Die Angaben zur Geräteleistung dürften selbsterklärend sein und Sie sollten sie den dem Gerät beigelegten Dokumenten beziehungsweise der Webseite von Angebot oder Anbieter entnehmen können. Oftmals werden jedoch bei der Eingabe Einheiten (Watt, Volt, Ampere, Kilowattstunden, Meter) verwechselt und auch die Präfixe wie Centi-, Kilo-, und Mega- vergessen oder verwechselt. Bitte darauf achten!

Die Zählernummer kann dem Stromzähler selbst oder der Stromrechnung entnommen werden.

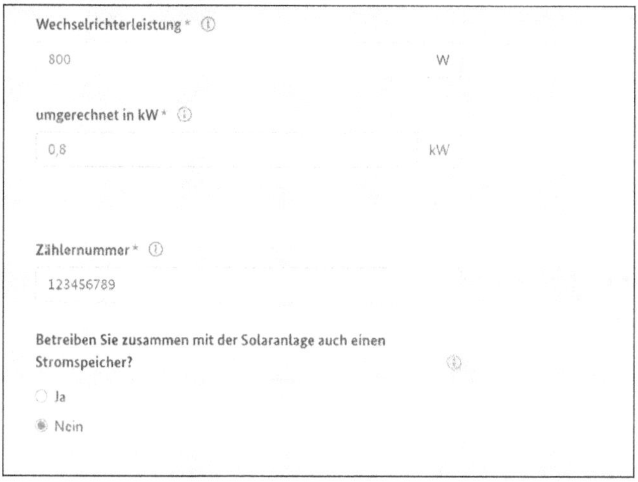

KAPITEL 16 Pflichten eines Balkonkraftwerk-Nutzers

```
Wechselrichterleistung *
800                                              W

umgerechnet in kW *
0,8                                              kW



Zählernummer *
123456789

Betreiben Sie zusammen mit der Solaranlage auch einen
Stromspeicher?
  Ja
● Nein
```

Abbildung 16.13: Online-Registrierung im MaStR: Zählernummer, gegebenenfalls Stromspeicher

Sofern mit dem Steckersolargerät auch ein Stromspeicher genutzt wird, können Sie diesen hier gleich mit anmelden. Hierzu vergeben Sie lediglich einen beliebigen Namen und geben die Leistung (maximale AC-Ausgangsleistung zur Einspeisung) sowie die Kapazität (kWh) des Speichers an.

Technische Daten des Stromspeichers

```
Anzeige-Name des Stromspeichers im MaStR *
Balkonkraftwerk 1. OG

Leistung des Stromspeichers (Angabe in Watt) *
1.800                                            W

umgerechnet in kW *
1,8                                              kW

Nutzbare Speicherkapazität *
2.400                                            kWh
```

Abbildung 16.14: Online-Registrierung im MaStR: Technische Daten Stromspeicher

Sobald Sie alle Angaben gemacht haben, können Sie die Registrierung mit Klick auf die entsprechende Schaltfläche abschließen.

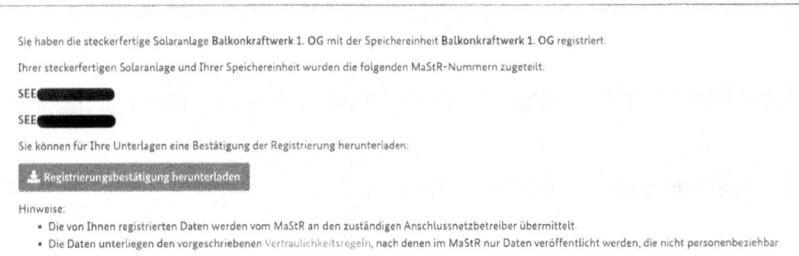

Abbildung 16.15: Abschluss & Bestätigung der Registrierung im MaStR

Sie werden dann zum Download der Registrierungsbestätigung geführt. Es empfiehlt sich, diese Bestätigung herunterzuladen und zu speichern. Sie kann für die Beantragung von Förderungen, aber auch zu einem eventuellen Austausch mit dem Netzbetreiber notwendig sein. Allerdings können Sie sie bei Verlust auch beliebig häufig erneut aus dem Marktstammdatenregister herunterladen.

 Es passiert mitunter, dass der Netzbetreiber über das Portal des Marktstammdatenregisters noch Aufforderungen zu Anpassungen sendet. Diese können Sie entweder beachten oder ignorieren. Falls Sie sie ignorieren, ändern sich die Daten nach einiger Zeit automatisch auf den vom Netzbetreiber gewünschten Wert. Dieser kann allerdings mitunter fehlerhaft sein, da auch die Mitarbeiter des Netzbetreibers nicht immer auf dem aktuellen Informationsstand sind. Es ist also möglich, dass hier vereinzelt weiterer Abstimmungsbedarf entsteht.

Unabhängig hiervon sollte der Netzbetreiber nach Erhalt der automatischen Registrierungsbenachrichtigung – sofern notwendig – zeitnah auf Sie als den Betreiber mit einem Terminvorschlag für den Zählerwechsel zukommen. Dank erfolgter Anpassung der Gesetzesgrundlagen ist auch ohne Zählerwechsel die sofortige Inbetriebnahme direkt nach Kauf möglich.

Teil V
Balkonkraftwerke aus Vermieter- und WEG-Sicht

IN DIESEM TEIL …

✔ Was müssen Vermieter, Verwaltungen und Eigentümergemeinschaften beachten?

✔ Was sagt die Rechtsprechung?

✔ Lohnt sich eine Vollausstattung?

> IN DIESEM KAPITEL
>
> Verkehrssicherungspflicht
>
> Stand der Rechtsprechung
>
> Guter Leitfaden, schlechter Leitfaden

Kapitel 17
Was muss ich? Was darf ich?

Mit der 2024 erfolgten Aufnahme von Steckersolargeräten in die »privilegierten Maßnahmen« in Miet- und Wohneigentumsrecht hat der Gesetzgeber ein »Recht aufs Balkonkraftwerk« für Mieter und Wohnungseigentümer eingeführt. Allerdings ließen Gesetzestext und Begleitdokumente einige Fragen offen, die in der Folge zu einiger Unsicherheit und zum Teil auch zu gerichtlichen Auseinandersetzungen geführt haben. Die mitunter verständlichen Sorgen der Wohnungswirtschaft bestehen dadurch weiter. In diesem Kapitel sollen die zentralen Bedenken bearbeitet und die Berührungsangst mit dem Thema abgebaut werden.

Haftungsfragen

Jedes Gebäude in Deutschland muss so verwaltet werden, dass von ihm keine Gefahr für die Bewohner oder die Allgemeinheit ausgeht. Das betrifft sowohl Bausubstanz als auch bewegliche Wirtschaftsgüter. Verstößt man dagegen, haftet man nach § 823 Abs. 1 BGB für jeden dadurch entstandenen Schaden. In Hinsicht auf Balkonkraftwerke kommt diese sogenannte »Verkehrssicherungspflicht« dadurch zum Tragen, dass sowohl die mechanische Montage als auch die elektrische Installation potenzielle Risiken darstellen, mit denen sich Vermieter, Eigentümergemeinschaften und Hausverwaltungen befassen müssen. Daher sind Balkonkraftwerke auch weiterhin genehmigungspflichtig.

In der Gesetzesbegründung zum entsprechenden »Gesetz zur Zulassung virtueller Wohnungseigentümerversammlungen, zur Erleichterung des Einsatzes von Steckersolargeräten und zur Übertragbarkeit beschränkter persönlicher

Dienstbarkeiten für Erneuerbare-Energien-Anlagen« aus 2024 gab es leider wenig Konkretes, um die damit verbundenen Fragen zu beantworten. So wurde zwar klargestellt, dass überzogene Anforderungen an die Installation unzulässig seien. Die Frage, welche Anforderungen nun gerechtfertigt sind und welche nicht, wurde lediglich mit einem Hinweis auf die Pflicht zur »ordnungsmäßigen Verwaltung« des Gebäudes beantwortet. Immerhin wurde klargestellt, dass die optische Veränderung des Gebäudes allein keine grundlegende Umgestaltung darstellt und daher etwa in Eigentümergemeinschaften nie zur Unzulässigkeit führen kann.

In einem Hinweisdokument (FAQ) zum Gesetz hatte das Justizministerium einige weitere Klarstellungen versucht. Dazu gehört etwa, dass eventuelle Blendwirkungen in der Regel keine »unbillige Benachteiligung« der Nachbarn darstellen. Darüber hinaus gibt es aber auch dort wenig Handfestes, was Haftungsfragen angeht.

Allerdings bewegt man sich glücklicherweise nicht komplett auf Neuland, denn für Blumenkästen, Satellitenschüsseln und Sonnenschirmen auf dem Balkon gibt es bereits Regelungen für bewegliche Güter, an denen man sich orientieren kann. Zudem sind die übrigen privilegierten Maßnahmen in Miet- und Wohneigentumsrecht, also etwa der Anspruch auf Erlaubnis des barrierefreien Umbaus oder auch auf Installation einer Ladesäule für Elektrofahrzeuge, bereits etabliert und juristisch bereits umfangreich behandelt. Auch hiervon lässt sich einiges ableiten. Insbesondere sind es aber die bereits erfolgten gerichtlichen Klärungen, die Aufschluss über das geben, was in Hinsicht aus Gründern der Haftung sinnvoll gefordert werden kann und was nicht.

Rechtsprechung gestern und heute

Das womöglich erste Urteil zum Balkonkraftwerk stammt aus einer Zeit, in der noch nicht einmal der Begriff für Selbiges existierte. Im Jahr **1990** verklagte ein Vermieter vor dem Amtsgericht München (AZ 214 C 24821/90) seinen Mieter auf Abbau einer von diesem auf seiner Terrasse als Vordach installierten Solaranlage. Das Gericht wies die Klage mit der Begründung ab, dass die Aufstellung weder eine irreversible bauliche Veränderung darstellt noch den Gesamteindruck des Gebäudes oder die Nachbarwohnungen negativ beeinflusst. Wörtlich heißt es im Urteil:

> »Im Rahmen des vertragsgemäßen Gebrauches ist der Mieter berechtigt, Anlagen und Geräte zu installieren, die zur Lebensführung erforderlich sind. Welche Bedürfnisse dazu zählen, ist nach den Zeitumständen veränderbar. Unter Berücksichtigung dieses Zeitumstandes kann im heutigen Zeitalter, da ständig von Einsparung von Energie gesprochen wird, die Solar-Anlage nur als zum vertragsgemäßen Gebrauch zählend angesehen werden.«

In diesem Fall handelte es sich um eine Inselanlage und nicht um ein Balkonkraftwerk, aber dass diese Begründung auch dort und heute umso mehr gilt, darf vorausgesetzt werden.

Auch ein Urteil des Amtsgerichts Stuttgart von **2021** (AZ 37 C 2283/20) kommt folgerichtig zu einem ähnlichen Schluss. Geklagt hatte eine Vermieterin auf die Entfernung eines Steckersolargeräts auf der Dachterrasse des Mieters. Zwar stellte das Gericht fest, dass es eine »bauliche Veränderung mit Substanzeingriffen« gebe, da die Nutzung bestehender und für Verbrauch vorgesehener Leitungen nun zur Einspeisung genutzt würden, aber dass dies zugleich einer »Modernisierung« der Wohnung entspräche und daher ein Duldungsanspruch des Mieters entstünde. Erstmals wird dabei auch auf Artikel 20a im Grundgesetz verwiesen, der den Schutz der Lebensgrundlagen künftiger Generationen als Staatsziel festschreibt, dem auch die Rechtsprechung Rechnung tragen muss. Jedoch benennt das Gericht genaue Bedingungen hierfür. Es legt fest

> »… dass der Vermieter nicht ohne triftigen, sachbezogenen Grund dem Mieter die Nutzung einer Solaranlage auf dem Balkon versagen kann, wenn diese baurechtlich zulässig, optisch nicht störend, leicht zurückbaubar und fachmännisch ohne Verschlechterung der Mietsache installiert ist sowie keine erhöhte Brandgefahr oder sonstige Gefahr von der Anlage ausgeht.«

Die Überschneidungen mit dem Urteil aus München sind deutlich. Ein bestellter Sachverständiger legte dem Gericht gegenüber dar, dass durch den Mieter selbst eine normgerechte elektrische Installation und eine sturmsichere Montage erfolgt sei. Das Gericht machte dies mit Verweis auf entsprechende Rechtsprechung zu Parabolantennen (BGH von 2005, AZ VIII ZR 5/05, Rn. 17) zur Grundbedingung.

Ein im Jahr **2024** ebenfalls vor dem Amtsgericht Stuttgart verhandeltes Verfahren (AZ 10 C 2075/21 WEG) hingegen ging zuungunsten des Kraftwerksnutzers aus. Allerdings handelte es sich hierbei um ein Steckersolargerät auf einer gärtnerisch genutzten Gemeinschaftsfläche einer Eigentümergemeinschaft. Einer der Eigentümer hatte Selbiges ohne Absprache dort aufgestellt. Die Eigentümerversammlung beschloss daraufhin, dies als unzulässig zu bewerten und den Abbau zu erzwingen. Das Gericht bestätigte diesen Beschluss und begründete seine Bewertung damit, dass das Aufstellen von Solaranlagen keine »übliche Gartennutzung« darstelle. Das erinnert an ein Verfahren 2021 in Weimar, bei dem die Richterin wie folgt die Klage auf Abbau eines Balkonkraftwerks noch damit begründete, dass es »keine sozial übliche Nutzung« der Balkonbrüstung darstelle. Das eine solche Haltung heute, mit Millionen von Geräten am Netz, nicht mehr vertreten werden kann, ist selbsterklärend.

Auch ein Ende 2024 gefälltes Urteil des Amtsgerichts Köln (AZ 208 C 460/23) bestätigte den Anspruch des Vermieters auf Rückbau eines Balkonkraftwerks. Das Gericht begründete dies damit, dass der Mieter weder eine fachmännische Installation nachweisen noch eine entsprechende Haftpflichtversicherung vorweisen konnte und schloss:

> »Gegenüber diesem nicht abgesicherten Haftungsrisiko muss der Anspruch der Beklagten auch unter Berücksichtigung von Umweltschutzgedanken und Energiekostenersparnis in diesem Fall zurücktreten.«

Ein Urteil des Amtsgerichts Pasewalk (AZ 103 C 9/25 eV) aus **2025** bestätigt dies. Hier hatte ein Vermieter auf Rückbau eines Steckersolarkraftwerks geklagt, das der Mieter mit Stahlseilen an der Fassade des Hauses abgespannt hatte. Es stellt fest, dass Balkonkraftwerke grundsätzlich zu erlauben seien und dass eine optische Beeinträchtigung alleine hier keine Ausnahme bedeutet. Allerdings war in diesem Fall der Mieter seinen Nachweispflichten nicht nachgekommen. Genauer:

> »Insoweit hätte es dem Verfügungsbeklagten oblegen, der Verfügungsklägerin vor Ausführung der Installation ausreichende Sicherheiten vorzulegen. Hierzu gehören neben dem Nachweis einer fachgerechten Installation nach VDE-Normen etwa auch die Zur-Verfügung-Stellung der technischen Datenblätter der Anlage, die Vorlage eines (Haftpflicht-) Versicherungsnachweises sowie der Nachweis der Brand- und Sturmsicherheit.«

Damit ist ein Katalog sinnvoller und rechtskonformer Forderungen ermittelt:

- ✔ Nachweis einer Haftpflichtversicherung
- ✔ Bestätigung der fachgerechten Installation durch den Nutzer (Laut VDE AR N 4105 ist dafür kein Fachbetrieb erforderlich.)
- ✔ Bereitstellung technischer Datenblätter
- ✔ Nachweis der Brand- und Sturmsicherheit (Geräte, die der Produktnorm DIN VDE V 0126-95 entsprechen, verfügen über beides.)

Obwohl die Gerichtsurteile in dieser Hinsicht eindeutig sind, beinhalten Vorlagen und Leitfäden einiger Immobilienverbände mitunter noch immer eine Reihe weiterer Punkte. So veröffentlichte der Verband Haus&Grund etwa 2025 ein Buch mit dem Titel »Balkonkraftwerke im Miet- und WEG-Recht«, dessen Vorschläge weit über die genannten vertretbaren Forderungen hinausgehen.

So empfiehlt das Werk etwa, von Mietern pauschal zusätzliche Kautionen zu verlangen, um potenzielle Rückbau- oder Schadenskosten abzusichern – und das selbst dann, wenn es sich lediglich um kleine, technisch unkomplizierte Anlagen handelt, die in der Regel keinerlei bauliche Eingriffe erfordern. Zudem wird die Forderung nach einem umfassenden technischen Nachweiskatalog empfohlen. Umfassende technische Dokumentationen, Prüfprotokolle, Angaben zur Herkunft der Module und sogar statische Gutachten sollen dabei vorgelegt werden – Anforderungen, die weit über das hinausgehen, was bei typischen Mini-PV-Anlagen mit zwei Modulen sachlich oder rechtlich erforderlich ist. Eine kritische Auseinandersetzung mit dem Text durch den Balkon Solar e.V. schließt:

> »Wer als Vermieter solche Verbandsvertreter hat, der braucht keine Feinde mehr. Folgt er ihrem Rat, dürfte er sich in einer Reihe von teils kostspieligen Prozessen wiederfinden […]«

Diese Warnung ist nicht von der Hand zu weisen. Denn bereits eine ganze Reihe an Gerichtsverfahren um solche unnötigen Forderungen endete damit, dass Vermieter oder Eigentümergemeinschaften Selbige zurückziehen, um das Scheitern vor Gericht zu vermeiden. Das war bereits bei Verfahren in Kiel, Berlin, Wunsiedel und auch bei Michael Breuninger aus Konstanz am Bodensee der Fall. Ihm wurde die Nutzung eines Balkonkraftwerks jahrelang von seiner Eigentümergemeinschaft verwehrt – bis er schließlich Fakten schaffte. Die Klage der Gemeinschaft folgte auf dem Fuß – und gewann in erster Instanz. Breuningers Anwalt kündigte Berufung vor dem Landgericht Karlsruhe an, aber dann zog die Eigentümergemeinschaft plötzlich ihre Klage zurück. Aufgrund der Privilegierung von Balkonkraftwerken, ihrer massiven Verbreitung und der dadurch veränderten Haltung der Gerichte wäre die Sache für sie in zweiter Instanz nicht mehr zu gewinnen gewesen.

Was sollte man einfordern und was nicht?

Als Positivbeispiel für Verbandsarbeit kann in dieser Hinsicht die Arbeitshilfe 93 »Balkon-PV-Anlagen Aktuelle Informationen für Wohnungsunternehmen zum proaktiven Umgang mit Balkon-Photovoltaik-Anlagen« des Bundesverbands deutscher Wohnungs- und Immobilienunternehmen GdW in der Fassung aus 2024 gelten. Zwar sind auch dort noch einige kleinere Fallstricke enthalten, wie etwa die Einschränkung auf eine durch den Vermieter festzulegende und aktuell zu haltende Modellauswahl (hier empfiehlt sich eher das Bestehen auf einen

Modultyp, etwa »full-black Halbzelle bifazial«) oder die Forderung, dass eine ein Meter breite Fläche an der Brüstung zum Anleitern als Rettungsweg für die Feuerwehr frei zu bleiben habe. Tatsächlich ist Letzteres bei lotrecht montierten Modulen oder einem vorhandenen alternativen Rettungsweg, etwa einem Fenster auf derselben Gebäudeseite, nicht nötig.

Abgesehen davon sticht die Arbeitshilfe des GdW insbesondere in zwei Punkten positiv hervor: Einerseits erörtert sie die relevanten Punkte ausgewogen und zeigt auch klar auf, wo Rechtsprechung und Normenlage nicht eindeutig sind, und andererseits empfiehlt sie in Übereinstimmung mit der Rechtsprechung, letztlich nur zwei Angaben einzufordern:

- ✔ Angaben zum Balkonkraftwerk-Set und
- ✔ einen Nachweis über die Abdeckung durch eine Haftpflichtversicherung.

Zur Sicherstellung der fachgerechten Installation empfiehlt die Arbeitshilfe zudem eine kurze Inaugenscheinnahme durch Mitarbeiter des Vermieters beziehungsweise der Hausverwaltung. Das ist eine zumindest verständliche Vorsichtsmaßnahme.

Weitere Forderungen, wie etwa die Erbringung eines Statikgutachtens für die Brüstung, ein Prüfnachweis für die elektrische Anlage der Wohnung durch einen Elektrofachbetrieb oder Ähnliches haben bisher vor Gericht in keinem Fall bestanden und sind daher zu vermeiden.

In jedem Fall sollte man jedoch eine entsprechend gestaltete Gestattungsvereinbarung vorhalten, die klarstellt, dass

- ✔ die Installation keine Schäden an der Bausubstanz verursachen darf,
- ✔ pro Wohneinheit nur eine Anlage eingebaut werden darf,
- ✔ keine Mehrfachsteckdosen zum Anschluss verwendet werden dürfen,
- ✔ die gesamte Anschlussleistung 800 Watt am Wechselrichter und 2.000 W_p an Modulleistung nicht überschreiten darf,
- ✔ die Anlage ins Marktstammdatenregister eingetragen werden muss,
- ✔ sie fachmännisch am Balkon montiert werden muss und
- ✔ dass Arbeiten an elektrischen Anlagen (etwa Installation einer neuen Steckdose) nur von Fachkräften durchgeführt werden dürfen.

Unabhängig davon gelten Denkmalschutzbestimmungen und Bauordnungen, sodass etwa bei denkmalgeschützten Gebäuden eine Freigabe durch das Denkmalamt und bei Hochhäusern eine Baugenehmigung erforderlich ist.

Mieter in Eigentumswohnung

Genehmigt ein Wohnungseigentümer seinem Mieter die Installation eines Balkonkraftwerks, die Wohneigentümergemeinschaft beschließt aber ein Verbot, so ist es am Wohnungseigentümer, einen neuen, positiven Beschluss herbeizuführen oder den ablehnenden Beschluss mittels einer Anfechtungsklage gerichtlich anzugreifen und zudem zu beantragen, dass das Gericht den verweigerten Beschluss fasst (Beschlussersetzungsklage).

> **IN DIESEM KAPITEL**
>
> Welche Vorteile bringt es, wenn Vermieter und WEGs selbst ausstatten?
>
> Wie kann eine Teil- oder Vollausstattung umgesetzt werden?
>
> Für wen lohnt sich die proaktive Ausstattung?

Kapitel 18
Das Balkonkraftwerk als Investitionsobjekt

Proaktive Ausstattung

Statt auf die einzelnen Anfragen aus der Bewohnerschaft zu warten, gehen immer mehr Vermieter, Genossenschaften und Eigentümergemeinschaften den Weg der proaktiven Ausstattung ihrer Objekte. Die Vorteile sind dabei nicht von der Hand zu weisen:

- ✔ Ersparnis des jeweiligen Abstimmungs-/Prüfaufwands
- ✔ Sicherstellung der fachgerechten Montage und elektrischen Installation
- ✔ Verfügungsgewalt bei vorübergehendem Abbau, Rückbau oder Austausch
- ✔ Sicherstellung eines einheitlichen Fassadenbilds

Dank stark gesunkener Preise für Balkonkraftwerke und steigendem Wettbewerb bei Unternehmen für die Umsetzung sowie der oft vermeidbaren Kosten für Einrüstung/Hubwagen oder Ähnlichem liegen die Kosten selbst für eine Vollausstattung mit Balkonkraftwerken zudem im Normalfall weit unter denen einer Aufdach-PV-Anlage auf dem Gebäude.

Lässt man die Bewohner zudem eine entsprechende Vollmacht ausfüllen, kann man zudem auch bei Bewohnerwechseln die Anmeldungen der Geräte im Marktstammdatenregister übernehmen und stellt so sicher, dass diese immer auf dem aktuellen Stand sind.

Abbildung 18.1: Balkonkraftwerk-Vollausstattung in Salzgitter (Copyright: EmpowerSource)

Umsetzungsoptionen

Grundsätzlich hat man die Wahl zwischen der Ausstattung einzelner Wohneinheiten oder der des gesamten Objekts. In Eigentümergemeinschaften oder Genossenschaften, in denen die jeweiligen Wünsche der Bewohner einen hohen Stellenwert genießen, können Einzelausstattungen nach dem Opt-in- oder Opt-out-Verfahren sinnvoll sein. Hier können unter Umständen auch Optionen angeboten werden (mit oder ohne Speicher, ein oder mehrere Module). Bei Mietobjekten hingegen ist es meist einfacher, das gesamte Gebäude auszustatten und die Geräte über ein Ergänzungsdokument in den Mietervertrag aufzunehmen.

Bei der Beauftragung hat man die Wahl zwischen Teilbeauftragungen – etwa eines Elektrofachbetriebs für den elektrischen Anschluss und einen Solarteur mit der mechanischen Montage – oder eines Generalunternehmens, das alle Aufgaben übernimmt. Auch die Übernahme von Teilaufgaben durch eigene Kräfte – sofern vorhanden – ist möglich.

ROI für Vermieter

Eigentümer finanzieren die Ausstattung ja ohnehin selbst und sparen die Kosten durch den Stromertrag ein. Aber auch als Vermieter lässt sich die Investition in eine proaktive Ausstattung wieder reinholen, denn Selbige lässt sich als Modernisierungsausgabe werten und über eine entsprechende Umlage gegenfinanzieren. Der Vorteil dabei: Die Mieter sparen aufgrund der eingesparten Stromkosten dennoch!

Eine Beispielrechnung:

Bei realistischen Kosten von 1.500 € pro Haushalt und realistischen Einsparungen von 600 kWh im Jahr kommt man bei einer Umlage von acht Prozent und einem Strompreis von 35 Cent auf (270 € Einsparungen − 120 € Mieterhöhung =) 150 € Gesamtersparnis pro Jahr pro Mieter. Das ist ein schönes Geschenk an die Mieter. Nach 12,5 Jahren ist die Investition reingeholt, die Zusatzeinnahmen bleiben aber. Das wiederum ist ein schönes Geschenk der Sonne an Mieter *und* Vermieter. Damit gewinnen am Ende alle.

Es ist theoretisch möglich, vorab eine Ertragssimulation für die jeweiligen Wohneinheiten durchführen zu lassen und die Umlage auf die zu erwartenden Erträge anzupassen. Das wäre den Mietern gegenüber fair, denn die Erträge können sich je nach Lage der Wohnung deutlich unterscheiden. Allerdings ist dies jeweils juristisch vorab zu prüfen.

Ob sich ein solches Projekt letztlich lohnt, hängt oft an einigen wenigen Schlüsselfaktoren. Uneinheitliche Balkonbrüstungen können den Arbeitsaufwand stark vergrößern, modernisierungsbedürftige Elektroinstallationen eine Instandsetzung nach sich ziehen etc. Man sollte daher an ein seriöses Fachunternehmen herantreten, das bereits andere Projekte dieser Art umgesetzt hat.

Eine Wartung ist im Übrigen meist kein Kostenfaktor, denn diese beschränkt sich üblicherweise auf eine alle paar Jahre zu wiederholende Inaugenscheinnahme. Die Geräte sind erfahrungsgemäß enorm langlebig und wartungsarm.

Ein Grund jedoch, sie alle paar Jahre nochmals intensiver zu betrachten, ist das Repowering. Die Modulentwicklung schreitet beständig voran und es kann sein, dass bereits nach einigen Jahren das Bedürfnis aufkommt, leistungsstärkere Module anzubringen, um höhere Erträge zu ermöglichen.

Teil VI
Vergangenheit & Zukunft

> **IN DIESEM TEIL …**
>
> ✔ Wo kommen wir her? Das Balkonkraftwerk in Vergangenheit und Gegenwart
>
> ✔ Schöne neue Energiewelt? Ein Blick in die Kristallkugel

IN DIESEM KAPITEL

Wie aus Guerilla-Solar eine Bürgerbewegung wurde

Die wichtigsten Pioniere, Projekte und Meilensteine

Widerstände von Behörden – und wie sie überwunden wurden

Die Rolle von Normen, Studien und politischem Wandel

Warum Balkonkraftwerke heute in der Mitte der Gesellschaft angekommen sind

Kapitel 19
Geschichte der Balkonkraftwerke

Nichts auf der Welt entsteht ohne Vorbedingungen. In diesem Kapitel erfahren Sie, wie sich das Balkonkraftwerk zu dem entwickelt hat, was es heute ist und welche Personen, Ereignisse und Orte dabei eine Rolle gespielt haben.

Von der Solar-Guerilla zum Mainstream

Die Geschichte der Energieerzeugung über steckbare PV-Anlagen beginnt in den Neunzigerjahren. 1994 stellte der Niederländer Henk Oldenkamp mit dem ok4 den ersten Modul- beziehungsweise Mikrowechselrichter auf der internationalen Photovoltaikkonferenz »IEEE First World Conference on Photovoltaic Energy Conversion« in den USA vor. Kurze Zeit später wurden in den USA und Deutschland auch Mikrowechselrichter entwickelt und angeboten. Zunächst wurden vor allem die Vorteile bei der einfachen Verschaltung und dem modulorientierten

MPP-Tracking erkannt. Letzteres minimiert Verluste bei Verschattungen und unterschiedlichen Ausrichtungen beziehungsweise unterschiedlichen Modultypen.

Schnell wird auch ihr Potenzial für eigenständige Mini-PV-Anlagen erkannt. In den USA gehen 1996 die ersten Anlagen mit Mikrowechselrichter ans Netz – und sogleich gibt es Ärger mit den Netzbetreibern. Die Solaraktivisten verkleiden sich als Guerilleros und posten humorvoll Bilder von sich und ihrer Steckersolaranlage im Internet. Daraus entsteht die sogenannte Guerilla-PV, die sogleich auf Europa überschwappt. In Deutschland brachten 1997 Willi Krauß (Solar Krauß) und Thomas Seltmann das erste Produkt unter dem Namen »Kraftzwerg« auf den Markt: Das Paket aus 110-Watt-Solarmodul, Wechselrichter und Zubehör kostete rund 2.000 Mark.

Abbildung 19.1: Der »Erfinder« des Modulwechselrichters Henk Oldenkamp mit einem ersten Produktmuster eines Miniwechselrichters, der in den Modulrahmen passt, beim PV-Symposium 2017 in Kloster Banz. Dieser Wechselrichter wurde durch die deutsche Firma Solar Native (https://solarnative.com/de/) produziert, die aber derzeit insolvent ist. (Copyright: Ralf Haselhuhn)

KAPITEL 19 Geschichte der Balkonkraftwerke

Abbildung 19.2: Guerilla-Solar-Bewegung in Kalifornien 1996 (Copyright: https://www.guerrilla.solar/)

In Deutschland gilt seit dem 1. April 2000 das Erneuerbare-Energien-Gesetz (EEG). Danach erhalten Stromerzeuger aus erneuerbaren Energien eine auskömmliche Einspeisevergütung. Dadurch ist der Antrieb zur Deckung seines eigenen Stroms nicht hoch. Inzwischen startete die Umweltkampagne »Guerrilla Solar« der spanischen Fundación Tierra. Diese wurde 2009 bis 2014 durchgeführt und zielte darauf ab, die Möglichkeiten der Bürgerbeteiligung im Kampf gegen den Klimawandel aufzuzeigen und auf der ganzen Welt zugänglich zu machen. Die »Waffe« dieser Solarguerrilleros waren Steckersolargeräte. Dafür erhielten sie den Eurosolar Award 2009. In Europa gab es bald Ärger mit den Netzbetreibern. In Spanien wurden diese Anlagen sogar per königlichem Dekret verboten. Wegen der damals noch hohen Modul- und Wechselrichterpreise setzte sich die Idee jedoch nicht in der Breite durch.

Erst als China durch die Massenproduktion von PV-Modulen und Wechselrichtern die Preise rapide sinken lässt, konnten bezahlbare Steckersolargeräte auf den Markt kommen. Die Ersten, die sich für technische Lösungen engagieren, sind die Ingenieure Holger Laudeley (Laudeley Betriebstechnik GmbH), Wolfgang Müller (S.I.Z.) und Marcus Vietzke (indielux). Auch die DGS Berlin, die Hochschule für Technik und Wirtschaft Berlin und die Verbraucherzentrale NRW versuchen, die Rahmenbedingungen zu verbessern.

Allerdings gab es Gegenwind aus Bayern. Das Bayerische Staatsministerium für Wirtschaft versendet am 22.5.2013 einen Warnbrief »Technische Sicherheit von Mikro-PV-Anlagen«. Darin hieß es: »Die Einspeisung einer Erzeugungseinrichtung in einem Endstromkreis birgt Gefahren für Leib und Leben.« Gefährliche Stromschläge seien die Folge, auch Kabelbrände und Störungen des Versorgungsnetzes. Anlagenbetreiber und Installateure könnten sich strafbar machen, heißt es, wegen »fahrlässiger Körperverletzung/Tötung, Sachbeschädigung, Betrugs, Fälschung technischer Aufzeichnungen etc.«.

Im Normenwerk des VDE sind bisher Stromerzeuger im Endstromkreis zu der Zeit tatsächlich nicht vorgesehen. Und niemand schickt sich an, das zu ändern. Niemand? Fast niemand. Denn in Berlin findet sich eine Gruppe um Diplom-Ingenieur Ralf Haselhuhn von der Deutschen Gesellschaft für Sonnenenergie (DGS) zusammen. Haselhuhn unterrichtet an der Hochschule für Wirtschaft und Technik und beginnt 2012, sich intensiv mit Steckersolargeräten zu beschäftigen. Die DGS Berlin bietet zwei Jahre später Kurse an mit dem Titel »PV-Guerilla für jedermann« und »PV-Guerilla-Anlagen fachgerecht installieren«. Im Ausschreibungstext heißt es: »Diese so simple Lösung birgt viele Gefahren. Im Seminar werden Hinweise gegeben und Lösungen erarbeitet, um dieses System fachgerecht und sicher einzusetzen.«

Seit 2013 werden am Lehrstuhl für Elektrische Energietechnik – Nachhaltige Energiekonzepte der Universität Paderborn die am Markt befindlichen Mikro- beziehungsweise Modul-Wechselrichter auf Effizienz und Energieertrag verglichen und in ein kontinuierliches Ranking aufgenommen; auch eine einfache Sicherheitsprüfung (schnelle Abschaltung bei Netzverlust) dieser Wechselrichter findet dort statt – fast ohne Beanstandungen.

Ralf Haselhuhn, für die DGS in verschiedenen Normungs- und Richtliniengremien für die Photovoltaik unterwegs, will Steckersolargeräte aus der regulatorischen Grauzone herausholen. Er findet Unterstützer in Thomas Seltmann von der Verbraucherzentrale NRW und Marcus Vietzke von indielux. »Mir war klar, welche Wege wir gehen und welche Norm wir wo öffnen müssen«, sagt Haselhuhn. 2016 gründen sie auf der Fachmesse Intersolar in München die Arbeitsgruppe PV Plug. Sie leistet Pionierarbeit für die urbane Energiewende. Die DGS verkauft den »SolarRebell«, ein 250-Watt-Modul mit Wechselrichter und einer Unterkonstruktion aus Aluschienen und betreibt die unabhängige Informationsinternetseite www.pvplug.de. Im selben Jahr beginnt der Normungsprozess für Produktnorm-Steckersolargeräte beim VDE – und damit eine jahrelange mühevolle Arbeit. Parallel dazu entwickelt das DGS-Team einen speziellen DGS-Sicherheitsstandard, nach dem Anbieter ihre Produkte zertifizieren lassen können. Für ihr ehrenamtliches Engagement erhält die Arbeitsgruppe PV Plug im Jahr 2018 den Georg-Salvamoser-Preis.

In Österreich startet Simon Niederkircher 2014 seinen Blog »Das Solarzwerg-Experiment«. Mit der Unterstützung durch die oekostrom AG wurde das Balkonsolargerät Simon.energy entwickelt, das dann auch Greenpeace Energy angeboten hat.

In Deutschland beginnt 2017 Marcus Vietzke, der umweltengagierte Start-up-Unternehmer und DGS-Aktivist, an der HTW Berlin erste wissenschaftliche Untersuchungen zu Leistungsüberlastungen und anderen Sicherheitsaspekten durchzuführen. Die Ergebnisse wurden noch im Jahr 2017 im Bericht des Photovoltaik-Instituts Berlin »Untersuchung der Beeinflussung der Schutzkonzepte von Stromkreisen durch Stecker-Solar-Geräte PI-Report-Number: 20170520« zusammengefasst (Quelle: https://www.pvplug.de/wp-content/uploads/2017/05/pi-berlin.testreport.20170520.pdf). Kurz zuvor erschien eine weitere Studie zur Sicherheitsproblematik beim Fraunhofer ISE »Steckerfertige, netzgekoppelte Kleinst-PV-Anlagen«, erstellt im Auftrag der österreichischen e-control (die unabhängige Regulierungsbehörde für den Strom- und Gasmarkt in Österreich). Beide Studien kamen zum Ergebnis, dass bei Erfüllung bestimmter gerätetechnischer Voraussetzungen ein sicherer Betrieb eines Balkonkraftwerks mit Schukostecker möglich ist. Allerdings wurden alte Elektroinstallationen noch nicht daraufhin untersucht. Marcus Vietzke und Hermann Laukamp vom Fraunhofer ISE stellten die Ergebnisse ihrer Studien 2018 bei einem DKE/VDE-Workshop in Frankfurt vor.

Daraufhin gab es 2019 den ersten Erfolg. Der VDE änderte die Installationsnorm mit dem sperrigen Titel DIN VDE 0100-551-1 (VDE 0100-551-1):2018-05. Erstmals wurden Energieerzeuger im Verbraucherstromkreis zugelassen. Zuvor hatte die PVplug-Gruppe eine Kampagne zum Normeneinspruch gestartet, an der sich viele Tausende Bürger beteiligten. Der Schritt befeuerte die Nachfrage nach Steckersolargeräten weiter. Immer mehr Anbieter drängen jetzt auf den Markt.

Ebenfalls 2019 startete ein WIPANO-Verbundprojekt (»Wissens- und Technologietransfer durch Patente und Normen« des Bundesministeriums für Wirtschaft und Klimaschutz), in dem ein Entwurf für eine Produktnorm für Steckersolargeräte erarbeitet sowie die wissenschaftliche Begleitforschung (siehe auch Kapitel 2 von Teil II) vorgenommen wurde. Die Verbundpartner in diesem Projekt sind neben der Deutschen Gesellschaft für Sonnenenergie Landesverband Berlin Brandenburg (DGS), die Deutsche Kommission Elektrotechnik Elektronik Informationstechnik (DKE), das Fraunhofer ISE, indielux, SolarInvert, S.I.Z. GmbH und die Verbraucherzentrale NRW. Im Forschungsprojekt übernahm das Fraunhofer ISE die Sicherheitsuntersuchungen von Mikrowechselrichtern und die Erarbeitung einer Prüfprozedur für Mikrowechselrichter. Indielux erarbeitete eine Lösung zur Stromüberwachung von Stromkreisen. SolarInvert entwickelte ein

Sicherheitsverfahren für Mikrowechselrichter zur kontinuierlichen Impedanzmessung. Das DKE koordinierte das Projekt und die Normenarbeit. SIZ brachte deren Praxiserfahrungen von Steckersolaranlagen ein. Die DGS bestimmte, wie schon im Kapitel beschrieben, die Belastbarkeitsreserven in bestehenden alten Elektroinstallationen vor Ort. Dabei wurden die Temperaturen bei Überströmen an gealterten Betriebsmitteln ermittelt und mögliche Gefährdungen zu analysiert.[1] Hermann Laukamp vom Fraunhofer ISE leitet das Projekt und auch die DKE-Arbeitsgruppe mit großem Engagement.

Abbildung 19.3: WIPANO-Arbeitsgruppe Steckersolar v.l.n.r. oben Hermann Laukamp (Fraunhofer ISE), Athina Savvidis (DKE), Tobias Schwarz (SolarInvert), Jörg Sutter (Verbraucherzentrale) und Wolfgang Müller (S.I.Z.) unten: Ralf Haselhuhn (DGS) und Dominika Radacki (DGS) (Copyright: Ralf Haselhuhn)

---

[1] https://www.sonnenenergie.de//index.php?id=30&no_cache=1&tx_ttnews%5Btt_news%5D=475

Das jahrelange Ringen beim VDE um eine Produktnorm für Steckersolargeräte ging Ende 2022 in eine weitere Runde. Kurz vor Veröffentlichung des ersten Normentwurfs war der zuständige Arbeitskreis uneins über die richtige Steckverbindung: Soll der Schukostecker im Regelwerk offiziell erlaubt sein? Der Normentwurf wurde deshalb dem übergeordneten DKE-Komitee 373 vorgelegt. Dort kam es bei einer Abstimmung zu einer Pattsituation. Der größte Gegenwind gegen den Schukostecker geht auf die Vertreter der Versicherer, des Elektrohandwerks und der Netzbetreiber zurück. Schließlich wurde zunächst der Anschluss mittels Schukostecker in den informellen Anhang der Norm geschoben.

Abbildung 19.4: Ralf Haselhuhn stellt die Forschungsergebnisse zu Steckersolargeräten bei der Intersolar 2022 vor. (Copyright: Ralf Haselhuhn)

Seit 2022 setzen sich die zwei Vereine »Balkon Solar e.V.« und »Klimaschutz im Bundestag (KiB) e.V.« für die Verbesserung der politischen und administrativen Rahmenbedingungen mithilfe von Petitionen ein. So wurden einige Vereinfachungen erreicht. Christian Ofenheusle bringt mehr Licht in den Normungsdschungel mit seiner Website machdeinenstrom.de und stellt dort die

Zusammenhänge sowie die technischen Anforderungen allgemeinverständlich dar und Medienschaffende wie Dr. Andreas Schmitz (Akkudoktor) mobilisieren eine große Öffentlichkeit.

Der Normentwurf für die Steckersolar-Produktnorm VDE 0126-95 bekam über 750 Einsprüche. Pro und Contra hielten sich die Waage. Als die relevanten Einsprüche zu einer neuen Fassung eingearbeitet wurden, kam es bei der Einspruchsversammlung in Frankfurt im Januar 2024 dazu, dass einige Einsprecher auf einen neuen zusammengefassten zweiten Normentwurf bestanden. Dabei waren die größten Streitpunkte die Anhebung auf die 800-W-Grenze und der Schukostecker. Wieder mal wurde von den Gegnern der Steckersolargeräte auf Zeit gespielt. Allerdings wurden in Folge vom Arbeitskreis alle technischen Beweggründe bearbeitet und Lösungen für die Knackpunkte gefunden. Eine zweite Fassung des Normentwurfs wurde veröffentlicht. Im März 2024 gab es einen Runden Tisch zur Produktnorm »Steckersolar« beim Bundesministerium für Wirtschaft und Klimaschutz. Mitte 2024 fand die Kommentarphase des zweiten Normentwurfs statt. Erneut gingen viele Einsprüche ein, die im Folgenden behandelt und zum Teil eingearbeitet wurden. Daraufhin erarbeitete die Arbeitsgruppe »Steckersolar« im DKE eine Vornorm, die mit erweiterten Sicherheitsfunktionen im Wechselrichter die Einspeisung in die normale Schuko-Steckdose normativ sicher und auch abprüfbar macht. Mit dieser Vornorm waren die Fachkreise dann einverstanden. In einem Schlichtungsverfahren im ersten Halbjahr 2025 wurde die Norm finalisiert. Die endgültige Steckersolarnorm VDE 0126-195 wurde dann Ende 2025 veröffentlicht.

Viele haben mitgeholfen, die Balkonsolaranlagen voranzubringen. Den größten Rückenwind erzeugt der Energiepreisanstieg infolge des Ukraine-Krieges. Nun sind Balkonkraftwerke nicht mehr nur eine technische Nische von Ökophantasten und Solarrebellen. Balkonkraftwerke sind in der Gesellschaft angekommen. PV-Anlagen, wenn auch klein, entstehen nicht nur auf Einfamilienhäusern, Fabriken und Freiflächen, sondern auch an Mehrfamilienhäusern und in Gartensiedlungen.

> **IN DIESEM KAPITEL**
>
> Warum die Energiewende unumgänglich ist
>
> Wie Strom zur Basis für Wärme, Mobilität & Industrie wird
>
> Welche Rolle Balkonkraftwerke und Bürgerenergie dabei spielen
>
> Was Energy Sharing, P2P-Handel und virtuelle Kraftwerke ermöglichen
>
> Wie ein »atmendes Netz« der vielen Hände entsteht

Kapitel 20
Die Energiewelt von morgen

Der Wechsel hin zu einer Energieversorgung aus erneuerbaren Energiequellen ist nicht nur ein politisches Ziel, sondern eine wissenschaftlich belegte Notwendigkeit. Nicht so eindeutig ist jedoch, wie dieser Wechsel genau umgesetzt werden soll. Egal wie genau der Wechsel aussehen wird: Es wird eine fundamentale Umwälzung geben. Dieses Kapitel gibt Ihnen einen kleinen Vorgeschmack auf das, was da kommt. Vorab aber soll es darum gehen, warum diese Umwälzung überhaupt notwendig ist.

Am Beginn einer neuen Ära

Elektrische Energie ist eine Triebfeder des Wohlstands und ihre Gewinnung aus erneuerbaren Quellen kann die Lösung für viele Probleme der Zukunft sein. Wie beheizen wir unser Zuhause nach dem Ausstieg aus den fossilen Energien wie Kohle, Öl und Gas? Das geht mit elektrischen Wärmepumpen, Infrarotheizungen oder (notfalls) elektrische Erzeugung von Wasserstoff zur Verbrennung. Wie kommen wir zur Arbeit oder in den Urlaub? Mit E-Bikes, E-Autos, Zügen, ÖPNV oder synthetischem Kerosin auf Basis von elektrisch erzeugtem Wasserstoff. Wie sorgen wir für Ersatz des durch den Klimawandel knapperen Trinkwassers? Elektrische Entsalzungsanlagen. Und wie erzeugen wir Stahl für unsere Infrastruktur? »Direktreduktion« durch elektrisch erzeugten Wasserstoff in elektrischen Lichtbogenöfen!

So schön, wie das alles klingt, so weit sind wir aber auch davon entfernt. Nur etwa 20 Prozent unserer jetzigen Primärenergie in Deutschland (das ist der gesamte Bedarf an Energie für Stromversorgung, Wärme und Verkehr) stammen aus erneuerbaren Energiequellen. Durch Effizienzgewinne, die sich im Rahmen der durchgängigen Elektrifizierung ergeben (wie Elektromobilität und Wärmepumpen), brauchen wir glücklicherweise aber nicht die gesamte bisherige Primärenergie bereitzustellen, sondern kaum die Hälfte davon, also ca. 1.500 TWh pro Jahr. Dennoch – es gibt viel zu tun: Um auf 100 Prozent zu kommen, sind alle gefordert, nicht nur Stromversorger, Industrie und Politik. Auch jeder Einzelne kann dazu beitragen und – und das ist das Großartige daran – dabei auch noch Geld sparen! Immerhin decken inzwischen Solar- und Windstrom mehr als die Hälfte des deutschen Strombedarfs!

Hausbesitzer mit Solaranlagen machen es schon seit über 20 Jahren vor: Die Erzeugung von erneuerbarer Energie lohnt sich! Heute lohnt sie sich sogar noch mehr als früher. Wo lange Zeit ohne eine staatliche Förderung keine schwarzen Zahlen zu schreiben waren, bauen heute schon mehrere Energieversorger ihre Solarparks ohne irgendwelche Förderung. Der Grund: Solarenergie ist von der teuersten zur günstigsten Energiequelle geworden! Die Preise für Komponenten zur photovoltaischen Energiegewinnung sind enorm gefallen und insbesondere mit dem Balkonkraftwerk kommen wenig bis keine zusätzlichen Kosten zum Beispiel für Aufbau und Anschluss hinzu.

Daher darf es nicht verwundern, dass in Deutschland schon mehrere Millionen der Geräte am Netz sind. Die Idee ist auch einfach zu spannend: Selbst Energie erzeugen, damit Geld sparen, Unabhängigkeit gewinnen und am Ende sogar etwas für Umwelt- und Klimaschutz tun? Wer will da nicht mitmachen?

Allerdings bedeutet dies eben auch eine revolutionäre Veränderung in der Art und Weise, wie Energie früher erzeugt, gespeichert, verteilt und genutzt wurde. Die zentralisierten Energiesysteme, die über ein Jahrhundert lang die Weltwirtschaft angetrieben haben, weichen zunehmend einer Energiewelt, die von Dezentralität, Nachhaltigkeit und manchmal von gemeinschaftsorientierten Ansätzen geprägt ist. Dabei ist es die Intelligenz der dezentralen Energiesysteme, also die technische Abstimmung von passgenauer Erzeugung, Speicherung und Nutzung von erneuerbarer Energie, die zugleich die größte Chance und die größte Herausforderung bei diesem Wandel darstellt. Modelle der gemeinschaftlichen

Erzeugung, Speicherung und Nutzung, das sogenannte »Energy Sharing«, spielen dabei eine wichtige Rolle. Unter diesem Begriff werden Konzepte wie »Erneuerbare-Energie-Gemeinschaften«, »Peer-to-Peer-Stromhandel« und auch die »gemeinschaftliche Gebäudeversorgung« zusammengefasst. Weitere Ansätze für eine wachsende Relevanz dezentraler Akteure, allerdings im Bereich der Netzstabilisierung statt bei der Eigenversorgung, sind »virtuelle Kraftwerke«, netzdienliche Erzeuger und Verbraucher sowie dynamische Stromtarife und flexible Netzentgelte. All diese auf intelligenter Nutzung vernetzter Kapazitäten basierenden Werkzeuge sind bereits auf die ein oder andere Art in der Praxis anzutreffen und werden mit Sicherheit in Zukunft weiter ausgebaut und gestärkt werden. Im Folgenden werden diese in aller Kürze vorgestellt.

Abbildung 20.1: Erneuerbare Energie gemeinsam nutzen (Quelle: energiegemeinschaften.gv.at)

Energy Sharing – Gemeinsam mehr Power

Die gemeinschaftliche Nutzung von selbst erzeugter Energie war lange Zeit ein rotes Tuch in der Bundesrepublik. Das Stromnetz ist bis heute in weiten Teilen zentralistisch um Kraftwerke und Umspannwerke herum aufgebaut. Mit der steigenden Anzahl von Solar- und Windanlagen auf Mittel- und Niederspannungsebene wurde diese Logik aber immer unhaltbarer. Auf politischer Ebene wurden mit dem EEG und der Vorrangigkeit von Strom aus erneuerbaren Quellen hier bereits Maßstäbe gesetzt. Aber auch über die nationale Ebene hinaus gibt es bereits viel Bewegung in dieser Hinsicht. So sind die Länder der EU durch die Erneuerbare-Energien-Richtlinie RED II 2018/2001 seit einigen Jahren dazu verpflichtet, neue Formen der Einbindung der Bevölkerung in die Umstellung auf eine dezentrale Versorgung mit erneuerbaren Energien möglich zu machen. Dabei benennt die Richtlinie insbesondere *Erneuerbare-Energie-Gemeinschaften* (auch »Energiecommunities«) und den *Peer-to-Peer*-Handel mit selbst erzeugter, erneuerbarer Energie als wichtige Partizipationsmittel. Die aus 2024 stammende Richtline 2024/1711 bekräftigt dies und führt es in Teilen weiter aus.

Erneuerbare-Energie-Gemeinschaften

Definiert ist die Erneuerbare-Energie-Gemeinschaft dort als

- ✔ »eine Rechtsperson, die, [...] auf offener und freiwilliger Beteiligung basiert, unabhängig ist und unter der wirksamen Kontrolle von Anteilseignern oder Mitgliedern steht, die in der Nähe der Projekte im Bereich erneuerbare Energie, deren Eigentümer und Betreiber diese Rechtsperson ist, angesiedelt sind,

- ✔ deren Anteilseigner oder Mitglieder natürliche Personen, lokale Behörden einschließlich Gemeinden oder kleine/mittelständische Unternehmen sind, und

- ✔ deren Ziel vorrangig nicht im finanziellen Gewinn, sondern darin besteht, ihren Mitgliedern oder Anteilseignern oder den Gebieten vor Ort, in denen sie tätig ist, ökologische, wirtschaftliche oder sozialgemeinschaftliche Vorteile zu bringen.«

Als ihr weiteres Ziel wird festgelegt, durch die Stärkung gemeinsam handelnder Eigenversorger im Bereich erneuerbare Elektrizität auch die Energieeffizienz auf Ebene der Privathaushalte zu verbessern und – durch Senkung des Verbrauchs und niedrigere Versorgungstarife – Energiearmut zu beseitigen. Sie fordert die Mitgliedstaaten dazu auf, diese Gelegenheit angemessen zu nutzen und zu prüfen, wie insbesondere bedürftige Verbraucher und Mieter in diese Gemeinschaften einbezogen werden können.

In Österreich etwa sind diese Gemeinschaften bereits stark verbreitet. Es gibt Hunderte davon. (Eine Karte der österreichischen Energiegemeinschaften finden Sie hier: https://energiegemeinschaften.gv.at/landkarte/). Um diese zu überblicken und bei der Strukturierung zu unterstützen, wurde eine Koordinationsstelle für Energiegemeinschaften geschaffen (im Internet unter https://energiegemeinschaften.gv.at/ zu finden) – finanziert über den Klima- und Energiefonds des österreichischen Ministeriums für Klima, Umwelt, Energie, Mobilität, Innovation und Technologie (BMK). Diese bietet eine Vielzahl an Informationen zum Thema und hilft bei Gründung und Betrieb neuer Gemeinschaften. Sie betreibt auch mehrere Beratungsstellen in den einzelnen Bundesländern.

Peer-to-Peer-Geschäfte

Als Peer-to-Peer-Geschäft (P2P) wird der Verkauf erneuerbarer Energie zwischen Marktteilnehmern auf Grundlage eines Vertrags mit vorab festgelegten Bedingungen für die automatische Abwicklung und Abrechnung der Transaktion beschrieben. Diese kann entweder direkt zwischen den Beteiligten oder auf indirektem Wege über einen zertifizierten dritten Marktteilnehmer, beispielsweise einen sogenannten »Aggregator«, erfolgen. Dieser Ansatz bietet eine effiziente, transparente und gerechte Methode zur Energieverteilung, die traditionelle, zentralisierte Energieversorger umgeht. P2P-Stromhandelsplattformen erlauben es zum Beispiel Haushalten mit Photovoltaikanlagen, überschüssige Energie an ihre Nachbarn zu verkaufen, anstatt sie ins allgemeine Stromnetz einzuspeisen. Dies fördert nicht nur die lokale Energieerzeugung und -nutzung, sondern schafft auch finanzielle Anreize für den Ausbau erneuerbarer Energiequellen. Zudem stärkt es das Gemeinschaftsgefühl und die Resilienz gegenüber Störungen in der Energieversorgung. Auch für kleine und große Speicher können auf diese Weise neue Betreibermodelle entstehen.

Als anschauliches Beispiel der Umsetzung kann das SunContract-Netzwerk (https://suncontract.org/) betrachtet werden. Bei dieser bereits 2017 in Slowenien gestarteten Plattform können sich Privatleute und Wirtschaftsunternehmen gegenseitig mit Energie versorgen und dabei selbst die Preise bestimmen. Um die erzeugten und gehandelten Mengen eindeutig zuweisen zu können und unabhängig von Währungsschwankungen zu sein, laufen die Transfers und Abrechnungen im Netzwerk über eine Blockchain und ein hauseigenes Ethereum-Token (SNC). Kürzlich kam noch ein Marktplatz für NFTs (non-fungible Token) hinzu, also einzigartige digital zertifizierte Kunstwerke, die – anders als bei den üblichen, oft recht sinnbefreiten NFTs – nicht nur sich selbst, sondern jeweils ein in der Realität existierendes Solarmodul (zum Beispiel in einem großen Solarpark) repräsentieren. Über eine Sammlung an NFTs können Sie sich so ein eigenes, dezentrales Solarkraftwerk zusammensammeln, dessen Energieertrag Sie dann verkaufen können – sogar sehr günstig an sich selbst!

 Und bei uns? Neben Österreich und Slowenien sind Erneuerbare-Energie-Gemeinschaften und Plattformen für den Peer-to-Peer-Handel auch in einer ganzen Reihe an weiteren Ländern der EU mittlerweile verbreitet. Das wäre eigentlich auch hierzulande schon seit Jahren Pflicht, denn für die Umsetzung der Regelungen der Erneuerbare-Energien-Richtlinie galt eine Frist bis Mitte 2021. Als diese abgelaufen war, Deutschland aber nichts Entsprechendes vorzuweisen hatte (die damalige Regierung der großen Koalition hatte zwar ein eigenes Gesetz zur Umsetzung der Richtlinie vorgelegt, das aber insbesondere die Energiegemeinschaften ignorierte. Teile der Opposition bezeichneten dies folgerichtig als Affront.), wandten sich kurz darauf mehrere Umweltverbände mit einer Beschwerde an die Europäische Kommission. Im Jahr 2022, nachdem auch zwischenzeitlich vonseiten der Regierung nichts verändert wurde, leitete die Europäische Kommission schließlich ein Vertragsverletzungsverfahren ein. Allerdings führte auch dies bisher nicht zu einer Umsetzung, weshalb die Kommission im März 2024 noch einmal nachlegte und drohte, Deutschland vor dem Europäischen Gerichtshof zu verklagen, wenn es nicht zeitnah zu Ergebnissen komme. Entsprechende Gesetzesvorhaben werden mittlerweile diskutiert. Ein genauer Zeitplan ist noch nicht öffentlich.

Gemeinschaftliche Gebäudeversorgung

Bereits im ersten Solarpaket (2024) ist allerdings die *Gemeinschaftliche Gebäudeversorgung* enthalten – eine Art »Energy Sharing-light«. Während es bei den übrigen Arten des Energy Sharing zum Teil sogar über das Mittelspannungsnetz, also über mehrere Gemeinden hinweg, möglich ist, Energie gemeinschaftlich zu erzeugen, zu speichern und zu verbrauchen, sieht das Konzept der »Gemeinschaftlichen Gebäudeversorgung« – wie der Name sagt – Selbiges nur innerhalb eines einzelnen Gebäudes vor. Die Energie darf dabei nicht durch das öffentliche Netz fließen. Sofern man das beachtet, kann etwa der Strom von einer gemeinsamen Dachanlage nach einem vorher gemeinsam festgelegten Verteilschlüssel an die Bewohner verteilt werden. Auch die Versorgung von Kleingewerben oder Ähnlichem im selben Gebäude wird dadurch möglich. Anders als beim bereits seit einigen Jahren gängigen »Mieterstrom«-Modell wird dabei aber keiner der Betreiber zum Energieversorger. So werden die damit verbundenen bürokratischen und organisatorischen Hürden großenteils umgangen, die viele Projekte zuvor verhinderten. Die Bedingung hierfür ist, dass der Bezug aller Haushalte mit Smart-Metern, also intelligenten Stromzählern, viertelstundengenau erfasst und der Erzeugung automatisiert gegengerechnet wird. Inzwischen arbeiten praktisch alle Netzbetreiber in Deutschland mit Smart-Metern und unterstützen viertelstündliche Abrechnungssysteme. Voraussetzung ist neben dem Einbau eines Smart-Meter sinnvollerweise auch die Wahl eines dynamischen Stromtarifs beim Versorger, den aber per Gesetz alle Versorger seit 01.01.2025 anbieten müssen.

Dezentrales Engpassmanagement – Das atmende Netz

Im Gegensatz zum »Energy Sharing« zielen *virtuelle Kraftwerke* und *steuerbare Verbraucher* nicht auf die gemeinschaftliche Nutzung von Erzeugungs- und Speicherkapazitäten ab. Hier geht es vielmehr um den Erhalt der Netzstabilität. Immer wieder – und auch schon lange, bevor Sonne und Wind zur Stromerzeugung beitragen – entstehen im Stromnetz Engpässe. Die Abschaltung von ganzen Netzbereichen aus Wartungs- oder Sicherheitszwecken, die Abschaltung großer Kraftwerksblöcke, unvorhergesehene Wetterlagen – all das kann dazu führen, dass zu viel oder zu wenig Energie im System ist. Hier muss dann regelnd eingegriffen werden. Die Netzbetreiber drosseln etwa Windkraftanlagen oder kaufen Regelenergie aus dem Ausland zu. Man spricht hier von »Flexibilitäten« im Netz, die abgerufen werden können. Natürlich ist es auch durch kleinere dezentrale Erzeuger und Speicher, aber auch durch regelbare Verbrauchsgeräte möglich, diese Flexibilitäten zur Verfügung zu stellen – wenn diese gemeinsam gesteuert werden können.

Virtuelle Kraftwerke und steuerbare Verbraucher

Genau diese Option bietet etwa ein virtuelles Kraftwerk. Über einen sogenannten »Aggregator«, also einen Verwalter von vernetzten Kapazitäten von Erzeugung, Speicherung und Verbrauch, kann nämlich nicht nur die Stromversorgung aus dem eigenen Netzwerk, sondern auch die Bereitstellung von Flexibilität für das Stromnetz ermöglicht werden. Es gibt zwei Betriebsarten:

1. Herrscht Energieüberschuss, werden Dutzende von Wechselrichtern im betroffenen Netzgebiet gedrosselt und der Überschuss so reduziert.

2. Herrscht Energiemangel, werden Tausende von Speichern im betroffenen Netzgebiet auf »entladen« gestellt und das Netz wird auf diese Weise wieder stabilisiert.

Aggregatoren sind etwa die Unternehmen »Next Kraftwerke« und »Sonnen«. Neben vielen anderen Funktionen bieten diese virtuellen Kraftwerke auch Flexibilität für Netzbetreiber an und erwirtschaften ihren Teilnehmern damit zusätzliche Einnahmequellen.

Aber auch ohne die Vermittlung über einen externen Aggregator ist die Einbeziehung von dezentralen Akteuren zur Netzstabilisierung bereits Realität. So etwa bei den steuerbaren Verbrauchern nach § 14a Energiewirtschaftsgesetz. Dieser Paragraf bietet die Möglichkeit, einzelne Verbrauchseinrichtungen, wie etwa Wallboxen zum Laden von E-Autos, bedarfsgerecht abzuregeln. Seit 2024 ist dies für Wallboxen und Wärmepumpen ab 4,2 kW Leistung sogar Pflicht. Im Gegenzug dazu erhält der Nutzer verschiedene Vergünstigungen bei der Netznutzung. Es kann davon ausgegangen werden, dass dieses Vorgehen in Zukunft dank des Zuwachses bei der Elektromobilität und bei der Verbreitung von Wärmepumpen wesentlich stärker verbreitet sein wird.

Dynamische Stromtarife und flexible Netzentgelte

Eine einfachere Lösung, um netzdienlichen Verbrauch zu fördern, sind dynamische Stromtarife. Hierbei werden je nach Energieauslastung des Netzes unterschiedliche Preise für den Strom festgelegt, die Verbrauch zu Überschusszeiten und Sparsamkeit zu Mangelzeiten wirtschaftlich begünstigen. Bekannte Anbieter solcher Stromtarife sind etwa »Tibber« oder »aWATTar«. Diese werben damit, bei hoher Wind- und Sonnenleistung den Stromtarif dynamisch zu senken und den Verbrauch in diesen Zeiträumen dadurch attraktiver zu machen. Zudem bieten sie Automatisierungstechnik an wie Auslesegeräte für den Stromzähler, smarte Steuereinheiten für Klimaanlagen und Wärmepumpen sowie smarte Wallboxen und ganze »Smart-Home«-Systeme, mit denen sich viele Verbraucher separat ansteuern lassen können. So ist gewährleistet, dass der Verbrauch in weiten Teilen netzdienlich erfolgt und damit nicht nur den Nutzern dieser Systeme, sondern durch niedrigere Kosten für die Netzstabilisierung am Ende auch allen übrigen Verbrauchern zugutekommt.

Kontrovers diskutiert wird allerdings bereits seit Jahren der über die dynamischen Stromtarife hinausgehende Ansatz der flexiblen Netzentgelte. Der Grundgedanke ist folgender: Je stärker man das Stromnetz in Anspruch nimmt, desto stärker sollte man an seinen Kosten beteiligt werden. Bis heute werden Netzentgelte aber stattdessen als Teil der Stromkosten auf (fast) alle Verbraucher zu gleichem Anteil pro kWh umgelegt. Eine Ausnahme bilden etwa industrielle Starkverbraucher und Betreiber von Großspeichern, denen nach § 19 Netzentgeltverordnung (NEV) eigene Netzentgelte angeboten werden müssen. Stattdessen wäre es wesentlich zielführender, wenn sich die Netzentgelte auch für private Haushalte an der Netznutzung orientieren würden. Das wäre nämlich ein Anreiz für gemeinsame, lokale Energielösungen wie Quartiersspeicher, genossenschaftliche Solarparks und natürlich sämtliche bereits genannten Gemeinschaftsprojekte zur lokalen Selbstversorgung wie Energiegemeinschaften, gemeinschaftliche Gebäudeversorgung und virtuelle Kraftwerke. So könnte der Umbau des Stromnetzes wesentlich schneller vollzogen und durch alle gemeinsam getragen werden.

Das Potenzial für zusätzliche Ersparnisse oder Zusatzeinnahmen durch die netzdienliche Anpassung von Erzeugung, Speicherung und Verbrauch ist sehr groß. Allein im Jahr 2022 kostete das Engpassmanagement in Deutschland 4,2 Milliarden Euro. Mittelfristig werden diese Ausgaben durch veränderte Verbrauchslagen und Verzögerungen bei der Umstellung der Netzstruktur voraussichtlich noch weiter steigen. Wer durch die Bereitstellung von Flexibilität zum Engpassmanagement beiträgt, kann von diesem Budget profitieren. Durch diese handfesten finanziellen Anreize würden alle Akteure dazu ermuntert, ein »atmendes Netz« zu schaffen, das beim Verbrauch mehr und mehr die Fluktuationen in der Verfügbarkeit von Energie mit nachvollzieht.

Ausblick: Das Netz der vielen Hände

Die vollständige Umsetzung der dezentralen Energiewende bedeutet die Umkehrung der Energieversorgung vom Kopf auf die Füße, und zwar auf jeder Netzebene. Lokale und regionale Netzbereiche werden aufgrund von Anreizen zunehmend autark. Die höheren Netzebenen, die zum Ausgleich verbleibender Ungleichgewichte (zum Beispiel Nord-Süd-Gefälle bei Wind- und Sonnenenergie, Zugang zu überregionaler Energieinfrastruktur wie Power-to-X, Wasserkraftwerke, Pumpspeicher etc.) notwendig bleiben, stützen sich zunehmend auf dezentrale Flexibilitäten und finanzieren diese optimalerweise stärker über die Verbraucher, die hiervon profitieren. Ein auf diese Weise strukturiertes Stromnetz ist nicht nur günstiger, sondern auch resilienter, also widerstandsfähiger gegen Störungen und Angriffe. Es liegt also am Ende im Interesse aller, die ohnehin unaufhaltsame Umstrukturierung hin zu einer dezentralen und nachhaltigen Energieversorgung schnell und intelligent umzusetzen. Das Balkonkraftwerk ist hierbei ein Werkzeug von hohem Wert. Es stellt die niedrigste mögliche Einstiegsschwelle in die aktive Teilnahme an diesem Wandel dar. Es verankert damit in großen Teilen der Bevölkerung einerseits das Bewusstsein für den Sinn der Abstimmung von Erzeugung und Verbrauch im Alltag und weckt andererseits den Wunsch nach weiteren Möglichkeiten, sich zum eigenen Vorteil und zum Vorteil aller aktiv an der Energiewelt zu beteiligen. Das »Netz der vielen Hände«, das von allen und für alle getragen wird, stellt den logischen Endpunkt dieser Entwicklung dar. Wir sehen uns dort!

Abbildung 20.2: Die Zukunft der neuen Energiewelt? (Copyright: EmpowerSource)

Teil VII
Einkaufsguide

> **IN DIESEM TEIL ...**
>
> ✔ Wie man das richtige Balkonkraftwerk auswählt
>
> ✔ Nutzertypen
>
> ✔ Wo soll ich mein Kraftwerk letztlich kaufen?

IN DIESEM KAPITEL

Wo soll das Balkonkraftwerk hin?

Wie viel Leistung brauche ich?

Was kann ich selbst machen? Möchte ich Hilfe in Anspruch nehmen?

Welcher Nutzertyp bin ich?

Wo kaufe ich ein?

Kapitel 21
Vier Grundfragen

Irgendwo muss man anfangen. Nach unserer Erfahrung nützt es zur Auswahl des richtigen Kraftwerks am meisten, wenn Sie sich darüber im Klaren sind, was Sie eigentlich brauchen und wollen. Bei der Kaufentscheidung ist es daher ratsam, wenn Sie vorab einige Grundfragen klären. Diese werden in diesem Kapitel vorgestellt.

1. Wo soll das Balkonkraftwerk hin?

Am Anbringungsort Ihres kleinen Stromspenders hängt einiges. Nicht nur der mögliche Ertrag, sondern auch die erforderliche Montagelösung wird davon beeinflusst, wo die Solarmodule montiert werden. Nicht alle Balkonkraftwerk-Anbieter haben Montagesysteme für sämtliche möglichen Anbringungsorte im Sortiment. Daher sollten Sie vor der Suche nach dem optimalen Angebot zunächst die genauen Standortbedingungen kennen. Wo genau scheint bei mir im Jahresverlauf die meiste Sonne? Welche Ballastierung hält mein Carport aus? Welchen Durchmesser hat der Handlauf meines Balkongeländers? Gibt es eine nutzbare Außensteckdose? Gibt es Anforderungen des Vermieters an die Gestaltung von Solarmodulen? Erst auf diesen Grundlagen können Sie eine sinnvolle Kaufentscheidung treffen. Erst dann folgt die Wahl zwischen Glas- oder Kunststoffmodul, für Aufständerung oder lotrechte Montage, für Ballastierung oder Verschraubung.

2. Wie viel Leistung brauche ich?

Es ergibt ökonomisch keinen Sinn, sich ein Balkonkraftwerk zu kaufen, das regelmäßig mehr Energie erzeugt als für den Grundverbrauch des Haushalts erforderlich. Überschüsse werden unvergütet ins Netz abgegeben. Dabei sind sowohl die Modul- als auch die Wechselrichterleistung und deren Verhältnis zueinander relevant. Meist werden Kraftwerke mit höherer Modul- als Wechselrichterleistung angeboten. Man spricht von der »Überbelegung«. Hier ist ein Wert von 20 Prozent üblich. Liegen Sie wesentlich darüber – einige Wechselrichter lassen das zu –, dann wird die Energie der Solarmodule häufiger durch den Wechselrichter »abgeregelt«. Die Investition in mehr Module lohnt sich dann oft nicht.

Aber auch bei üblicher Überbelegung kann ein zu leistungsstarkes Kraftwerk negative Auswirkungen auf die Rentabilität bewirken. Die Faktoren für eine sinnvolle Kraftwerksgröße und -rentabilität sind vielfältig (siehe Kapitel 5). Wenn Sie jedoch eine schnelle Entscheidung fällen möchten, dann können Sie sich einer Faustformel bedienen: Liegt der Jahresverbrauch des Haushalts unter 2.500 kWh, dann genügen ca. 400 Watt Modul- und Wechselrichterleistung. Liegt der Jahresverbrauch darüber, dann lohnen sich meist auch Kraftwerke mit 600 bis 800 Watt Modul-/Wechselrichterleistung.

Update: Da die Module in letzter Zeit sehr preisgünstig geworden sind, bietet eine PV-Überdimensionierung (beziehungsweise -Überbelegung) die Möglichkeit, für überschaubare Mehrkosten auch im Winter noch halbwegs annehmbare Erträge zu realisieren – dafür wird im Sommer öfter abgeregelt.

3. Was kann ich selbst machen? Möchte ich Hilfe in Anspruch nehmen?

Die Welt ist bunt und unterschiedliche Menschen haben nun einmal unterschiedliche Fähigkeiten. Nicht jeder/jede hat das Kreuz, 20 kg schwere Glas-Glas-Module durch die Gegend zu hieven. Nicht jeder traut sich zu, ein Dach mit Bitumenbahnen nach dem Durchbohren mit Stockschrauben wieder zu 100 Prozent dicht zu bekommen. Und nicht jeder möchte sich in die Anmeldebögen von Netzbetreiber und Marktstammdatenregister einarbeiten.

Aber das Schöne ist: Für jeden gibt es eine Lösung.

Einige Unternehmen aus dem Balkonkraftwerkbereich bieten etwa einen regionalen Montageservice an. Größere Anbieter übernehmen für ihre Kunden auch die Anmeldungen. Viele der Fachunternehmen der Branche beschäftigen zudem gut geschulte Servicekräfte, die den Kunden mit Rat und Tat zur Seite stehen. Andere bieten für Kunden mit ausreichend großen Ladeflächen auch die Selbstabholung an, um die Versandkosten zu sparen.

Je nachdem, welche Dinge Sie also selbst erledigen können oder bei welchen Sie lieber Unterstützung möchten, sollten Sie sich den dazu passenden Anbieter aussuchen.

4. Welcher Nutzertyp bin ich?

Das klingt etwas nach Persönlichkeitsanalyse. Aber keine Sorge, es geht hier nur um eine einfache Selbsteinschätzung. Die Gründe, aus denen man zum Balkonsolar-Nutzer wird, können nämlich sehr unterschiedlich beziehungsweise unterschiedlich gewichtet sein. Hier eine grobe Unterteilung:

a) Der Sparfuchs

Die zentrale Frage des Sparfuchses ist: »Was bringt das?« Er rechnet gerne genauer nach und kennt nicht nur seinen Stromverbrauch, den monatlichen Abschlag und den Verbrauch seiner Waschmaschine, sondern kalkuliert auch erst mal den möglichen Ertrag des Balkonkraftwerks bis auf die zweite Nachkommastelle durch, bevor er sich entscheidet. Schnäppchen sind seine Leidenschaft.

b) Der nachhaltige Typ

Beim nachhaltigen Typ dreht sich alles um CO_2-Fußabdruck und Umweltbilanz. Er fragt sich, wie lange das Balkonkraftwerk in Betrieb sein muss, bis sich der Umwelteinfluss der Produktion durch nicht erfolgten Kohletagebau wieder ausgeglichen hat, und weiß, dass dies umso länger dauert, je mehr erneuerbare Energie bereits im deutschen Stromnetz ist. Er möchte genau wissen, wie weit man die Lieferkette von Polysilizium überhaupt nachverfolgen kann. Sobald er in zufriedenstellendem Maße sicherstellen kann, dass ein Balkonkraftwerk sich sowohl für die Menschheit als auch für Mutter Natur lohnt, schreitet er mit Begeisterung zur Tat.

c) Der unabhängige Typ

Dem unabhängigen Typ geht es vor allem darum, sich mehr Freiheit zu verschaffen und weniger auf andere angewiesen zu sein. Das Balkonkraftwerk ist für ihn ein Mittel, um sich ein Stück weit vom Tropf des Stromnetzes und des dahinterliegenden Systems zu lösen. Er tendiert zu Balkonkraftwerken in Maximalgröße, gerne mit eigenem Speicher, über den man sich bestenfalls auch mal völlig ohne Stromnetz selbst versorgen kann. Dafür investiert er auch gerne etwas mehr.

Ein etwas extremer Untervertreter dieses Typs ist der Prepper. Er bereitet sich auf die nächste Katastrophe vor, denn die ist für ihn nur eine Frage der Zeit. Ihm genügt ein Balkonkraftwerk meist nur für den Anfang. Hat er erst mal Blut geleckt, dann deckt er sich mit Solarmodulen, Speichersystemen und einem großen Schalter ein, den er bei Bedarf umlegen kann, um sich völlig autark zu machen. Weil der nukleare Winter oder der Ausbruch der Yellowstone-Caldera jedoch für eine Verdunklung des Himmels und damit für weniger Solarenergie sorgt, steht bei ihm neben dem Speicher und den Paletten an Nahrungskonserven natürlich auch noch nach wie vor der treue Dieselgenerator.

d) Der Technikbegeisterte

Für den Technikbegeisterten zählt vor allem die Freude am Machbaren. Auch er rechnet gerne, allerdings lieber in Leistung als in Geld. Auch für ihn sind Speicher interessant, aber dann sollten es schon smarte Speicher sein, in deren Bedienungssoftware er sich mit Vergnügen vertieft. Das wichtigste Kriterium für den Kauf sind für ihn die Features. Über die Speicher-App kann auch die Außentemperatur abgelesen werden? Der mitgelieferte Powermeter zeichnet die genaue Verbrauchskurve des Haushalts auf und lässt sich in das vorhandene Smart-Home-System integrieren? Der Wechselrichter hat drei Kommunikationsschnittstellen statt nur einer? Das sorgt für Leuchten in seinen Augen.

Ein Untervertreter dieses Typs ist der Bastler. Der geht noch einen Schritt weiter, schraubt auch mal ein Gehäuse auf und schaut, was so drin ist, oder nutzt alte Autobatterien und einen günstigen Laderegler für seine Solarbatterie. Er greift dabei aber – anders als die anderen Technikbegeisterten, die auch gerne Systemlösungen verwenden – lieber auf Einzelkomponenten zurück (im Zweifelsfall auch mal von größeren Handelsplattformen aus dem Ausland) und stellt sich daraus eigene Lösungen zusammen. Je nach Kompetenz kann bei ihm mitunter die mögliche Ersparnis durch steigende Versicherungsprämien wieder aufgefressen werden.

e) Der vorsichtige Typ

Der Gegenpol zum Bastler. Er möchte einfach nur ein zuverlässiges Produkt eines vertrauenswürdigen Fachunternehmens. Er achtet auf Garantiezeiten, Online-Bewertungen und einen erreichbaren und kompetenten Service. Der Vorsichtige lässt sich nicht durch Schnäppchen blenden, sondern wartet auf das richtige Kraftwerk zum richtigen Zeitpunkt. Er gibt gerne etwas mehr Geld aus, wenn dafür die Leistung stimmt und es danach garantiert keine Scherereien mehr gibt. Seine Kaufmotivation ist Sicherheit.

Dies sind natürlich alles lediglich Stereotypen, die es in der Realität nicht in Reinform gibt. Die meisten Nutzer von Balkonkraftwerken vereinen in ihrer Motivation mehrere dieser Prototypen in jeweils stärkerer oder schwächerer Ausprägung. Allerdings sollten Sie sich erst dann für ein Balkonkraftwerks-Modell entscheiden, wenn Sie sich bewusst gemacht haben, was Sie eigentlich damit erreichen wollen. So schützen Sie sich effizient vor Fehlkäufen.

Wo kaufe ich ein?

Haben Sie alle fünf Fragen für sich selbst zufriedenstellend beantwortet, dann können Sie sich an die Recherche machen. Unabhängige Quellen sind dabei selten geworden. Eine aktuelle Anbieterliste finden Sie unter machdeinenstrom.de/balkonkraftwerk_anbieter. Produktvergleiche auf gängigen Online-Plattformen hingegen, egal ob Medien oder Vergleichsplattformen, sind meist nur knappe Aneinanderreihungen einiger weniger schlecht vergleichbarer Produkte, die jeweils bejubelt werden und mit sogenannten »Affiliate-Links« versehen sind, für die die Plattformen entweder per Klick oder per Kauf bezahlt werden, Ausnahmen bilden die Marktvergleiche (teilweise inkl. Speicher) auf **pvplug.de**, **pv-magazine.de** und **machdeinenstrom.de** sowie die Übersichten und Bewertungen von gängigen Mikrowechselrichter-Modellen auf akkudoktor.net. Hier erhalten Sie auch wichtige Hinweise auf mögliche technische Probleme bei manchen Wechselrichtertypen.

Wer nicht ganz so tief ins Detail gehen möchte bei der Suche nach dem perfekten Balkonkraftwerk, der ist gut beraten, zumindest die folgenden vier Punkte zu beachten:

✔ **Kauf beim Fachhändler**

   Sachkundige Anbieter stellen die Sets passgenau zusammen und übernehmen Gewährleistung. Zudem bieten sie, anders als Discounter oder Baumärkte, umfassende Beratung beim eigenen Balkonsolar-Projekt.

✔ Dokumente prüfen

Um sicherzugehen, dass das Gerät wirklich passt, sollten sämtliche Unterlagen bereits vor dem Kauf vom Anbieter bereitgestellt werden. Das wären:

- Datenblätter für Module
- Datenblätter für Wechselrichter
- gültige Garantieunterlagen (gestempelt und/oder mit Kaufbeleg)
- gültige Zertifikate für das Einhalten der Produktnormen
- verständliche Montageanleitung
- gültige Zertifikate für die »Erzeugungseinheit« und den NA-Schutz des Wechselrichters.

✔ Sichere Montagelösung

Zu einer sicheren Montagelösung gehören eine Montageanleitung und klare Angaben zu zulässigen Windlasten beziehungsweise bei Aufständerungen zur notwendigen Ballastierung.

✔ Passende Anschlussart

Wenn das Set einen Haushaltsstecker hat, ist nichts weiter zu beachten. Wieland-Stecker oder andere »spezielle Energieeinspeisesteckverbindungen« hingegen erfordern den Anschluss durch eine Fachkraft. Mitunter bieten Anbieter auch einen Installations-/Anschlussservice. Auch wenn Sie diesen nicht in Anspruch nehmen, ist das meist ein Merkmal von besonderer Qualität des Anbieters.

Da das Balkonkraftwerk eine nachhaltige Investition ist, die über Jahre hinweg Ertrag bringen soll, lohnt es sich, einige Zeit in die Recherche zu stecken und das optimale Kraftwerk für den eigenen Bedarf zu suchen.

 Glauben Sie uns: Es ist irgendwo da draußen!

Teil VIII
Der Top-Ten-Teil

Facebook
www.facebook.com/
fuerdummies

Instagram
www.instagram.com/
furdummies

YouTube
www.youtube.com/
@dummies-mann

IN DIESEM TEIL ...

✔ Top-10-Webseiten

✔ Top-10-Antworten für neugierige Bekannte

Kapitel 22
Top-10-Webseiten

Hier finden Sie die zehn wichtigsten Online-Quellen für das Balkonkraftwerk. Hier können Sie sich kostenlos mit weiteren Informationen rund um das Thema versorgen und so auf dem aktuellen Wissensstand bleiben.

pvplug.de

Die Plattform wird von der Deutschen Gesellschaft für Sonnenenergie e.V. (www.DGS.de) betrieben. Sie befasst sich schon seit Jahren mit dem Balkonkraftwerk. Sie wird zwar nur sporadisch mit neuen Inhalten versehen, diese sind aber immer hochwertig und bei den Publikationen finden Sie auch einige der wichtigsten wissenschaftlichen Studien und weiteren Dokumente zum Thema.

machdeinenstrom.de / Mini-Solar Newsletter

machdeinenstrom.de befasst sich seit 2018 ausschließlich mit Balkonkraftwerken. Die Plattform führte mehrere Jahre lang den einzigen Anmeldeservice für Balkonkraftwerke, der bei über 200 Netzbetreibern anerkannt wurde – und zwar kostenlos. Heute finden Sie dort umfangreiche Artikel zu den wichtigsten Fragestellungen zum Thema und mehrere Datenbanken mit Informationen zu Komponenten. Zudem bringt die Plattform den Mini-Solar-Newsletter heraus, in dem wöchentlich fundierte Artikel zu aktuellen Entwicklungen und neue Angebote zu finden sind.

balkon.solar

Auf der Webseite des Balkonsolar Vereins aus Freiburg im Breisgau finden Sie immer wieder aktuelle Informationen zum Balkonkraftwerk und Aufrufe zur Beteiligung an der Steckersolar-Energiewende. Darüber hinaus werden Veranstaltungen und Vorträge in der Region und außerhalb angeboten.

x.com/solarpapst / youtube.com/@Stefan_Krauter

Die Präsenz des Co-Autors dieses Buches Prof. Dr.-Ing. Stefan Krauter auf der Plattform x. Dort finden Sie neben aktuellen Informationen zum Balkonkraftwerk auch Beiträge zu aktuellen Themen rund um die Energiewende und darüber hinaus. Auf seinem YouTube-Kanal finden Sie seine Vorlesungen und Vorträge zur Energietechnik und zur Energiewende sowie Richtigstellungen von verbreiteten Falschinformationen.

youtube.com/@Akkudoktor / akkudoktor.net

Die Präsenzen von Dr. Andreas Schmitz, bekannt als Akkudoktor. Auf seinem YouTube-Kanal wird regelmäßig über neue Entwicklungen aus dem Balkonsolar-Bereich berichtet. Aber auch größere PV-Anlagen, Wärmepumpen, E-Mobilität, Batteriespeicher, Wasserstoff und andere Energie-Themen werden dort unterhaltsam und fundiert vorgestellt. Die Webseite bietet darüber hinaus einen eigenen Solarrechner, ein Nutzerforum und eine Vergleichsdatenbank für Mikrowechselrichter mit eigenen Untersuchungsdaten.

https://solar.htw-berlin.de/forschungsgruppe/pv-plug-intools/

Die Hochschule für Technik und Wirtschaft in Berlin hat unter Leitung des bekannten Wissenschaftlers und Energiewende-Aktivisten Prof. Dr.-Ing. Volker Quaschning 2021 die Forschungsgruppe »PV.PLUG-INTOOLS« ins Leben gerufen. In deren Rahmen wurden die aktuell wichtigsten Studien und ein eigener Steckersolar-Rechner beziehungsweise Stecker-Solar-Simulator erstellt. Sie alle stehen auf der Plattform frei zur Verfügung.

https://ei.uni-paderborn.de/eet/forschung/micro-wechselrichter

Die Uni Paderborn testet seit 2013 die meisten sich am Markt befindlichen Wechselrichter. Dafür werden zunächst Wirkungsgradmessungen bei verschiedenen Belastungen durchgeführt. Anschließend wird der elektrische Energieertrag über einen längeren Zeitraum ermittelt und verglichen. In Ranking-Tabellen können Sie erkennen, wie stark ein Wechselrichter vom besten abweicht.

```
https://www.photovoltaikforum.com/board/156-pv-
anlage-ohne-eeg/
```

Das Photovoltaikforum ist eine Institution unter Solar-Enthusiasten. Im Bereich »Photovoltaik ohne EEG« können Sie komplexere Fragen zum Balkonkraftwerk loswerden und bekommen fast immer eine fachkundige Antwort aus der Community. Grundlagenwissen sollten Sie allerdings vorher bereits selbst erworben haben, aber das haben Sie ja nach der Lektüre dieses Buches.

```
https://www.facebook.com/groups/170429543515117/
```

Mit über 150.000 Mitgliedern ist »Photovoltaik und BKW: Alles rund um Solar« die größte Facebook-Community zum Thema Balkonkraftwerk, aber auch darüber hinaus. Hier können Sie Gleichgesinnte finden, Projekte und Produkte vorstellen und beurteilen lassen und sich über aktuelle Entwicklungen austauschen.

```
https://www.verbraucherzentrale.de/wissen/energie/
erneuerbare-energien/steckersolar-solarstrom-vom-
balkon-direkt-in-die-steckdose-44715
```

Die Verbraucherzentrale, insbesondere die Landesgeschäftsstelle in NRW, befasst sich bereits seit Längerem mit dem Balkonkraftwerk. Unter dem angegebenen Link veröffentlicht sie einen umfassenden Übersichtsartikel zu geltenden Regelungen und neuen Entwicklungen, der regelmäßig aktualisiert wird.

pv-magazine.de

Das pv-magazine ist das zentrale Medium der PV-Branche. Immer wieder erscheinen gut recherchierte Artikel zum Balkonkraftwerk, aber auch zu allen anderen Themen der Solarenergie. Auch Unternehmensmeldungen zu den aktuellsten Innovationen können Sie hier finden. Unter dem Reiter »Themen« ist auch ein detaillierter Balkonsolar-Ratgeber zu finden.

Kapitel 23
Top-10-Antworten für neugierige Bekannte

1. **Ja, das lohnt sich!**

   Balkonkraftwerke sparen bis zu 20 Prozent des Stromverbrauchs ein – mit Speicher sogar noch mehr. Da hat man die Anschaffungskosten schon nach wenigen Jahren wieder raus und die Dinger halten quasi ewig.

2. **Nein, war gar nicht schwer!**

   Das Zusammenbauen des Montagesets geht ganz einfach und je nachdem, wo man das Kraftwerk hinpackt, kann man es sogar ganz alleine aufbauen. Ich helf' dir aber gerne bei deinem. Einstecken schaffst du aber alleine.

3. **Da kann nix passieren!**

   Balkonkraftwerke sind so gebaut, dass sie sicher sind. Die Module machen nur wenig Spannung und der Wechselrichter schaltet beim Rausziehen automatisch aus. Trotzdem ausnahmsweise mal die Anleitung lesen, schadet nie.

4. **Jeder darf nur eins!**

   Balkonkraftwerke sind dazu da, den Grundverbrauch abzudecken, nicht, sich autark zu machen. Mehr als ein Kraftwerk pro Haushalt sind auch nicht zugelassen. Das kann dann tatsächlich gefährlich werden, weil die Leistung des Kraftwerks auf den Verbrauch im Haus draufgerechnet werden muss, wenn es um die Leitungen geht.

5. **Anmelden tut nicht weh!**

   Die Anmeldung beim Marktstammdatenregister ist schnell erledigt und dann ist man auf der sicheren Seite. Ja, einige melden nicht an, aber wenn früher oder später alle einen modernen Stromzähler haben, dann kommt das eh raus. Daher lieber gleich machen, dann hat man es hinter sich und schläft ruhiger.

6. **Frühjahrsputz muss sein!**

Pollen, Staub, Blätter, Vogelkot und anderer Schmutz hält die Sonne von den Modulen fern. Dass da dann weniger Energie erzeugt wird, ist klar. Einfach etwas leichte Seifenlauge und ein weiches Tuch, dann brummt das Kraftwerk wieder richtig. Aber immer zügig abtrocknen, gerade bei hartem Leitungswasser. Kalkflecken stören nämlich ebenfalls bei der Stromernte.

7. **Nach Südwesten!**

Wo das Balkonkraftwerk am besten hinzeigen sollte, hängt davon ab, wann der Strom gebraucht wird. Der meiste Verbrauch ist oft am Nachmittag oder Abend. Da steht die Sonne im Südwesten, also sollte auch das Modul da hin. Hat man einen Speicher, ist das egal. Dann ist eine reine Südausrichtung optimal. Wichtig: Eine Anwinkelung zwischen 20° und 40° zur Waagerechten ist perfekt. Aber auch bei senkrechter Montage an Fassade oder Balkonbrüstung lohnt sich der Einsatz.

8. **Klar, passt auch bei dir!**

Blechdach? Betonbrüstung? Carport? Schmaler Balkon? Auf den Fenstersims? Für fast jede Situation gibt es die richtige Montagelösung. Mitunter muss man etwas suchen, aber es gibt auch Webseiten wie **machdeinenstrom.de** oder **balkon.solar**, die gerne weiterhelfen.

9. **Ja, das lohnt sich auch für die Umwelt!**

Der Umwelteinfluss bei der Produktion ist – dank noch immer hohem Kohlestromanteil – in zwei Jahren Betrieb wieder ausgeglichen und danach wird kräftig CO_2 gespart. Über 100 Kilo jedes Jahr!

10. **Zum Wertstoffhof!**

Wenn das Kraftwerk mal ausgedient hat, einfach beim Wertstoffhof fragen. Entweder es gibt eine zentrale Abgabestelle oder man kann das Modul gleich dalassen. In Zukunft werden immer größere Anteile der Rohstoffe wiederverwertet. Aktuell braucht es das nicht wirklich, weil die Dinger nun mal mehrere Jahrzehnte durchhalten und daher nur sehr wenige abgegeben werden.

Abbildungsverzeichnis

Abbildung 1.1: Mehrere Balkonkraftwerke (Copyright: Solarwatt) 31

Abbildung 2.1: Schutzeinrichtung, um Überlastungen im Stromkreis bei höheren Leistungen zu vermeiden 37

Abbildung 4.1: Jahresverlauf der solaren Einstrahlung in Berlin. Auf der y-Achse finden Sie die Summe der Einstrahlung auf eine horizontale Fläche von 1 m^2 über jeweils einen Tag. Der direkte Einstrahlungsanteil ist hellrot und der diffuse Strahlungsanteil ist dunkelrot eingezeichnet. (Copyright: Volker Quaschning) 50

Abbildung 4.2: Energie der gesammelten solaren Einstrahlung über 1 Jahr auf 1 m^2 bei verschiedenen Ausrichtungswinkeln des Solarmoduls. Unten ist die Abweichung von der Ausrichtung nach Süden (»S«) angegeben, bei −90° ist Osten, bei +90° hat man eine Westausrichtung. Nach oben ist der Anstellwinkel des Solarmoduls aufgetragen: 0° heißt horizontal, 90° ist senkrecht – plan angebracht auf der Fassade oder dem Balkongeländer. (Copyright: www.dgs-berlin.de) 51

Abbildung 4.3: Globale Jahreseinstrahlung (horizontal) in Deutschland (Copyright: Deutscher Wetterdienst) 52

Abbildung 4.4: Monatliche Einstrahlung auf ein lotrechtes Solarmodul (helle Line) im Vergleich zur horizontalen Einstrahlung (dunkle Linie) in Paderborn 53

Abbildung 5.1: Einfaches elektrisches Ersatzschaltbild (ESB) einer Solarzelle (Copyright: Stefan Krauter) 57

Abbildung 5.2: Spannungs-Strom-Kennlinie (durchgehend) sowie Spannungs-Leistungs-Kennlinie (gestrichelt) einer einzelnen Solarzelle mit dem Punkt der maximalen elektrischen Leistungsentnahme – auf Englisch: »Maximum Power Point«, kurz: MPP (Copyright: Stefan Krauter) 59

Abbildung 5.3: Spannungs-Strom-Kennlinien einer einzelnen Solarzelle bei unterschiedlichen Bestrahlungsstärken mit den Punkten maximaler Leistung (*) (Copyright: Stefan Krauter) 60

Abbildung 5.4: Spannungs-Strom-Kennlinien einer einzelnen Solarzelle bei unterschiedlichen Temperaturen (Zelltemperatur) mit den Punkten maximaler Leistung (*) (Copyright: Stefan Krauter) 60

Abbildung 5.5: Spannungserhöhung durch Serien- beziehungsweise Reihenschaltung der Komponenten: Zelle, String, Modul, Panel (Copyright: Stefan Krauter) 61

Abbildung 5.6: Spannungs-Strom-Kennlinie eines Solarmoduls mit 72 in Reihe geschalteten Solarzellen (Copyright: Stefan Krauter) 62

Abbildung 5.7: Querschnitt durch ein Solarmodul (Copyright: www.dgs-berlin.de) 62

Abbildung 5.8: Querschnitt durch ein Solarmodul (Copyright: Stefan Krauter) 62

Abbildung 6.1: Reihenschaltung aus drei Solarzellen mit fast vollständiger Verschattung auf der mittleren Solarzelle (Copyright: Stefan Krauter) 65

Abbildung 6.2: Serienschaltung aus 1 (1), 35 (2) und 36 (0) Solarzellen. Wird eine Zelle (1) zu 75 % beschattet, so ergibt sich zusammen mit (2) die Modulkennlinie (3) (Copyright: Stefan Krauter)   65

Abbildung 6.3: Reihenschaltung aus drei Solarzellen mit Bypassdiode ohne Verschattung: An der Bypassdiode liegt die Spannung der mittleren Solarzelle in Sperrrichtung – es fließt kein Strom durch die Bypassdiode. (Copyright: Stefan Krauter)   67

Abbildung 6.4: Reihenschaltung aus drei Solarzellen mit Bypassdiode mit weitgehender Verschattung: An der Bypassdiode liegt die Spannung der mittleren Solarzelle in Durchlassrichtung – der Großteil des Stromes fließt durch die Bypassdiode. (Copyright: Stefan Krauter)   67

Abbildung 6.5: Geöffnete Anschlussdose eines PV-Moduls mit drei Bypassdioden (Copyright: Stefan Krauter)   68

Abbildung 6.6: Überbrückung der Solarstrings durch drei Bypassdioden, oben: Veränderung der Kennlinien durch Verschattung mit und ohne Bypassdioden (Copyright: DGS)   69

Abbildung 6.7: Zell- und Bypassdiodenverschaltung bei Vollzellenmodulen und Halbzellenmodulen im Vergleich (Quelle: www.pv-wissen.de)   70

Abbildung 6.8: Original-MC4-Steckverbinder (Copyright: Fa. Stäubli)   71

Abbildung 6.9: Entwicklung der Preise von Solarmodulen von 1980 (ca. 25 €/W_p) bis 2023 (ca. 0,12 €/W_p) als Funktion der insgesamt installierten PV-Leistung (Copyright: Fraunhofer ISE 2025)   73

Abbildung 7.1: Halbzellenmodul (Copyright: Ralf Haselhuhn)   77

Abbildung 7.2: Bifaziales »All-Black«-Modul aus Halbzellen der Firma Solarwatt (Copyright: Stefan Krauter)   80

Abbildung 7.3: Hotspot-Free-Modul. Da eine Bypassdiode parallel zu einer Zelle geschaltet werden muss, befindet sich tiefer im Laminat noch eine weitere Leitung. (Copyright: EmpowerSource)   83

Abbildung 7.4: Leichtmodul zur Balkonmontage der Fa. MATRIX-Module GmbH (Copyright: MATRIX GmbH)   85

Abbildung 7.5: Farbige PV-Module (Copyright: Futura Sun)   86

Abbildung 7.6: Schaltschema eines einfachen Balkonkraftwerks. Eingezeichnete Linien bestehen aus zwei Leitungen (+ und - bei den Modulen, Phase und Neutralleiter nach dem Wechselrichter, Stromzähler (kWh) und AC-Stromnetz). Erstellt mit Valentin Software PV_SOL 2023 R7   87

Abbildung 7.7: Umwandlung der solaren Einstrahlung auf ein 800-W_p-Balkonkraftwerk in Paderborn in elektrischen Strom, inklusive der Einspeisung in das Stromnetz mit relativen Verlusten, Darstellung der Werte über ein Jahr, simuliert mit PVsyst 7.4.   88

Abbildung 7.8: Stromertrag übers Jahr (Standort Paderborn, vertikale Montage von zwei 400 W_p Solarwatt Vision Black 4.0 mit Hoymiles 800 Wechselrichter), simuliert und dargestellt mit PVsyst 7.4   89

Abbildung 7.9: Monatliche PV-Stromerträge über ein Jahr (Standort Paderborn, vertikale Montage von zwei 400 W_p Solarwatt Vision Black 4.0 mit Hoymiles 800 Wechselrichter), simuliert mit T_SOL 2023, Jahreseinspeisung: 561 kWh   89

Abbildungsverzeichnis

Abbildung 8.1: Schematische Übersicht aller Komponenten eines Wechselrichters (Copyright: Volker Quaschning) 92

Abbildung 8.2: Erzeugung einer Trapezwechselspannung durch gezielte Ein- und Ausschaltung der Schalter 1 bis 4 zur groben Annäherung der Ausgangsspannung an die ideale Sinusform (gestrichelt) (Copyright: Volker Quaschning, modifiziert) 93

Abbildung 8.3: PWM-Verfahren mit zahlreichen Ein- und Ausschaltvorgängen zur besseren Annäherung der Ausgangsspannung an die ideale Sinusform (Bild: Volker Quaschning) 94

Abbildung 8.4: Gemessene Wirkungsgrade von zwölf Wechselrichtern (für jeweils ein Solarmodul) als Funktion ihrer Ausgangsleistung (Copyright: Stefan Krauter) 98

Abbildung 8.5: Gemessene Wirkungsgrade von acht Wechselrichtern (für jeweils zwei Solarmodule) als Funktion ihrer Ausgangsleistung (Copyright: Stefan Krauter) 99

Abbildung 8.6: Elektrische Energieerträge verschiedener Wechselrichter für Einzelmodule mit einem angeschlossenen 215-W_p-Modul. Der tägliche Referenzertrag (x-Achse) ist der elektrische Energieertrag (AC), der von einem Enphase-M-215-Wechselrichter mit einem einzelnen 215-W_p-Modul erzielt wird. 102

Abbildung 8.7: Tägliche Energieerträge (AC) verschiedener Wechselrichter für zwei Module mit zwei angeschlossenen 215-W_p- oder 360-W_p-Modulen. Der Referenzertrag (x-Achse) ist der Ertrag, der von einem Enphase M 215 mit einem einzelnen 215-W_p-Modul erzielt wird. 103

Abbildung 9.1: Solarkabel-Fensterdurchführung mit MC4-Steckverbindern von Sonnenrepublik (Photo: Sonnenrepublik, Berlin) 110

Abbildung 10.1: Ermittlung der Worst-Case-Strombelastung (Copyright: Ralf Haselhuhn) 114

Abbildung 10.2: Versuchsaufbau der Verlegeart A2 (Copyright: DGS) 116

Abbildung 10.3: Gebäude, deren Elektroleitungen noch nicht saniert wurden; Datenerfassung 2011 (Copyright: FH Südwestfalen, Grafik ZVEI) 117

Abbildung 10.4: Alte Elektroinstallation vor Ort: Aluminiumleitungen und Bakelit-Steckdosen in Hohen Neuendorf (Copyright: DGS-Berlin.de) 118

Abbildung 10.5: Alte Elektroinstallation vor Ort: Aluminiumleitungen und TGL-Verteilerdose aus der DDR bei Pasewalk (Copyright: DGS-Berlin.de) 119

Abbildung 10.6: Alte Elektroinstallation vor Ort: Kupferleitungen und Sicherungskasten in einer Wohnung in München (Copyright: DGS-Berlin.de) 119

Abbildung 10.7: Vor-Ort-Messungen an einer 70er-Jahre-Aluminiumsteckdose mit Temperatursensor und Thermografiekamera (Copyright: DGS-Berlin.de) 120

Abbildung 10.8: Vor-Ort-Messungen an einer 70er-Jahre-Aluminiumsteckdose mit Temperatursensor und Thermografiekamera (Copyright: DGS-Berlin.de) 121

Abbildung 10.9: Vergleich von Labor- und Realmessungen der Elektroinstallation bei Pasewalk – Temperaturverlauf (Copyright: dgs-berlin.de) 122

Abbildungsverzeichnis

Abbildung 10.10: Vergleich von Labor- und Realmessungen der Elektroinstallation bei Pasewalk – Infrarotbilder (Copyright: dgs-berlin.de) 122

Abbildung 10.11: Entlastung von Strombelastung an Kontaktstellen durch Einspeisung mittels Steckersolargeräten (Copyright: dgs-berlin.de) 123

Abbildung 11.1: Schutzkontaktdose auf Balkon nach VDE-Norm VDE 0620 127

Abbildung 11.2: Schutzkontaktstecker mit Wieland-Steckverbindung für den Wechselrichter 127

Abbildung 11.3: »Wieland«-Steckdose an der Wand (Energiesteckvorrichtung) und ein Verbindungskabel mit Wielandstecker zum Wechselrichter (Quelle: Wieland Electric GmbH) 128

Abbildung 11.4: links: Betteri-Steckergesicht, rechts: Wieland 129

Abbildung 11.5: Erhöhte Temperaturen an nichtkompatiblen Steckverbindern in der Thermografieaufnahme (Bildquelle: DGS) 130

Abbildung 11.6: Ein Lichtbogen zerstörte die Steckersteckverbindung und schmorte auf der PV-Modulrückseitenfolie (Bildquelle: DGS). 130

Abbildung 11.7: Zündgrenzen für Lichtbögen als Funktion von Spannung und Strom (TÜV Rheinland) 131

Abbildung 11.8: Werkzeuglose Steckverbinder: Weidmüller PV-Stick© 132

Abbildung 11.9: Werkzeuglose Steckverbinder: Phoenix Sunclix© 132

Abbildung 11.10: Logo DGS-Zertifikat 133

Abbildung 12.1: Verteilung der jährlichen Sonneneinstrahlung auf die Modulebene einer Anlage in München (30° / Süd) und Wirkungsgradkennlinien von einem kleiner dimensionierten (–10 Prozent) sowie einem größer dimensionierten Wechselrichter (+10 Prozent), Quelle: DGS Leitfaden Photovoltaische Anlagen (Copyright: dgs-berlin.de) 136

Abbildung 12.2: Vier PV-Module in Reihe an einen Wechselrichter geschaltet (Copyright: Ralf Haselhuhn) 137

Abbildung 12.3: PV-Generatorkennlinien und Arbeitsbereich des Wechselrichters, Quelle: DGS Leitfaden Photovoltaische Anlagen (Copyright: Ralf Haselhuhn) 138

Abbildung 12.4: Zwei Stränge mit je zwei Modulen in Reihenschaltung (Copyright: Ralf Haselhuhn) 141

Abbildung 13.1: Solarmodule können wie Fensterläden anmuten. Wenn sie verschiebbar befestigt sind, können sie diese Funktion sogar übernehmen. (Copyright: dgs-berlin.de) 144

Abbildung 13.2: Solarmodule an der Fassade (Copyright: dgs-berlin.de). Zu erkennen ist die Unterkonstruktion mit den Modulschienen, die an die Fassade gedübelt wurden. Auf den Modulschienen werden die Modulklemmen befestigt, mit denen die PV-Module an vier Punkten festgeklemmt werden. 144

Abbildung 13.3: Horizontale Befestigung von Solarmodulen an einer Holzfassade: Auf die Fassade wurden die Modulbefestigungsschienen mit Schrauben befestigt. Darauf wurden dann die Module mittels vier Modulklemmen befestigt. Der Wechselrichter ist unter dem Fassadenvorsprung vor Regen und

Sonne geschützt. (Copyright: Ralf Haselhuhn) 145

Abbildung 13.4: Für ein Solarmodul im Garten wird eine Aufständerung benötigt. Es ist möglich, das Modul dem Sonnenstand per Hand nachzuführen. (Copyright: DGS) 146

Abbildung 13.5: Ein Solarmodul ist mithilfe von Winkeln am Balkongitter montiert, um eine bessere Ausrichtung zur Sonne zu ermöglichen. (Copyright: Ralf Haselhuhn) 146

Abbildung 13.6: Bei der Installation von Solarmodulen auf Flachdächern kommen standardisierte Aufständerungssysteme mit entsprechender Ballastierung zum Einsatz. Dadurch kann auf eine Durchdringung der Dachhaut verzichtet werden. (Copyright: Ralf Haselhuhn) 147

Abbildung 13.7: Die senkrechte Montage der Solarmodule erfolgte direkt an der gemauerten Balkonfassade mittels Dübelbefestigung. (Copyright: Ralf Haselhuhn) 147

Abbildung 13.8: Praktisch doppelt genutzt: Die Solarmodule ersetzen hier die bisherige Holzbrüstung am Balkon. (Copyright: Ralf Haselhuhn) 148

Abbildung 13.9: Zur Befestigung der Solarmodule am Balkongitter kamen passende Metallklemmen (aus Aluminium, verzinktem Stahl oder Edelstahl) zum Einsatz. (Copyright: Ralf Haselhuhn) 149

Abbildung 13.10: Die Solarmodule sind zur Ertragsoptimierung am Balkongitter geneigt montiert – dies ist insbesondere bei südlich ausgerichteten Balkonen sinnvoll. (Copyright: Ralf Haselhuhn) 150

Abbildung 13.11: Die Solarmodule wurden an der Markise montiert.

Die obere Befestigung erfolgt mittels Dübeln und Modulklemmen an der Fensterlaibung, während die untere Lastaufnahme über die vorhandene Markisenbefestigung erfolgt. Diese muss statisch tragfähig ausgelegt sein und über ausreichende Sicherheitsreserven verfügen. (Copyright: Ralf Haselhuhn) 151

Abbildung 13.12: Gebiete in Deutschland mit den höchsten Wind- und Schneebelastungen. Zusätzlich zur dargestellten Schneezone geht die Höhe des Standorts in die Bestimmung der Schneebelastung ein. So können zum Beispiel aufgeständerte Standardmodule (mit einer Prüflast von 2,4 kN/m^2 nach DIN IEC 61215) bis zu einer Neigung von 30° als Überkopfverglasung in Schneelastzone 3 nur bis zu einer maximalen Höhenlage von 590 m eingesetzt werden. (Copyright: Ralf Haselhuhn) 153

Abbildung 13.13: Windleitbleche an aufgeständerten Solarmodulen (Firma Donauer) 155

Abbildung 14.1: Bandbreite der optimalen Aufstellungswinkel eines Solarmoduls in Deutschland, dargestellt an einem Geodreieck (Copyright: EmpowerSource) 168

Abbildung 14.2: Schematische Darstellung des Einstrahlwinkels der Sonne auf zwei verschiedene Breitengrade der Nordhalbkugel der Erde (vom Weltraum aus gesehen) mit Hervorhebung der zu durchdringenden Atmosphärenschicht (Copyright: EmpowerSource und Weltkugel: 1xpert - stock.adobe.com) 168

Abbildung 14.3: Verschattung auf Balkonen (Copyright: Robert Poorten - stock.adobe.com) 169

Abbildung 14.4: Erzeugungs- und Verbrauchskurve eines Haushalts mit

Abbildungsverzeichnis

Balkonkraftwerk mit Verbrauchsspitze durch Heizphase einer Waschmaschine in der Mittagszeit (Copyright: EmpowerSource, Bildquelle: Nico Orth)   171

Abbildung 15.1: SOLMATE 3 von EET (Copyright: EET)   183

Abbildung 15.2: Zendure Solarflow 800 PRO, mit einem externen Shelly-Smartmeter/Einspeisemesser (Copyright: Zendure)   184

Abbildung 15.3: STREAM AC Pro von EcoFlow (Copyright: EcoFlow)   185

Abbildung 15.4: TRIOS von der Sonnenrepublik (Copyright: Sonnenrepublik)   186

Abbildung 15.5: Anker Solix Solarbank 3 (Copyright: Anker)   187

Abbildung 15.6: Maxxisun Maxxicharge V2 (Copyright: Maxxihandel GmbH)   188

Abbildung 16.1: Auszeichnung der Mitwirkenden des Projekts PVPlug mit dem Georg-Salvamoser-Preis auf der Photovoltaik-Fachmesse Intersolar im Jahr 2018, Quelle: EmpowerSource   192

Abbildung 16.2: Die Vertreter der Balkonsolar-Petition Christian Ofenheusle von EmpowerSource (links) und Dr. Andreas Schmitz (rechts) bei der Anhörung im Bundestag im Mai 2023   193

Abbildung 16.3: Karte der Netzgebiete in Deutschland (2022) (Copyright: MachDeinenStrom.de)   195

Abbildung 16.4: Logo Marktstammdatenregister MaStR (Copyright: Bundesnetzagentur)   196

Abbildung 16.5: links: Ferraris-Zähler, rechts: digitaler Zähler (Copyright: MachDeinenStrom.de)   197

Abbildung 16.6: Mietwohnung mit Balkonkraftwerk (Montage über 4 m Höhe) (Copyright: MachDeinenStrom.de)   199

Abbildung 16.7: Justitia (Copyright: U. J. Alexander - stock.adobe.com)   201

Abbildung 16.8: Online-Registrierung im MaStR: Person   203

Abbildung 16.9: Online-Registrierung im MaStR: Art der Anlage   204

Abbildung 16.10: Online-Registrierung im MaStR: BKW in Planung oder in Betrieb?   205

Abbildung 16.11: Online-Registrierung im MaStR: Start   205

Abbildung 16.12: Online-Registrierung im MaStR: Name BKW & technische Daten   206

Abbildung 16.13: Online-Registrierung im MaStR: Zählernummer, gegebenenfalls Stromspeicher   207

Abbildung 16.14: Online-Registrierung im MaStR: Technische Daten Stromspeicher   207

Abbildung 16.15: Abschluss & Bestätigung der Registrierung im MaStR   208

Abbildung 18.1: Balkonkraftwerk-Vollausstattung in Salzgitter (Copyright: EmpowerSource)   220

Abbildung 19.1: Der »Erfinder« des Modulwechselrichters Henk Oldenkamp mit einem ersten Produktmuster eines Miniwechselrichters, der in den Modulrahmen passt, beim PV-Symposium 2017 in Kloster Banz. Dieser Wechselrichter wurde durch die deutsche Firma Solar Native (https://solarnative.com/de/) produziert, die aber derzeit insolvent ist. (Copyright: Ralf Haselhuhn)   226

Abbildung 19.2: Guerilla-Solar-Bewegung in Kalifornien 1996 (Copyright: https://www.guerrilla.solar/) 227

Abbildung 19.3: WIPANO-Arbeitsgruppe Steckersolar v.l.n.r. oben Hermann Laukamp (Fraunhofer ISE), Athina Savvidis (DKE), Tobias Schwarz (SolarInvert), Jörg Sutter (Verbraucherzentrale) und Wolfgang Müller (S.I.Z.) unten: Ralf Haselhuhn (DGS) und Dominika Radacki (DGS) (Copyright: Ralf Haselhuhn) 230

Abbildung 19.4: Ralf Haselhuhn stellt die Forschungsergebnisse zu Steckersolargeräten bei der Intersolar 2022 vor. (Copyright: Ralf Haselhuhn) 231

Abbildung 20.1: Erneuerbare Energie gemeinsam nutzen (Quelle: energiegemeinschaften.gv.at) 235

Abbildung 20.2: Die Zukunft der neuen Energiewelt? (Copyright: EmpowerSource) 242

Stichwortverzeichnis

Symbole

Ω 42

A

ABg 157
Abregelverluste 135
Absicherung 114
aBZ 157
AC 42
Aggregator 239
Albedo 50
All-Black 84
Alternating Current 42
Aluminiumleitungen 117, 123
Amortisierungsdauer 172–173
  Speicher 181
Ampere 42
Anbieterliste 249
Anbringungsort 168, 245
Anmeldepflicht 194
Anmeldung
  Marktstammdatenregister 196
Anschaffungskosten
  Speicher 181
Anschlussdose 68, 70
Anschlusskabel 111
Anstellwinkel 51, 167
Anti-Islanding 95
Antiparallel 66
Anzahl
  Maximalanzahl Module 139
  Minimalanzahl Module 139
Arbeitsbereich
  Wechselrichter 137
Aufstellung
  lotrecht 53
Aufstellungswinkel 168
Auslösestrom 115
Auspacken 107
Ausrichtung 51
Ausrichtungswinkel 51, 168
Außentemperatur 64

B

BackRails 156
Balkon
  gemauerter 147
Balkonkraftwerk
  Definition 30
Balkonkraftwerk-Speicher 183
Balkonsolar-Petition 193, 196
Ballastierung 154
Batteriemanagementsystem 180
Batteriepeicher 175
Batteriespeichersysteme
  Sicherheit 180
Baubestimmungen 155
Befestigung 143
Bestrahlungsstärke 44, 59
Betriebstemperatur 64
Betteri 111
Bifazial 80
Blindleistungsbereitstellung 96
BMWK 193
Brandrisiko 117
Brandschutz 159
Brandschutzgerechte
  Planung 160
Brandwand 160
BSM 180
Bus-Bar 75
Bypassdiode 66

C

California Energy Commission 98
CEC 98
CEC Efficiency 98
CEC-Wirkungsgrad 98
Certification Body 72
CO_2-Bilanz 88
CO_2-Einsparung 88

D

Dachintegration 160
DC 42
DGS-Sicherheitsstandard 132
Diffuse Einstrahlung 49
Dimensionierung 140
DIN-EN-1991-1 152
DIN EN 13501 159
DIN EN 14713 158
DIN EN 50081 97
DIN VDE 0298-4 115
Direct Current 42
Durchbruchspannung 64
Durchlassrichtung 67
Duty-cycle 94
Dynamische Stromtarife 240

E

E 44
Effekt
  photoelektrischer 56
Eigenverbrauch 173
Eigenverbrauchsanteil 30, 170
Eigenverbrauchsquote 171
Einbettungskunststoff 61
Eingangsspannung
  maximale 138

Wechselrichter 138
Einspeisung 176
  gesamtverbrauchsgesteuerte 177
  verbrauchergesteuerte 176
Einstrahlung
  diffuse 49
  globale 50
  Jahreseinstrahlung 51
  jährliche 52
  monatliche 53
  solare 49
  Sommereinstrahlung 52
  Wintereinstrahlung 52
Elektrische Leistung 43
Elektroinstallation 117
Elektromagnetische Verträglichkeit 97
Elektron 56
EMV 97
EN 61215 71
Energie 44
Energieertrag 32
Energiemessgerät 172
Energierücklaufzeit 86
Energiewende 241
Energiewirtschaftsgesetz 239
Energy Payback Time 86
Energy Sharing 234, 238
Engpassmanagement 241
Entlastung 123
Erneuerbare-Energie-Gemeinschaft 235–236
Erneuerbare-Energien-Gesetz 193
Ersatzschaltbild 56
Ersparnis 172
Ertragsabschätzung 101
Ertragsberechnung 166
Ertragsgleichung 102
ESB 56
Ethylen-Vinyl-Acetat 61
EUBat 180
Europäische Batterieverordnung 180
Europäischer Wirkungsgrad 97
EVA 61

F

Fabrikpreise 74
Farbige Module 85
Fassade 144
Fehlerstrom-Schutzeinrichtung 96
Fensterdurchführung 110
Fensterläden 144
Ferraris-Zähler 196–197
Feuerfestigkeit 72
FI-Schutzschalter 96
Fixwerteinspeisung 176
Flachdach 147
Flexibilitäten 239
Flexible Netzentgelte 240
Formelzeichen 45

G

Galvanische Trennung 95
Gebäudeversorgung
  gemeinschaftliche 238
Gemauerter Balkon 147
Gemeinschaftliche Gebäudeversorgung 238
Genehmigungspflicht 154
Georg-Salvamoser-Preis 192, 228
Gerätefehler 115
Gesamtverbrauchsgesteuerte Einspeisung 177
Gigawatt 43
Glas-Folie-Modul 61
Glas-Glas-Modul 61
Gleichstrom 42
Globale Einstrahlung 50
Globalstrahlung 50
Green Product Award 192
Guerilla-PV 170, 226
Guerrilla Solar 227
GW 43

H

Halbzellenmodul 56, 76
Hauseigentümer 211
Haushaltsstromkreis 114
Heterojunction with Intrinsic Thin layer 79
HIT 79

Holzbrüstung 148
Hotspot 66
Hotspot-Free 83
Hutschienenzähler 177

I

I 42
IBC 79
IEC 60904- 44
IEC 61215 2, 71
IEC 61730 72
IEC 62109 2
IEC 62619 180
Induktive Signalklammern 177
Installation 107
Interdigitated Back Contact 79
IP 65 95

J

Jahreseinstrahlung 51
  globale 52
Jahresrendite 172–173

K

Kaufentscheidung 245
Kennlinie 59, 62, 66
Kilowatt 43
Klirrfaktor 94
Kontaktgitter 57
Kontaktoberfläche 76
Korrosion 158
Kosten 34
Kraftwerke
  virtuelle 239
Kreuzverbau 129
Kreuzverbund 129
Kurzschlussstrom 141
kW 43
kWh 44

L

Lastberechnung 152
Leerlaufspannung 138
Leistung 43, 166
  elektrische 43
Leistungsangaben 32
Leistungsgrenzen 31

Leitungsschutz 37
Leitungswiderstand 75
LFP 178
Licht 49
Lichtbogen 130
LiFePo4 178
Lithium-Eisenphosphat 178
Lithium-Ionen-Zellen 180

M

Marktstammdatenregister 196, 201
Registrierung 203
Marktstammdatenregisterverordnung 193
Maßeinheit 41
MaStRV 193
Maximalanzahl
Module 139
Maximalbelastungsstrom 116
Maximale Eingangsspannung 138
Maximum Power Point 59
Maximum-Power-Point-Tracker 57, 58, 91
MC4 70
MC4-Steckverbindung 71
Mechanische Prüfung 133
Megawatt 43
Miethäuser 219
Mietobjekte 220
Mietwohnungen 211
Minimalanzahl
Module 139
Modul
Maximalanzahl 139
Minimalanzahl 139
Module
farbige 85
Modulkennlinie 65
Modulleistung 166
Monatliche Einstrahlung 53
Montage 109

Montage-Anstellwinkel 53
MPP 59
MPP-Arbeitsbereich 139
MPP-Bereich 137
MPPT 57–58, 91
MW 43

N

Nennleistung 32, 44
Net-Metering 196, 200
Netzanschluss 111
Netzanschlussbestimmungen 36
Netzausfall 125
Netzbetreiber
Anmeldung 194
Netz der vielen Hände 241
Netzdienlich 240
Netzeinspeisungsnorm 125
Netzentgelte
flexible 240
Netzentgeltverordnung 240
Netzfrequenz 96
Netzgebiete 195
Netzkosten 33
Netztrennung 95
Netzverluste 31
Neutralleiter 126
NEV 240
NOC 64
Nominal Operating Conditions 64
Nutzertyp 247

O

Oberwellenbegrenzung 94
Ohm 42
Online-Quellen 253
Ostbalkone 34
Österreich 236

P

P 43
Parallelwiderstand 57

Passivated Emitter and Rear Cell 77
Passivierung 77
Peakleistung 44
Peer-to-Peer-Geschäft (P2P) 237
Peer-to-Peer-Stromhandel 235
PERC 77
Photoelektrischer Effekt 56
Photon 56
Planung
brandschutzgerechte 160
Potenzialunterschied 41
Preisentwicklung 73
Primärenergie 234
Produktnorm 95
Prüfung
mechanische 133
Pulse-Width-Modulation 94
Pulsweitenmodulation 94
PV-Guerilla 228
PVPlug 191
PWM 92, 94

Q

Querschnitt 62

R

R 42
RCD 96
Rechteckspannung 93
Rechtsgrundlagen 191
Rechtsprechung 212
Referenzerträge 102
Registrierung 196
Marktstammdatenregister 203
Registrierungspflichten 194
Reihenschaltung 55, 61, 137, 141
Relais 95
Rentabilität 165
Rückkontakt 57

S

Schindel-PV-Modul 82
Schmelzsicherung 115
Schnee- und Eislasten 152
Schutzkontakt 126
Schwachlichteffekt 57, 59
Schwachlichtverhalten 57
Serienschaltung 64–65
Serienwiderstand 57, 76
SHJ 79
Sicherheit
  Batteriespeichersysteme 180
Sicherung 38
Sicherungsautomat 115
Signalklammern
  induktive 177
Silicon-Hetero-Junction 79
Siliziumdioden 56
Sinusform 93
Smart-Meter 197
Smart-Plug 176
Solare Einstrahlung 49
Solarmodul 55
Solarpaket 193
Solarpaket I 37
Solarstrategie 193
Solarzelle 55
Sommereinstrahlung 52
Sonneneinstrahlung 50
Sonnenspektrum 44
Sonnenstand 51
Spannung 41
Spannungsqualität 96
Speicher
  Amortisierungsdauer 181
  Anschaffungskosten 181
Speichersysteme 175, 178
Spektrum 44
Sperrrichtung 67
Spitzenleistung 32
Standardprüfbedingungen 44, 71
Standard Test Conditions 32, 44, 63, 71
  Leistung 44
Standort 51
Steckdose 126
Steckersolargerät 95
Steckersolarnorm 132
Steckverbinder
  werkzeuglose 132
Steckverbindung 71, 125
Steuerbare Verbraucher 197, 239
Strom 42
Strombegrenzung 141
Stromdimensionierung 140
Stromertrag 89
Stromnetz 33, 235
Stromstärke 42
Stromtarife
  dynamische 240
Stückliste 108

T

Temperatur 59
Temperaturdifferenz 73
Temperaturkoeffizient 56, 73, 139
Terawatt 43
Thermal Runaway 180
TopCon 78
Trafolose Wechselrichter 95
Transportschäden 108
Trapezwechselspannung 93
Trennung
  galvanische 95
Tunnel Oxide Passivated Contact 78
TÜV 72
TW 43
Typenschild 32
Typografie 45

U

U 41
Überbelegung 246
Überkopfverglasung 157
Überlastung 114
Überspannungsschutz 161, 180
Überstrom 38
Umwandlungseffizienz 57, 99

V

V 41
VDE 0126-95 95, 132
VDE 0620 127
VDE-AR-2510-50 180
VDE-AR-E 2100 159
VDE AR-N 4105 125
VDE-AR-N 4105 95
VDE-E-N 4105 2
VDE V 0126-95 36
Verbraucher
  steuerbare 197, 239
Verbrauchergesteuerte Einspeisung 176
Verkehrssicherungspflicht 211
Verlegeart 116
Vermieter 211
Verschattung 64–66, 84
Verträglichkeit
  elektromagnetische 97
Virtuelle Kraftwerke 239
Volllaststunden 64
Volt 41
Vorteile
  für die Allgemeinheit 33

W

W 43–44
Wärmedämmung 115
Watt 43, 44
Watt Peak 32, 44
Wattstunde 44
Wechselrichter 91
  Arbeitsbereich 137
  Eingangsspannung 138
  trafolose 96
Wechselspannungssteckerbinder 128
Wechselstrom 42

Werkzeuglose Steckver-
 binder 132
Werner-Bonhoff-Preis
 192
Westbalkone 34
Wh 44
Widerstand 42
Wieland 111

Wieland-Steckdose
 128
Windlasten 152
Wintereinstrahlung 53
Wirkungsgrad 33, 61, 97,
 166
 europäischer 97
Wp 44

Z

Zellverbinder 75
Zertifizierung
 gefälschte 72
 prüfen 72
Zulassung
 bauaufsichtliche 156
Zündgrenze 131

www.ingramcontent.com/pod-product-compliance
Lightning Source LLC
LaVergne TN
LVHW011930070526
838202LV00054B/4576